Auf dem Weg zu einer Philosophie des kosmischen Lebens

David Bartosch · Attila Grandpierre · Bei Peng
(Hrsg.)

Auf dem Weg zu einer Philosophie des kosmischen Lebens

Neue Diskussionen und interdisziplinäre Sichtweisen

Springer VS

Hrsg.
David Bartosch
Institute of Advanced Studies in Humanities
and Social Sciences, Beijing Normal University
Zhuhai 519087, China
Research Institute for Sustainability (RIFS),
GFZ Helmholtz Centre for Geosciences
Potsdam, Germany

Attila Grandpierre
Budapest Centre for Long-term Sustainability
Budapest, Ungarn
Center for Economic Geography and
Settlement Marketing, John von Neumann
University
Budapest 1117, Hungary

Bei Peng
Institute of Advanced Studies in Humanities
and Social Sciences, Beijing Normal University
Zhuhai 519087, China
Research Institute for Sustainability (RIFS),
GFZ Helmholtz Centre for Geosciences
Potsdam, Germany

ISBN 978-981-97-9986-2 ISBN 978-981-97-9987-9 (eBook)
https://doi.org/10.1007/978-981-97-9987-9

Die Deutsche Nationalbibliothek verzeichnet diese Publikation in der Deutschen Nationalbibliografie; detaillierte bibliografische Daten sind im Internet über https://portal.dnb.de abrufbar.

Übersetzung der englischen Ausgabe: „Towards a Philosophy of Cosmic Life" von David Bartosch et al., © Springer Nature Singapore Pte Ltd. 2023. Veröffentlicht durch Springer Nature Singapore. Alle Rechte vorbehalten.

Dieses Buch ist eine Übersetzung des Originals in Englisch „Towards a Philosophy of Cosmic Life" von David Bartosch et al., publiziert durch Springer Nature Singapore Pte Ltd. im Jahr 2023. Die Übersetzung erfolgte mit Hilfe von künstlicher Intelligenz (maschinelle Übersetzung). Eine anschließende Überarbeitung im Satzbetrieb erfolgte vor allem in inhaltlicher Hinsicht, so dass sich das Buch stilistisch anders lesen wird als eine herkömmliche Übersetzung. Springer Nature arbeitet kontinuierlich an der Weiterentwicklung von Werkzeugen für die Produktion von Büchern und an den damit verbundenen Technologien zur Unterstützung der Autoren.

Planung/Lektorat: He Zhang
Springer VS ist ein Imprint der eingetragenen Gesellschaft Springer Nature Singapore Pte Ltd. und ist ein Teil von Springer Nature.
Die Anschrift der Gesellschaft ist: 152 Beach Road, #21-01/04 Gateway East, Singapore 189721, Singapore

Inhaltsverzeichnis

Herausgeber- und Autorenverzeichnis

Über die Herausgeber

David Bartosch (Deutschland) ist ein international anerkannter Experte für chinesische, deutsche und weitere philosophische Traditionen. Er ist davon ausgehend auf den Bereich der transkulturell vergleichenden Philosophie spezialisiert und wendet dieses Wissen auch in verschiedenen transdisziplinären Kontexten in historischer und systematischer sowie zukunftsbezogener Hinsicht auf verschiedene Themenbereiche an. Bartosch bekleidet eine Forschungsprofessur als Distinguished Research Fellow am Institute of Advanced Studies in Humanities and Social Sciences auf dem südchinesischen Campus der renommierten Beijing Normal University in Zhuhai in der Guangdong-Hongkong-Macao Greater Bay Area. Derzeit ist er zudem Visiting Researcher am Forschungsinstitut für Nachhaltigkeit (RIFS) des GFZ Helmholtz-Zentrums für Geoforschung in Potsdam.

Attila Grandpierre (Ungarn) ist ein international renommierter Solarastronom, Quantenphysiker, Biologe, Kulturhistoriker, Musiker und Dichter. Er war viele Jahrzehnte lang Senior Research Fellow am Konkoly-Observatorium. Derzeit ist er Direktor des Hungarian Ecological Civilization Research Institute, Forschungspräsident des Budapest Centre for Long-Term Sustainability und Professor am Center for Economic Geography and Settlement Marketing. Dieses befindet sich ebenfalls in Budapest und gehört zur John von Neumann Universität in Kecskemét, Ungarn.

Bei Peng (China) ist eine Musikwissenschaftlerin, Philosophin und Übersetzerin, die sowohl in östlichen als auch in westlichen Kulturen zu Hause ist. Nach einem langen Aufenthalt in Deutschland arbeitet sie nun in China am Institute of Advanced Studies in Humanities and Social Sciences auf dem südchinesischen Campus der renommierten Beijing Normal University in Zhuhai in der Guangdong-Hongkong-Macao Greater Bay Area. In ihrer Arbeit bezieht sich Peng unter anderem auf Musiktheorie, um ein universelles Verständnis des menschlichen Daseins auf ästhetischer Ebene zu entwickeln. Peng ist derzeit auch Visiting Researcher am Forschungsinstitut für Nachhaltigkeit (RIFS) des GFZ Helmholtz-Zentrums für Geoforschung in Potsdam.

Autorenverzeichnis

David Bartosch Institute of Advanced Studies in Humanities and Social Sciences, Beijing Normal University, Zhuhai 519087, China Research Institute for Sustainability (RIFS), GFZ Helmholtz Centre for Geosciences, Potsdam, Germany

Attila Grandpierre Budapest Centre for Long-Term Sustainability (BC4LS), Budapest, Ungarn

Bei Peng Institute of Advanced Studies in Humanities and Social Sciences, Beijing Normal University, Zhuhai 519087, China Research Institute for Sustainability (RIFS), GFZ Helmholtz Centre for Geosciences, Potsdam, Germany

Chandra Wickramasinghe Buckingham Centre for Astrobiology, University of Buckingham, Buckingham, UK Centre for Astrobiology, University of Ruhuna, Matara, Sri Lanka National Institute of Fundamental Studies, Kandy, Sri Lanka Institute for the Study of Panspermia and Astroeconomics, Gifu, Japan

Chunyou Yan College of Education, Xi'an International University, Xi'an, China School of Philosophy, Beijing Normal University, Beijing, China

Einführung

David Bartosch, Attila Grandpierre und Bei Peng

Zusammenfassung

Dieses einführende Kapitel des Buches *Auf dem Weg zu einer Philosophie des kosmischen Lebens: Neue Diskussionen und interdisziplinäre Sichtweisen* bietet einen Überblick über einen multidisziplinären, multitheoretischen und transkulturellen Polylog zwischen sechs Autorinnen und Autoren aus drei Kontinenten. Ziel dieses Diskurses ist es, besonders innovative Perspektiven vorzustellen und neue Grenzgebiete für die Entwicklung philosophischer Reflexionen und wissenschaftlicher Grundlagen für die Emergenz eines geteilten kosmischen Bewusstseins, einer integralen Ökologie sowie einer kooperativen, planetarischen Zivilisation der Menschheit zu erkunden. Das Kapitel enthält kurze biographische Profile der Autorinnen und Autoren sowie Synopsen ihrer Beiträge. Der rote Faden, der sich durch das Spektrum der hier skizzierten Ideen und Standpunkte zieht, wird durch die allen zugrunde liegende Ansicht

Alle Autoren dieses Kapitels sind Koerstautoren.

D. Bartosch (✉)
Institute of Advanced Studies in Humanities and Social Sciences, Beijing Normal University, Zhuhai 519087, China
E-Mail: david.bartosch@bnu.edu.cn

A. Grandpierre
Budapest Centre for Long-Term Sustainability (BC4LS), Budapest, Hungary
E-Mail: grandpi@iif.hu

B. Peng
Institute of Advanced Studies in Humanities and Social Sciences, Beijing Normal University, Zhuhai 519087, China
E-Mail: bei.peng@bnu.edu.cn

D. Bartosch et al. (Hrsg.), *Auf dem Weg zu einer Philosophie des kosmischen Lebens*,
https://doi.org/10.1007/978-981-97-9987-9_1

bereitgestellt, dass Leben keine zufällige Erscheinung in einer ansonsten leblosen Unendlichkeit darstellt, sondern den Ausdruck bzw. die Manifestation eines sich von selbst entfaltenden kosmischen Lebensprinzips, welches mithin als impliziter, aber zentraler und allgemeiner Faktor bei der Entstehung von allem wirkt.

Was ist Leben? Woher kommt Leben? Was ist das zugrunde liegende kosmische Prinzip des Lebens? Dies sind grundlegende Fragen. Sie haben die Menschen seit unvordenklichen Zeiten inspiriert. Sei es in Bezug auf Mythologie, Religion, Philosophie, Wissenschaft, Psychologie oder verschiedene andere Bereiche – ungeachtet ihrer jeweiligen linguistischen und kulturellen Umwelten haben unzählige Suchende ihre persönlichen Weisen des Ausdrucks und Formen des Denkens zur Anwendung gebracht, um diesen ultimativen Fragen zu begegnen.

Unsere menschliche Physiologie, d.h. insbesondere unsere aufrechte Haltung und unsere bipedale Fortbewegungsweise, hat es uns auch ermöglicht, von Angesicht zu Angesicht zu kommunizieren, sowie auch unseren Blick zum Firmament, der ursprünglichen Quelle aller Lichter unserer Tage und Nächte, zu erheben. Sogar das Wort „Ver*stehen*" ist mit unserer besonderen Körperhaltung verbunden. Wir sind „Abkömmlinge" des Kosmos, die zwischen Himmel und Erde *stehen und gehen*. Die Menschheit repräsentiert eine kosmische Verbindung zwischen dem unbegrenzten „Geber" von Licht, Regen und Leben – *Ouranos* (Οὐρανός) alias *Dyauspitar* (द्यौष्पितृ) alias *Tian* (天) usw. – und dem planetarischen „Uterus" von Mutter Erde – *Di* (地) alias *Prithvi* (पृथ्वी) alias *Gaia* (Γαῖα) usw.

Seit der Antike haben sich die Erkenntnis des Menschen und die Wege einer immer im Werden befindlichen Wissenschaft zu einem kollektiven Baum des Wissens verzweigt, der, basierend auf der Weisheit vieler Zivilisationen diverser Epochen und Orte, vielfach fruchtbare Erträge hervorgebracht hat. Zunächst assimiliert, rekonfiguriert und angereichert unter anderem auf Basis antiker Grundlagen und durch weitere Entdeckungen in Zentral- und Westasien fanden viele wichtige philosophische und wissenschaftliche Errungenschaften ostasiatischer, südasiatischer und afrikanischer Zivilisationen ihre Wege in die monastischen Zellen und hermetischen Laboratorien mittelalterlicher europäischer Denker. Infolge der Impulse, die die Renaissance gesetzt hat, der „Entdeckung" Amerikas und durch eine sich steigernde Vertrautheit mit philosophischen Überlieferungen Asiens lieferte das Zeitalter der Aufklärung wichtige Impulse für viele nachfolgende philosophische und wissenschaftliche Entwicklungen weltweit.

D. Bartosch
Research Institute for Sustainability (RIFS), GFZ Helmholtz Centre for Geosciences, Potsdam, Germany

A. Grandpierre
Center for Economic Geography and Settlement Marketing, John von Neumann University, Budapest 1117, Hungary

B. Peng
Research Institute for Sustainability (RIFS), GFZ Helmholtz Centre for Geosciences, Potsdam, Germany

Die in diesem Kontext allerdings auch mit aufkommende dogmatische Unilateralität des europäischen, mechanizistischen Weltbildes des 17. und 18. Jahrhunderts, die alles bloß als unbelebtes „Material" und damit als bloße Ressource klassifizierte, oder z.B. auch die des (reduktionistischen) Positivismus des 19. und 20. Jahrhunderts, hat einen höchst alarmierenden Prozess der Generierung artifizieller Bedürfnisse zu Zwecken einer zersetzenden und von daher sinnlosen Macht gefördert und begleitet. Diese Macht hat seitdem ihre zerstörerischen Spuren in der Geschichte und der Biosphäre als Ganzes hinterlassen. Die damit assozierten, unnachaltigen Verhaltensmuster ökonomischer Ausbeutung ignorieren unsere Verflechtung mit dem kosmischen Geschehen und bedrohen die Existenzgrundlagen der Menschheit selbst.

„Wo aber Gefahr ist, wächst / Das Rettende auch", konstatierte einst der deutsche Dichter Friedrich Hölderlin (1770–1843). Seit dem 20. Jahrhundert haben Wissenschaftler die notwendigen Fortschritte erzielt, um die oben genannten Missverständnisse endlich zu überwinden. Die Einsichten der Quantenphysik und verwandte Entwicklungen in der Biologie und anderen Disziplinen haben seitdem Denker und Forscher dazu inspiriert, nach integrativeren, ganzheitlicheren und offeneren Perspektiven zu suchen, die sogar gewisse Berührungspunkte mit der Weisheit archaischer und antiker Kulturen bieten. Es ist wichtig und dringlich, dass wir unsere sozialen Systeme gemäß solcher neu emergierenden *lebenszentrierten* Weltanschauungen reformieren bzw. transformieren. Hierfür ist es notwendig, eine neue philosophische Grundlage zu entwickeln. Sie sollte *offen* sein für eine Pluralität neuer Perspektiven in den Bereichen einer philosophisch zu erweiternden Kosmologie und Biologie und zugleich eine transkulturelle Basis in der Pluralität verschiedenster historischer und moderner Denktraditionen der Menschheit aufweisen.

Bislang ist dieser notwendige Bewusstseinswandel nur einer Minderheit von Beobachtern zugänglich. Aus einer Gesamtperspektive heraus betrachtet, wird die Menschheit immer noch vielfach von vorwissenschaftlichen Weltanschauungen beeinflusst, die mit unnachhaltigen Wirtschaftsformen einhergehen. Diese korrelieren implizit mit veralteten Paradigmen und Ansichten historischer Entwicklungsstände der vorhergehenden Wissenschaftsgeschichte. Dies erschwert es, die Transformationsprozesse einzuleiten, die notwendig sind, um sich dem idealen Ziel einer planetaren Familie anzunähern, d.h. eine langfristig nachhaltige Existenz für alle zu sichern. Diejenigen in der Wissenschaft, die sich immer noch gegen holistische, undogmatische und interdisziplinäre Denkformen sträuben, stärken damit ungewollt reduktionistische Tendenzen. Hierbei wird unreflektiert das Bild des experimentellen Laborsystems, das eine endliche Maschine aus Teilen repräsentiert, auf die übergeordnete Realität jenes unendlichen, autopoietischen und im übergeordneten Sinne organischen Nexus projiziert, den wir das Universum nennen. Allgemeine Weltanschauungen und Lebensmodelle werden immer noch implizit oder explizit vom Bilde des menschengemachten Mechanismus ausgehend diktiert. Letzterer ist aber eben nur ein technologischer „Schatten" des Lebens. Dies begünstigt zudem eine Denkhaltung und damit korrelierende soziale Verdinglichungsprozesse, die immer schon eine Minorität privilegierte, während sie das Leben der Majorität entstellte.

Aber es gibt, wie gesagt, Hoffnung auf Veränderung: Die Weltraumforschung ist, wenn man ihre Vorgeschichte mit einberechnet, bereits seit etwa einhundert Jahren im Gange. Seit etwa sechzig Jahren hat sich das Feld der SETI-Forschung (Search for Extraterrestrial Intelligence) entwickelt, und in den letzten dreißig Jahren wurden mehrere Tausend Exoplaneten entdeckt. Jüngst animierten Anomalien wie das interstellare Objekt Oumuamua sogar eine neue Suche nach Technosignaturen möglicher außerirdischer Intelligenzen usw. Die Frage nach einem belebten oder gar an sich lebenszentrierten Universum ist nicht mehr auf unsere Nachbarplaneten oder die Monde der Gasriesen unseres Sonnensystems beschränkt. Avancierte wissenschaftliche Artikel in der Astrobiologie lokalisieren den Ursprung des Lebens in den interstellaren Weiten des Weltraums, während andere die Möglichkeit nicht-kohlenstoffbasierter Lebensformen theoretisieren. Dies wirft im Weiteren eine unorthodoxe und innovative Frage auf, die unserer Ansicht nach genau diejenigen philosophischen Impulse liefern könnte, die wir bräuchten, um unsere Situation und die Situation des Lebens auf der Erde im Allgemeinen wieder zu verbessern: *Könnte ‚Leben‘ – nota bene im Sinne eines weiter zu fassenden philosophisch-kosmologischen Konzepts und abgesehen von der zugehörigen Frage einer Verbreitung biologisch-organischer Prozesse im Universum – letztendlich nicht etwa sogar ein zentraler Faktor der Gestaltung des Universums selbst sein?*

Unserer Auffassung nach wird die offene Diskussion dieser grundlegenden Frage entscheidend sein, um ein Gleichgewicht anzubahnen zwischen menschlicher Kreativität und Aktivität einerseits sowie andererseits dem lebendigen kosmischen Prozess, den wir Natur nennen. Ein neues kosmisches Verständnis des Lebens kann den notwendigen Auftrieb liefern, um eine neue Ära lebenszentrierter, globaler Gemeinschaften einzuläuten. Die größte Gefahr für die Menschheit liegt in spezifischen Mustern menschlichen Sozialverhaltens selbst. Solange wir dabei auch noch glauben, dass es sich im Falle menschlichen und nicht-menschlichen Lebens gleichsam um eine zufällige, „mechanische“ Anomalie auf einem planetaren „Sandkorn“ in einer ansonsten grenzenlos-leblosen Wüste handelt, so lange wird die Tür zu menschlicher Willkür, Selbstsucht und Selbstzerstörung weit offen stehen.

Die Herausgeberinnen und Herausgeber sowie Autorinnen und Autoren dieses Bandes hoffen die philosophische Diskussion unterstützen zu können, indem den Lesern hier mehr Fragenhorizonte als Antworten geboten werden, und mehr Ausblicke ins Unbekannte als Einblicke ins bereits hinlänglich Bekannte. Wir glauben, dass ein solcher philosophischer Ansatz notwendig ist, um den intellektuellen Prozess in Richtung einer zukünftigen Philosophie des kosmischen Lebens zu stimulieren – insbesondere hinsichtlich eines immer möglichen nachhaltigen und liebevollen Weges unserer Spezies im geteilten Bewusstsein eines lebendigen Universums. Ein solcher Prozess des Fragens, lebenslangen Suchens und fortwährenden Findens weiterführender Antworten – sowie eines couragierten Auslotens des Unbekannten – ist es, was menschlichem Leben wirklichen Sinn und Authentizität verleiht. Dieser Prozess bedeutet eine der ultimativen Aufgaben unserer Existenz. Vor diesem Hintergrund wird der Begriff ‚kosmisches Leben‘ hier als eine offene und vergleichende Kategorie verwendet, um eine Pluralität unterschiedlicher Perspektiven aus verschiedenen philosophischen, wissenschaftlichen, thematischen, historischen und kulturellen Richtungen zusammenzuführen.

Die Autoren des vorliegenden Bandes stammen aus fünf Ländern und haben diverse multikulturelle und akademische Hintergründe in Philosophie, Astronomie, Biologie, Musikwissenschaft und weiteren Bereichen. Vor diesem Hintergrund werden hier wertvolle Erkenntnisse zusammengetragen, die sich in jedem Fall als Früchte langjähriger Arbeit ergeben haben – neuartige und vorausschauende Sichtweisen bezüglich *der Beziehung zwischen Mensch und Universum, Leben und Universum sowie Mensch und Leben*.

Unsere Veröffentlichung wurde motiviert durch ein virtuelles Arbeitstreffen am 26. Januar 2022, bei dem die sechs Beiträgerinnen und Beiträger Vorträge zu den Themen hielten, die nun Gegenstand ihrer jeweiligen Kapitel in dem vorliegenden Band sind. Die globale Diskussionsrunde wurde gemeinsam initiiert und organisiert von Dr. David Bartosch, Distinguished Research Fellow am südchinesischen Campus der Beijing Normal University in Zhuhai, in der Greater Bay Area, Dr. Attila Grandpierre, Forschungspräsident des Budapest Centre for Long-Term Sustainability (BC4LS), und Dr. Bei Peng (彭蓓) von der Beijing Normal University, Zhuhai.[1]

Der erste Teil des Treffens beinhaltete eine intensive Diskussion, die von dem renommierten US-amerikanischen Gelehrten und Umweltaktivisten Dr. John B. Cobb, Jr. (1925–2024) geleitet wurde. Sie dauerte über drei Stunden und ergab eine Fülle neuer philosophischer Perspektiven bezüglich der möglichen Natur des Lebens und des Kosmos. Cobb, der in Japan geboren wurde und bis zum Jugendalter dort lebte, galt als der prominenteste Exponent der Whitehead'schen Prozessphilosophie und der damit zusammenhängenden Tradition der Prozesstheologie. Außerdem war er einer der wichtigsten ökologischen und transdisziplinären Vordenker unserer Zeit. Seine akademische Karriere umspannte mehr als siebzig Jahre, und er hat mehr als fünfzig Bücher veröffentlicht. Cobb war Professor an der Claremont School of Theology und der Claremont Graduate University. Er war Mitbegründer des renommierten Center for Process Studies, des Institute for Postmodern Development of China sowie des Institute for Ecological Civilization. Zusätzlich war er im Verlauf seiner Karriere Gastprofessor an zahlreichen renommierten Universitäten in den Vereinigten Staaten, in Deutschland und in Japan. Cobb war Träger von sechs Ehrendoktorwürden und Mitglied der American Academy of Arts and Sciences.

Die Herausgeber sind außerordentlich geehrt, Cobbs Beitrag „Kosmisches Leben" hier als erstes Kapitel des vorliegenden Bandes präsentieren zu können. Der Autor entwickelt hier in seinem letzten philosophischen Aufsatz, der auch als kompaktes denkerisches Vermächtnis gelesen werden kann, ein Konzept des Lebens im Sinne lebendiger Ereignisse bzw. lebendiger Prozesse, welche im Sinne der Begrifflichkeit Whiteheads die charakteristische Eigenschaft der ‚Neuheit' (*novelty*) zum Ausdruck bringen. Er argumentiert gegen die seiner Ansicht nach höchst problematische physikalistische Reduktion von Physik und ‚Leben'. Themen wie der ontologische Status der Vergangenheit, des Urteilens bzw. Entscheidens und der Potentialität werden in die Diskussion einbezogen. Cobb versteht den Kosmos als einen Prozess des ‚Lebens Selbst' (*Life Itself*), der in all seinen Teilen durch Selbstanreicherung charakterisiert und als aus sich selbst heraus emergierendes Ganzes zu reflektieren ist. Als inneres Ideal bietet dabei die (praktische) Kraft des Lebens Selbst eine persönliche Orientierung sowohl in unseren alltäglichen als auch bei außergewöhnlichen Aufgaben und Aspirationen.

Das zweite Kapitel „Zum Eingeständnis unserer unveräußerlichen Verbindungen mit dem Kosmos“ wurde verfasst von dem bekannten, aus Sri Lanka stammenden britischen Mathematiker, Astronomen und Astrobiologen Prof. Dr. Nalin Chandra Wickramasinghe MBE (geboren 1939), der zudem auch das zweite Segment der oben genannten Online-Diskussion der Autoren im Januar 2022 geleitet hatte. Wickramasinghes akademische Karriere erstreckt sich über mehr als sechzig Jahre. Sein Mentor war der berühmte Astronom Sir Fred Hoyle. Die beiden Wissenschaftler kooperierten über mehr als vier Jahrzehnte eng miteinander. Wickramasinghe war Professor am University College Cardiff, der University of Cardiff, und er hat derzeit eine Position an der University of Buckingham inne. Er war auch Gastprofessor in Sri Lanka und Japan. Wickramasinghe hat mehr als vierzig Bücher und über 350 im Peer-Review-Verfahren veröffentlichte wissenschaftliche Artikel verfasst oder mitverfasst. Viele sind in renommierten Fachzeitschriften wie *Nature* erschienen. Früh in seiner Karriere machte Wickramasinghe die bahnbrechende Entdeckung, dass ein Teil des Staubs im interstellaren Raum zu großen Teilen aus organischen Verbindungen besteht, und er hat in den letzten vierzig Jahren eine moderne Theorie der Panspermie entwickelt. Er ist Träger mehrerer Ehrendoktorwürden und hat viele prestigeträchtige Auszeichnungen erhalten.

In zwölf Schritten entfaltet Wickramasinghe einen wissenschaftlichen und philosophischen Gedankengang, der auch die Implikationen der Akzeptanz seines Konzepts kosmischen Lebens berücksichtigt. Er argumentiert für den kosmischen Ursprung des Lebens mittels probabilistischer Kalkulationen und diskutiert Daten, die die Theorie der Panspermie unterstützen. Die Frage der Distribution bewohnbarer Exoplaneten und die Möglichkeit eines interstellaren Austauschs von Lebensformen werden erörtert. Relevante Studien des kontroversen Polonnaruwa-Meteoriten werden behandelt, inklusive der Geschichte der Forschung zu Meteoriten, Mikrometeoriten und der Idee kometarer Bakterien. Bezüglich Panspermie werden stratosphärische Probenentnahmen sowie die Idee von Krankheiten und Pandemien aus dem All als wichtige, derzeit noch marginalisierte Bereiche zukünftiger Forschung vorgestellt.

Das dritte Kapitel trägt den Titel „Der kosmische Lebensinstinkt weist den Weg zu einer gesunden, ökologischen Zivilisation“ und wurde von dem vielseitigen ungarischen Gelehrten und Künstler Dr. Attila Grandpierre (geboren 1951) verfasst. Er ist Forschungspräsident des Budapest Centre for Long-term Sustainability (BC4LS). Von 1974 bis 2013 war Grandpierre leitender Forscher am Konkoly-Observatorium der Ungarischen Akademie der Wissenschaften, wo er wichtige Arbeiten zur Solarastronomie publizierte. Grandpierre war Gastprofessor in den Bereichen Quantenphysik und Theoretische Biologie an der Chapman University in den Vereinigten Staaten und bekleidet nach wie vor leitende Positionen in wichtigen ungarischen Institutionen im Bereich des ökologischen Denkens. Derzeit ist er Professor an der John von Neumann Universität, die ihren Hauptsitz in der ungarischen Stadt Kecskemét hat. Er hat einen umfassenden Ansatz entwickelt, der die

Naturwissenschaften und Perspektiven der Geisteswissenschaften kombiniert, und davon ausgehend auch zu Fragen der Astrobiologie und zur eurasischen Kulturgeschichte publiziert. Bis heute hat Grandpierre zweiundzwanzig Bücher und viele Dutzend wichtige akademische Artikel und Buchkapitel in verschiedenen Bereichen veröffentlicht. Seit 1975 ist er zudem als Sänger aktiv, hat zwei legendäre Musikgruppen gegründet und wurde 2012 mit dem Parallel Culture Prize ausgezeichnet.

Grandpierres universal ausgerichtete Perspektive rekurriert auf die Arbeit des ungarischen theoretischen Biologen Ervin Bauer, der alle fundamentalen biologischen Gesetze aus einem einzigen fundamentalen Prinzip mathematisch deduzierte, das auch als Bauer-Prinzip bekannt ist. Er geht dabei von der Proposition aus, dass lebendige Organismen aktiv und kontinuierlich ihren freien Energiegehalt mobilisieren, um ihre „Distanz" zum letalen Zustand thermodynamischen Gleichgewichtes zu maximieren. Grandpierre hat in Anbetracht dessen das Erklärungsmodell der modernen Physik vertieft, indem er das Prinzip der kleinsten Wirkung erweiterte, um biologische Teleologie als freie Variable einzubeziehen, und machte dieses allgemeine Wirkungsprinzip mit dem Bauer-Prinzip kompatibel. Das so resultierende Prinzip erweiterte er darüber hinaus um den Faktor biologischer Motivationen, die in der Biologie eine vergleichbar zentrale Rolle spielen wie Kräfte in der Physik. Das resultierende universale Prinzip des Lebens stellt den wichtigsten Fortschritt in unserem Verständnis der Struktur und sogar der Natur des lebendigen Universums selbst dar. Es liefert die theoretische Basis für eine lebenszentrierte Weltanschauung und eine kosmische Ökologie, die alle Lebensformen integriert. Auf diese Weise offeriert es eine solide Grundlage für eine umfassende, erhebende Gestaltung unseres individuellen und gemeinschaftlichen Lebens, für gute Regierungsführung und eine gesunde Zivilisation.

Das vierte Kapitel bietet eine Diskussion über „Holographische Philosophie als Grundlage der Theorie des kosmischen Lebens". Es wurde von Prof. Dr. Chunyou Yan (严春友, geboren 1959) vom Qifang College of Education der Xi'an International University und der School of Philosophy an der Beijing Normal University verfasst. Yan ist führender Experte im Bereich der modernen chinesischen Naturphilosophie. Er wurde in der Provinz Shandong geboren, der Heimatregion des antiken Denkers Konfuzius. Seit Beginn seiner akademischen Karriere suchte Yan nach Antworten auf die Frage nach der Einheit des Universums im Kontext neuer Entdeckungen in der Biologie und Kosmologie. Dies führte zur Integration traditioneller chinesischer Ansichten bezüglich der Beziehung zwischen Mensch und Universum sowie zur Entwicklung von Yans holographischer Theorie des kosmischen Lebens, die er in zahlreichen Artikeln und Büchern dargelegt hat. Diese höchst innovative Theorie umfasst relevante philosophische Perspektiven, die seitens des traditionellen chinesischen Buddhismus, des Daoismus sowie einer Palette westlicher philosophischer Ansätze beeinflusst sind. Sie bietet eine wichtige Grundlage für einen Ost-West-Dialog zum Thema des kosmisches Lebens.

Die zentrale These von Yans Theorie der kosmischen Holographie, später umbenannt in „Theorie der kosmischen holographischen Einheit", ist, dass alle Teile implizit die gesamte Information des großen Ganzen enthalten. Yans Kapitel beschreibt die Entstehung der holographischen Philosophie im modernen chinesischen Diskurs, liefert eine Analyse ihrer fundamentalen Prinzipien und weist auf deren Beweisbarkeit hin. Er präsentiert die unvermeidliche Konklusion holographischer Philosophie, dass das Universum ein unermessliches, lebendiges Sein ist und jeder seiner Teile ‚Leben' enthält. Aus dieser Perspektive sind alle Dinge Aspekte eines ‚universalen Lebens' in verschiedenen Entwicklungsstadien, welche sich zu immer höheren Lebenszuständen hin entfalten. In Bezug auf den aktuellen philosophischen Diskurs ist Yans Theorie, die bereits in den 1980er und 1990er Jahren entstand, wieder höchst relevant.

Dr. Bei Peng (彭蓓, geboren 1979) ist eine chinesische Musikwissenschaftlerin, die am Institute of Advanced Studies in Humanities and Social Sciences auf dem Zhuhai Campus der Beijing Normal University arbeitet. Zhuhai ist eine chinesische Küstenstadt in der Guangdong-Hongkong-Macao Greater Bay Area. Derzeit ist sie zudem Visiting Researcher am Forschungsinstitut für Nachhaltigkeit (RIFS) des GFZ Helmholtz-Zentrums für Geoforschung in Potsdam. Sie hat das fünfte Kapitel beigesteuert. Es trägt den Titel „Der menschliche Körper als singendes Universum". Peng studierte Musikwissenschaft und Philosophie in Deutschland und hat an der Universität Heidelberg zu einem Schlüsselthema im Bereich der vormodernen chinesischen Musiktheorie promoviert. Dieses historische Feld mathematischer Studien war nicht nur das Fundament für die chinesische Hofmusik, sondern auch für das kaiserliche Metrologiesystem, auf dem alle chinesischen Maßeinheiten basierten. Darüber hinaus verstanden die Chinesen die kaiserliche Hofmusik als akustische Verkörperung der alles dominierenden Gesetze des Himmels. In einem weiteren Zusammenhang damit hat Peng auch Johannes Keplers Idee der „Weltharmonik" (*harmonice mundi*) aus vergleichender Perspektive untersucht. Neben diesen Forschungsinteressen ist sie Mitherausgeberin einer chinesischen Edition der Werke Theodor W. Adornos und entwickelt transdisziplinäre Perspektiven in der Musikphilosophie.

In ihrem Beitrag geht Peng von Folgendem aus: Seit Jahrtausenden ist die Vorstellung einer universellen Ordnung, die Menschen und Universum verbindet, in Kulturen auf der ganzen Welt verankert. Diese Ordnung wurde oft in geometrischen, harmonikalen oder musikalischen Termini ausgedrückt. Von Pythagoras bis Kepler glaubten Universalgelehrte fest daran, dass diese Ordnung den primordialen Code aller Dinge darstellt. Vorliegend entwickelt Peng eine neue interdisziplinäre Perspektive, die, inspiriert von Keplers Weltharmonik, die Bereiche der Traditionellen Chinesischen Medizin (TCM) und der Musiktheorie mit modernen astronomischen Erkenntnissen kombiniert. Auf der Grundlage mathematischer Analysen wird hierbei gezeigt, dass die Energiemeridiane des menschlichen Körpers einer musikalischen Ordnung entsprechen, die wiederum untrennbar mit bestimmten relationalen Aspekten der Bewegungen der Himmelskörper unseres Sonnensystems verbunden ist. Pengs Forschung stößt in völlig neue Bereiche in Bezug auf die Möglichkeit einer solchen universellen Verbindung vor und eröffnet dabei auch neue Verständnisebenen des Oberthemas des kosmischen Lebens.

Das sechste Kapitel, „Polykontexturale Grundpfeiler für eine transkulturelle Philosophie des kosmischen Lebens", wurde von dem deutschen Philosophen Dr. David Bartosch (geboren 1977) verfasst. Er bekleidet eine Forschungsprofessur als Distinguished Research Fellow am Institute of Advanced Studies in Humanities and Social Sciences auf dem südchinesischen Campus der Beijing Normal University in Zhuhai in der Metropolregion der Guangdong-Hong Kong-Macao Greater Bay Area. Bartosch war unter anderem auch Research Fellow am Budapest Centre for Long-term Sustainability (BC4LS) und ist gegenwärtig zudem Visiting Researcher am Forschungsinstitut für Nachhaltigkeit (RIFS) des GFZ Helmholtz-Zentrums für Geoforschung in Potsdam. Bartosch absolvierte seine akademische Ausbildung in Philosophie und Musikwissenschaft an der Universität Oldenburg, wo er auch früh damit begann, in interdisziplinären Kontexten zu arbeiten. Als Experte für sowohl deutschsprachige bzw. auch antike, mittelalterliche und moderne westliche Philosophie als auch vormoderne chinesische Denktraditionen ist er für seine transkulturell vergleichende Forschung zum europäischen und chinesischen Denken bekannt. Seine vielfältig ausgerichtete Arbeit schließt historische Denker wie Wang Yangming (1472–1529) und Nicolaus de Cusa (1401–1464) ein, deren Denken er auch mit aktuellen Fragestellungen verbindet. Weitere philosophische Interessenbereiche Bartoschs umfassen Themen in Verbindung mit Bereichen wie Ökologie, Nachhaltigkeit, Philosophische Anthropologie, mit innovativen Sichtweisen in Richtung einer lebenszentrierten philosophischen Kosmologie und mit Feldern wie der Weltgeschichte der Philosophie, dem Grenzbereich zwischen Archäologie und Denkgeschichte, Kulturgeschichte, Interkulturellen Studien, Philosophie der Technik usw.

In seinem Beitrag liefert Bartosch einen systematischen und historischen Überblick über wichtige transkulturelle Fundamente einer umfassenden Philosophie des kosmischen Lebens. Ausgehend von den historischen Ursprüngen des philosophischen Begriffs ‚kosmisches Leben' nimmt er zunächst Bezug auf Gotthard Günthers Konzepte der Polykontexturalität sowie einer transklassischen Wissenschaft. Dies wird durch die Ansichten weiterer Denker vertieft und komplementiert, um eine neue systematische Basis für das zu schaffen, was Bartosch – in Anlehnung an den Terminus ‚Panentheismus' – Panenbiotismus („Alles-im-Leben-Lehre") nennt. Vor diesem Hintergrund etabliert Bartosch hierbei transkulturelle Grundlagen für eine zukünftige Philosophie des kosmischen Lebens. Familienähnliche Positionen aus antiken hellenischen, chinesischen, südasiatischen, westasiatischen und späteren europäischen Kontexten werden in kulturenübergreifenden, transversal verbundenen Perspektiven präsentiert und diskutiert. In Verbindung damit wird zudem auf einige äußerst innovative Hypothesen unserer Zeit Bezug genommen. Die Diskussion ist in drei grundlegende Themenbereiche gegliedert, die entsprechend in den drei Hauptsegmenten des Kapitels bearbeitet werden: (1) die Idee kosmischen Lebens als Ausdruck eines Prinzips unaufhörlicher Selbst(re)kreation im Sinne eines universalen metabolischen Prinzips progressiver bzw. rekreativ-transformatorischer *partieller* Selbstverzehrung des Lebens im Ganzen, (2) die Idee kosmischen Lebens als eines integralen Merkmals bzw. als Ausdruck eines gewaltigen bzw. unermesslichen Universums und schließlich (3) die Idee kosmischen Lebens als eines integralen Aspekts kosmischen ‚Lichts' (im weiter zu fassenden Begriffssinne eines komparativen Horizontes philosophischer und wissenschaftlicher Bedeutungen).

Als Herausgeberinnen und Herausgeber des vorliegenden Bandes sind wir Dr. John B. Cobb, Jr. (†), Prof. Dr. Chandra Wickramasinghe MBE sowie Prof. Dr. Chunyou Yan für ihre Beiträge zutiefst zu Dank verpflichtet. Insbesondere ist dieser Band dem Andenken von Dr. John B. Cobb, Jr. gewidmet, der leider im letzten Jahr verstorben ist. Vor allem möchten wir uns natürlich auch besonders bei Dr. Niels Peter Thomas, Leana Li, Herb Zhang, Juliane Wagner, Claus-Dieter Bachem und bei allen weiteren Kolleginnen und Kollegen bei Springer Nature bedanken, die uns bei diesem Buchprojekt unterstützt haben!

Notizen

1. Ungarische und transliterierte chinesische Namen der Herausgeber und Autoren dieses Bandes werden hier in „westlicher" Reihenfolge (Vornamen, gefolgt von Familiennamen) wiedergegeben. In den Literaturverzeichnissen werden transliterierte Namen moderner chinesischer Autoren in derselben Form aufgeführt wie die Namen moderner nicht-chinesischer Autoren (Initialen des Vornamens, gefolgt vom Nachnamen). Die Namen klassischer bzw. vormoderner Autoren werden in Literaturverzeichnissen vollständig ausgeschrieben (z.B. ‚Nicolaus de Cusa'). Dies gilt selbstverständlich auch für die transliterierten Namen vormoderner chinesischer Autoren, die ggf. wiederum in der traditionellen Reihenfolge des Klannamens, gefolgt vom Rufnamen wiedergegeben werden (z. B. ‚Wang Shouren, 王守仁').

David Bartosch (Deutschland) ist ein international anerkannter Experte für chinesische, deutsche und weitere philosophische Traditionen. Er ist auf den Bereich der transkulturell vergleichenden Philosophie spezialisiert und wendet dieses Wissen auch in verschiedenen transdisziplinären Kontexten in historischer und systematischer bzw. gegenwarts- und zukunftsbezogener Hinsicht auf verschiedene Themenbereiche an. Bartosch bekleidet eine Forschungsprofessur als Distinguished Research Fellow am Institute of Advanced Studies in Humanities and Social Sciences auf dem südchinesischen Campus der renommierten Beijing Normal University in Zhuhai in der Guangdong-Hongkong-Macao Greater Bay Area. Derzeit ist er zudem Visiting Researcher am Forschungsinstitut für Nachhaltigkeit (RIFS) des GFZ Helmholtz-Zentrums für Geoforschung in Potsdam.

Attila Grandpierre (Ungarn) ist ein international renommierter Solarastronom, Quantenphysiker, Biologe, Kulturhistoriker, Musiker und Dichter. Er war viele Jahrzehnte lang Senior Research Fellow am Konkoly-Observatorium. Derzeit fungiert er als Direktor des Hungarian Ecological Civilization Research Institute, als Forschungspräsident des Budapest Centre for Long-Term Sustainability (BC4LS) in Budapest und arbeitet als Professor am Center for Economic Geography and Settlement Marketing. Dieses befindet sich ebenfalls in Budapest und gehört zur John von Neumann Universität in Kecskemét, Ungarn.

Bei Peng (China) ist eine Musikwissenschaftlerin, Philosophin und Übersetzerin, die sowohl in östlichen als auch in westlichen Kulturen zu Hause ist. Nach einem langen Aufenthalt in Deutschland arbeitet sie nun am Institute of Advanced Studies in Humanities and Social Sciences auf dem südchinesischen Campus der renommierten Beijing Normal University in Zhuhai in der Guangdong-Hongkong-Macao Greater Bay Area. In ihrer Arbeit bezieht sich Peng auf Musiktheorie, um ein universelles Verständnis des menschlichen Daseins auf ästhetischer Ebene zu entwickeln. Peng ist derzeit zudem Visiting Researcher am Forschungsinstitut für Nachhaltigkeit (RIFS) des GFZ Helmholtz-Zentrums für Geoforschung in Potsdam.

Kosmisches Leben

John B. Cobb Jr.

Zusammenfassung

Der vorliegende Beitrag ist der letzte philosophische Beitrag des Autors. Er entstand unter dem Eindruck von mehr als siebzig Jahren aktiven Engagements für eine innovative Weiterentwicklung der Prozessphilosophie. In diesem Zusammenhang ist die Thematik des kosmischen Lebens von äußerster Relevanz. Der Autor erkundet hier noch einmal neues Terrain. Im ersten Segment wird Leben im Sinne lebendiger Ereignisse bzw. lebendiger Prozesse beschrieben, die das Charakteristikum der Neuheit manifestieren. Der Autor argumentiert gegen die paradigmatische und höchst problematische mechanizistische Reduktion von Physik und Leben. In einem zweiten Schritt wird der gesamte Kosmos als ‚das Leben Selbst' definiert. Eine der Leitfragen lautet: Existiert die Vergangenheit? Darüber hinaus werden die weiteren Gesichtspunkte der Entscheidungsfindung und der Potentialität diskutiert. In einem dritten Segment wird kosmisches Leben als ein Prozess beschrieben, der im Blick auf alle seine Teilaspekte als durch Selbstanreicherung charakterisiert, ebenso wie als aus sich selbst heraus emergierend, zu reflektieren ist. In Form eines inneren Ideals bietet die Triebkraft, die das Leben Selbst repräsentiert, persönliche (praktische) Orientierung und Leitung in all unseren alltäglichen Aufgaben sowie auch unter außergewöhnlichen Bedingungen.

Schlüsselbegriffe

Das Leben Selbst · Lebendige Ereignisse · Kosmisches Streben nach Leben · Neuheit · Potentialität

J. B. Cobb Jr. (✉)
Claremont, USA

D. Bartosch et al. (Hrsg.), *Auf dem Weg zu einer Philosophie des kosmischen Lebens*,
https://doi.org/10.1007/978-981-97-9987-9_2

Der Titel dieses Buches impliziert mehrere Bedeutungsdimensionen. Wir könnten fragen, ob das Universum letztlich aus lebendigen Entitäten besteht. Wir könnten fragen, ob der Kosmos selbst am Leben ist. Wir könnten fragen, ob der Kosmos aktiv Leben unterstützt.

Leben als lebendige organische Ereignisse, die Neuheit ausdrücken

Um dieses Thema zu diskutieren, müssen wir zunächst darüber nachdenken, was wir unter Leben verstehen. Vor nicht allzu langer Zeit dachten Wissenschaftler, die natürliche Welt sei ganz einfach unterteilt: in Dinge, die leben, und Dinge, die unbelebt sind. Pflanzen und Tiere sind lebendig, während Maschinen und Steine unbelebt sind. Natürlich sind Lebewesen gestorben und dadurch in den Zustand der Leblosigkeit übergegangen. Wissenschaftler gingen davon aus, dass selbst lebendige Entitäten aus Teilen bestehen, die unbelebt sind. Sie konnten in Atome zerlegt werden, in Einheiten, die nicht weiter geteilt werden konnten, und diese Entitäten, aus denen die von der Wissenschaft untersuchte Welt besteht, wurden als leblose Materie betrachtet. Offensichtlich wurden diese in einigen Fällen zu Organismen ausgeformt.

Heute kann man mit gutem Grund argumentieren, dass die Atome, aus denen die natürliche Welt besteht, alle organischen Charakter haben. Whitehead beschrieb sein Denken auf dieser Grundlage als eine Philosophie des Organismus. Natürlich unterscheiden sich atomare Organismen sehr stark von Tieren und Pflanzen. Aber sie sind noch stärker von bloßen Materieklumpen zu unterscheiden. Sie repräsentieren sich selbst organisierende, momentane Ereignisse. Whitehead nennt sie ‚aktuale Entitäten' (*actual entities*) oder – aufschlussreicher – auch ‚aktuale Okkasionen der Erfahrung' (*actual occasions of experience*). Aktual zu sein bedeutet für Whitehead, erfahrungsmäßig zu sein. Erfahrungsmäßig zu sein bedeutet, ein subjektives Sein zu haben, an und für sich selbst zu existieren. Leblose Materie hingegen hat keine Existenz an und für sich selbst. Ein Stein ist ein Beispiel für ‚leblose Materie'. Als Stein existiert er als Objekt nur für Subjekte. In sich selbst existiert er nur in den aktualen Okkasionen, aus denen er besteht.

Der Stein hat Masse, was die technische Bedeutung dessen ist, was wir philosophisch als Materie bezeichnen. Jede der Okkasionen, aus denen er besteht, hat Masse. Was Masse besitzt, besitzt auch Energie: $E = mc^2$. Aber Physiker haben zunehmend festgestellt, dass ein Großteil der Welt, die sie studieren, keine Masse hat. Wenn die Grundlage für die Bestätigung von Materie als Bestandteil der Realität Masse ist, dann müssen wir sagen, dass der größte Teil der physischen Realität nicht materiell ist. Die meisten der aktualen Entitäten, aus denen der größte Teil der sichtbaren Welt besteht, werden jetzt als aus Quanten zusammengesetzt verstanden, die keine Masse haben.

Früher dachten wir, ein Großteil des Raums sei ein bloßes Vakuum, aber jetzt verstehen wir, dass im Vakuum etwas passiert. Diese Ereignisse, die das Plasma bilden, sind genauso real wie materielle Ereignisse. Sie sind genauso ‚körperlich', wenn das bedeutet, dass sie Objekte der Physik sind. Wie ‚Licht' und die gesamte Quantenwelt haben sie Energie, aber keine Masse. Es scheint, dass die echten Atome, d.h. unteilbare Entitäten, eher reine Energie sind und nicht die reine Materie der klassischen Physik. Wenn wir die philosophische Bestimmung ‚physisch' von den Konnotationen des ‚Materiellen' befreien können, so können wir sagen, dass Energie genauso physisch ist wie Masse.

Nun ist ‚Leben' zu besprechen: Wenn wir Leben so definieren, dass alles, was sich selbst organisiert oder subjektiv ist, ‚lebendig' ist, dann ist alles lebendig oder kann in Elemente zerlegt werden, die lebendig sind. Wenn wir diesen Schritt machen, können wir sicherlich bestätigen, dass Leben die Grundlage des Kosmos ist. Aber die gewöhnliche Unterscheidung zwischen lebendigen und unbelebten Dingen geht verloren. Es ist hingegen vorteilhafter, sich stattdessen auf das zu konzentrieren, was Whitehead Gemeinschaften von Dingen nennt.

Oft wird der Begriff ‚organisch' mit ‚lebendig' identifiziert. Whitehead hingegen unterscheidet zwischen Okkasionen, bei denen Selbstorganisation ‚Neuheit' (*novelty*) einführt, und solchen, bei denen dies nicht der Fall ist. Er möchte sich auch auf das konzentrieren, was er ‚Gemeinschaften von Okkasionen' (*societies of occasions*) nennt, d.h., was wir normalerweise als Dinge betrachten: Stöcke und Steine, Löffel und Radios, Pflanzen und Tiere. Demzufolge ist ein Ding dann lebendig, wenn die Neuheit in den Ereignissen, die es gemeinsam konstituieren, einen signifikanten Einfluss darauf hat, was es tut. Lebendigkeit ist eine Frage des Grades. Selbst wenn es in einigen der aktualen Okkasionen, aus denen der Stein besteht, einige flüchtige Momente von Neuheit gibt, so können wir immer noch sagen, dass der Stein leblos ist. Wenn auch das Verhalten eines Eichhörnchens im Allgemeinen ziemlich vorhersehbar ist, so heißt das immer noch, dass es sehr lebendig ist.

Mit anderen Worten, es stellt sich heraus, dass reine Materie nicht existiert. Wir erhalten eine Idee davon in der Art und Weise, wie Energieereignisse organisiert sind und wie sie in Form von Berührung und visueller Wahrnehmung erscheinen. Aber was in der Welt unabhängig von uns existiert, ist letztlich Energie, die sich in Ereignissen manifestiert. Diese Ereignisse können schlichtweg nicht verstanden werden, wenn wir hier – etwa so, als ob es sich um Steine handeln würde – nach winzigen kleinen Objekten Ausschau halten. Vielleicht kann man sagen, dass die Einheiten, aus denen die Welt besteht, ‚Vor-Leben' (*pre-life*) verkörpern.

Leider ist unter Physikern immer noch eine weit verbreitete materialistische Voreingenommenheit zu spüren. Schritt für Schritt erkennen sie an, dass ihre Erklärungsmodelle einen Großteil der Welt nicht erklären können. Da sie in verschiedenen Gilden organisiert sind, können die meisten von ihnen die Welten von Plasma und Quanten ignorieren. Sie tun sie einfach als seltsam ab. Aber das stellt keine nachhaltige Lösung für metaphysische oder sogar wissenschaftliche Fragen dar.

Es gibt Wissenschaftler, die versuchen, die Welt zu verstehen. Einer der besten war David Bohm. Bohm erkannte, dass das Problem in den indoeuropäischen Sprachen lag. Die Sprache, in der wir uns ausdrücken, prägt unser Verständnis. Die indoeuropäischen

Sprachen geben dem Substantiv oder Pronomen, um das herum die meisten Sätze aufgebaut sind, den Vorrang. Selbst wenn wir nicht wissen, worauf sich unser Substantiv oder Pronomen bezieht, setzen wir es voraus. Zum Beispiel, wie Zhihe Wang mir gegenüber bemerkte, wenn es regnet, sagen wir ‚es regnet', aber wir können nicht sagen, worauf sich dieses ‚es' bezieht.

Bohm selbst fand Rückhalt im Buddhismus. Aber er dachte, unsere beste Chance in der englischsprachigen Welt sei es, sich anzugewöhnen, Sätze mit einem Gerundium zu beginnen. In diesem Fall würden wir sagen *‚raining is occurring'*. Das Gerundium bezieht sich auf ein Ereignis. In der Quantenwelt vollziehen sich ständig Ereignisse. Ein Ereignis fließt in andere Ereignisse ein.

Für jeden, der tief in das Verständnis einer Welt von Ereignissen und Prozessen eintauchen möchte, aus denen Objekte emergieren, empfehle ich die Philosophie Whiteheads. Whitehead arbeitete seine Gedanken aus, bevor viel über Quanten bekannt war. Er beschäftigte sich intensiv mit der Relativitätstheorie und dachte, dass Einsteins mathematisch erfolgreiche Formel philosophisch keinen Sinn ergab. Relativität weist auf Beziehungen hin, und Whiteheads Philosophie dreht sich ganz um Beziehungen.

Chinesische Muttersprachler sollten einen Vorteil bei der Entwicklung einer Wissenschaft haben, die nicht durch die substantialistischen Präferenzen indoeuropäischer Sprachen verzerrt ist. Seit der späteren Antike waren die Chinesen in der Lage, die Einsichten Gautamas zu würdigen und zu verinnerlichen. Bis heute wird Gautamas Ablehnung von Substanzen in Indien nicht verstanden.

Ich muss gestehen, dass ich selbst der Versuchung erlegen bin, mich von der englischen Sprache leiten zu lassen. Ich schreibe einen Aufsatz über ‚Leben', obgleich ich weiß, dass es so etwas nicht gibt. Es gibt Ereignisse, die Eigenschaften haben, die das Adjektiv ‚lebendig' rechtfertigen. Es gibt andere Ereignisse, die dies nicht tun.

Obwohl in dieser Analyse der lebendige Teil des Kosmos im Verhältnis zum Ganzen sehr klein ist, so sind die grundlegenden Entitäten des Ganzen Organismen. Es gibt keine ‚Materie', wie sie üblicherweise metaphysisch verstanden wird. Die ersten Ansätze dessen, was sich zu Leben entwickelt, sind überall.

Die Präsenz der Vergangenheit, die Potentialität des Neuen und der Kosmos als das Leben Selbst

Ich komme nun zur Frage des Kosmos in seiner Ganzheit. Ist er lebendig? Ich habe argumentiert, dass die Entitäten, aus denen er letztlich besteht, Ereignisse darstellen, die nicht materiell sind. Diese Ereignisse haben Eigenschaften, die der Idee der Materie fehlen. Ich habe festgestellt, dass die aus diesen Ereignissen gebildeten Entitäten als Ganzheiten der Möglichkeit nach jeglicher Dimension des Lebendigen ermangeln. Der Stein und die Maschine sind Beispiele hierfür. Daher ist die Frage nach dem Ganzen keineswegs durch das erledigt, was wir über seine ultimativen Bestandteile gelernt haben. Das Ganze besteht nicht nur letztlich aus nicht-materiellen Entitäten. Es enthält auch das gesamte

Spektrum aller Organismen. Aber das Ganze als solches könnte auch einfach die Vielheit aller Entitäten sein, die es konstituieren, oder eine inerte und leblose Einheit dieser Teile.

Ich bin mir jedoch sicher, dass unsere fast unausweichlichen, tatsächlichen Überzeugungen dem Ganzen Eigenschaften und Funktionen zuschreiben, die es nicht haben könnte, wenn es wie ein Stein oder eine Maschine wäre. Ich werde versuchen, Sie davon zu überzeugen, dass es sich so verhält – oder zumindest, dass Sie so handeln und leben, als ob dies der Fall wäre. Dazu muss ich Sie bitten, sich vorzustellen, was Sie erleben würden, wenn das Ganze einfach materiell wäre.

Betrachten Sie zunächst, was Sie über den Status der Vergangenheit denken. „Existiert" die Vergangenheit? Wenn das Universum als Ganzes eher einem Stein oder einer Uhr ähneln würde als einem Organismus oder einem Lebewesen, könnte die Gegenwart die Vergangenheit nicht einschließen. Was dann also existieren würde, wäre einzig die Gegenwart. Aussagen über die Vergangenheit wären weder wahr noch falsch. Herr X hätte weder den Mord begangen, für den er vor Gericht steht, noch hätte er ihn nicht begangen. Das wäre Vergangenheit und würde daher nicht existieren. Eine Aussage darüber wäre so bedeutungslos wie eine andere. Zu sagen, dass Ihnen jemand gestern etwas versprochen habe, wäre ebenso bedeutungslos. Es gäbe nichts, wofür Sie Ihren Eltern dankbar sein müssten, außer dem, was diese in diesem Moment gerade für Sie tun.

Nun nehme ich nicht an, dass irgendjemand auf diese Weise lebt, handelt oder denkt. Zunächst einmal haben wir alle Erinnerungen. Der erste Abweis jener Ansicht besteht darin, auf das Gedächtnis hinzuweisen. Unsere Erinnerungen geben uns Informationen darüber, was in der Vergangenheit geschah. Wir können unser Leben jetzt anhand dieser Erinnerungen leben. Sie sind Teil der Gegenwart.

Das ist mit Sicherheit als wahr anzuerkennen. Unser Leben wird tiefgreifend von unseren Erinnerungen beeinflusst. Aber was sind Erinnerungen? Wir erleben sie als etwas, das uns mit etwas verbindet, was tatsächlich passiert ist. Wann ist es passiert? In der Vergangenheit. Wo ist die Vergangenheit? Wenn wir postulieren, dass sie nirgendwo ist, dass sie nicht existiert, so müssen wir annehmen, dass die Erinnerung in der Gegenwart ist. Aber wenn die Vergangenheit als Vergangenheit nicht mehr existiert, kann die Erinnerung nicht von der Vorstellung in der Gegenwart unterschieden werden. Die Idee, dass das, was wir Erinnerungen nennen, von der Vergangenheit handelt, bleibt bestehen. Wir sind sicher, dass sich die Erinnerung von der bloßen Vorstellung unterscheidet. Das Problem besteht darin, dass die Annahme der Nichtexistenz der Vergangenheit jedwede Möglichkeit eines signifikanten Unterschieds untergräbt. So wie es bedeutungslos ist, zu fragen, ob Ihre Vorstellung wahr oder falsch ist; so könnten, wenn die Vergangenheit nicht existieren würde, Aussagen über die Vergangenheit weder wahr noch falsch sein. Wir alle handeln aber in der Annahme ihrer Entscheidbarkeit.

Wissenschaftler entwickeln Theorien über die Vergangenheit. Eine davon ist, dass es einen Urknall gab. Sie haben ein Experiment gestartet, um festzustellen, ob diese Theorie wahr ist, und um einige Fragen darüber zu beantworten, was sich dabei abgespielt hat. Sie nehmen nicht an, dass das Experiment die Ursache darstellt, dass sich der Urknall vollzogen hat. Sie nehmen nicht an, dass es das Experiment selbst ist, das den

Urknall wahr machen wird. Er ist bereits entweder ein Faktum oder nicht, auch wenn niemand eine Erinnerung in die eine oder andere Richtung hat. Mit anderen Worten, obwohl die materialistische Metaphysik, der sie typischerweise anhängen, keinen Platz für eine Vergangenheit hat, handeln sie so, als ob sie glauben, dass die Vergangenheit in all ihren Details immer noch das ist, was sie war. Sie erwarten, mehr darüber zu erfahren.

Ich hoffe, dass Sie alle zustimmen, dass wir alle in der Annahme denken und handeln, dass die Vergangenheit jetzt in gewisser Weise existiert, d.h. auf eine Weise, die nicht von unserer Erfahrung ihrer abhängt. Tatsächlich ist das, was in der Gegenwart existiert, weitgehend das Ergebnis dessen, was in der Vergangenheit passiert ist. Alle Wirkursachen liegen in jener Vergangenheit, über deren Existenz wir gerade reflektieren. Niemand zweifelt wirklich an der Existenz der Vergangenheit. Aber der Materialismus hat keinen Platz dafür.

Ich argumentiere, dass die Vergangenheit des Kosmos in voller, reicher Detailfülle unabhängig von unserem Wissen existiert. Es scheint, dass das Ganze die gesamte Vergangenheit einschließt. Wenn das Ganze wie ein Stein oder eine Maschine wäre, oder wenn es in jedem Moment einfach das wäre, was es in dieser Gegenwart ist, wäre dies nicht der Fall. Um die Vergangenheit in seiner Gegenwart einzuschließen, muss der Kosmos als Ganzes viel mehr sein als die Vielzahl seiner Teile. Er muss etwas wie ein perfektes Gedächtnis einschließen, nur umfassender als ein Gedächtnis; er muss die Vergangenheit als Vergangenheit mit einbeziehen, die in der Gegenwart noch wirksam ist.

Bedeutet das, dass wir alle glauben, der Kosmos sei lebendig? Nicht im strengen Sinne. Wir glauben, dass er auf eine völlig überlegene Weise eine Eigenschaft besitzt, welche unser Gedächtnis auf fragmentarische Art und Weise partizipiert. Ein Gedächtnis zu haben, ist eine bemerkenswerte Eigenschaft, die einigen Lebewesen, insbesondere Tieren, zukommt. Die gesamte Vergangenheit so einzuschließen, dass sie in der Gegenwart wirksam bleibt, erfordert eine Art von ‚Super-Leben' (*super-life*).

Ich glaube, es gibt noch eine weitere, weit verbreitete Überzeugung, die ich nur schwerlich nicht teilen könnte. Sie verweist darauf, dass es im Kosmos viel mehr gibt als eine Ansammlung vereinzelter Ereignisse. Im Allgemeinen betrachtet die wissenschaftliche Weltanschauung, obwohl sie die Wirksamkeit der Vergangenheit in der Gegenwart nicht erklären kann, diese Wirksamkeit als umfassende Determinante für die Gegenwart. Eine materialistische Welt endet fast zwangsläufig als deterministische. Aber unsere normale Erfahrung ist, dass wir zuweilen wichtige Entscheidungen treffen, und viele von uns fühlen, dass wir ständig kleinere Entscheidungen treffen. Warum lehnen Wissenschaftler die Idee der Entscheidung ab? Sie passt nicht in ihre Weltanschauung. Die Realität einer Entscheidung erfordert, dass es im Moment, zusätzlich zur Kausalität der Vergangenheit, alternative Möglichkeiten gibt, eine Welt der Potentialität. Die (physikalistische) Idee der Materie hat keinen Platz für alternative Möglichkeiten. Aber der mit dem Leben verbundene Faktor der Neuheit ist ohne diese nicht vorstellbar.

Wenn ich mir keine Sorgen mache, wissenschaftlich zu sein, und einfach meine Erfahrung beschreibe, fühlt sich ein großer Teil davon als durch meine persönliche Vergangenheit und andere Elemente in der Umgebung, einschließlich anderer Menschen, bestimmt an. Aber ich habe nicht das Gefühl, dass meine Reaktion vollständig von all dem bestimmt wird. Manchmal habe ich zum Beispiel das Gefühl, dass ich entweder sprechen oder schweigen kann. Meine Entscheidung kann den Verlauf der Diskussion beeinflussen. Wenn der Wissenschaftler mir sagt, dass das, was in der Vergangenheit geschehen ist, darüber bestimmt hat, dass ich sprechen oder schweigen würde, weiß ich, dass er recht haben könnte. Mein Gefühl, eine gewisse persönliche Verantwortung für das zu haben, was ich getan habe, könnte eine Illusion sein. Aber im Moment der Entscheidung scheint es, dass das, was ich tue, nicht determiniert ist, bis ich es bestimme.

Die meisten Eltern fühlen, dass ihre Kinder, wenn sie älter werden, für einige Aspekte dessen, was sie tun, verantwortlich sind. Unterscheidungen zwischen dem, was ihre Kinder wählen, und dem, was den Umständen oder anderen zuzuschreiben ist, sind wichtig, um moralisches Verhalten zu fördern. Nichts davon macht Sinn, wenn alles Verhalten und Denken und „Auswählen" vorbestimmt ist. Das Rechtssystem als Ganzes würde keinen Sinn machen, wenn niemand für etwas Verantwortung trüge.

Die große Mehrheit der Wissenschaftler, sobald sie nicht gerade mit Wissenschaft beschäftigt sind oder diese lehren, nimmt an, dass sie eine gewisse Verantwortung für ihre Entscheidungen tragen, und erziehen auch ihre Kinder so. Wenn das Gefühl, dass wir eine gewisse Verantwortung für das tragen, was wir tun, und dass es manchmal echte Alternativen gibt, so tief sitzt, dass praktisch alle Gesellschaften einen Teil ihrer Organisation darauf gründen, sollten wir dann unsere Erfahrung leugnen, um wissenschaftlich zu sein? Ich glaube nicht, dass dies tatsächlich möglich ist, und ich sehe keinen Grund, es zu versuchen.

Der Grund, warum Wissenschaftler diese Urteile fällen, die im Widerspruch zur menschlichen Erfahrung stehen, ist, dass ihre Metaphysik keinen Platz für einen Großteil der menschlichen Erfahrung hat. Sie neigt dazu, zu behaupten, dass alles in das materialistische Paradigma passt, und die Realität dessen zu leugnen, was nicht dazu passt. Wir fragen, ob die Realität Dimensionen hat, die nicht dazu passen. Die Antwort ist affirmativ.

Eine Metaphysik, die die Wahrheit dessen zulässt, was wir erfahrungsmäßig wissen, ist besser als eine, die dies nicht tut. Das bedeutet, dass eine Metaphysik, die mögliche Alternativen zulässt, besser ist als eine, die keine zulässt. Eine, die solche Alternativen berücksichtigt, muss ihre Anwendbarkeit nicht auf die Wissenschaft beschränken, und sie kann es Wissenschaftlern ermöglichen, Phänomene zu erklären, die mit ihrer bevorzugten Metaphysik unerklärlich sind. Diese zu bevorzugende Metaphysik gibt uns Aufschluss darüber, dass der Kosmos so beschaffen ist, dass es nicht verwirklichte Potenzialitäten gibt. Die ‚Neuheit' (*novelty*), die das Leben definiert, basiert auf diesen Potentialitäten. Der Kosmos als Ganzes umfasst die grundlegenden Merkmale, die das Leben möglich und wirklich machen. Er mag nicht auf die gleiche Weise lebendig sein wie wir, aber er begründet das Leben durch seine ewige Einbeziehung des Potentials des Neuartigen. Einmal mehr ist der Kosmos dabei als Super-Leben zu charakterisieren. Wir können dies andeuten, indem wir den Ausdruck ‚das Leben Selbst' großschreiben. Wir sind lebendig. Der Kosmos oder eine entscheidende Dimension des Kosmos ist das Leben Selbst.

Wenn die Eigenschaften zur Bestimmung des Begriffs des ‚*Lebensprozesses*' (*living*) von pflanzlichen und tierischen Organismen auf diesem Planeten her genommen werden und seine Extension auf diese beschränkt wird, dann sind diese unsere einzigen Beispiele für lebendige Organismen. Plasma und Quarks sind aus einer solchen Sicht nicht lebendig, und der Kosmos auch nicht. Wenn man auf einer derart spezifischen Definition von ‚Leben' oder ‚Lebendigkeit' besteht, muss man jedoch andere Begriffe erfinden, um die Vielfalt der Weisen zu beschreiben, in denen viele Dinge eine bloße inerte Materialität transzendieren. Wir könnten Erstere (Plasma, Quarks usw.) als Vor-Leben sowie Letzteren (den Kosmos) als *das Leben Selbst* bezeichnen.

Die Selbstanreicherung des kosmischen Lebens in seinen Teilen als unsere persönliche Wegleitung

Unser drittes Thema betrifft die Frage, ob der Kosmos die Anreicherung des Lebens in seinen Teilen begünstigt. Ich bin der Ansicht, dass dies der Fall ist. In der Tat gibt es inzwischen zahlreiche Belege dafür, dass der Kosmos darauf ausgerichtet ist, komplexe Lebensformen wie die Pflanzen und Tiere auf diesem Planeten möglich zu machen. Diese Beweise sind so überzeugend, dass Wissenschaftler, die das Vorhandensein von Leben auf diesem Planeten als Zufall erklären wollen, behauptet haben, dass es Tausende von Universen geben muss, von denen nur unseres diese Art von Leben hervorbringt.

Wissenschaftler haben herausgefunden, dass unser Kosmos genau darauf abgestimmt ist, Leben möglich zu machen. Es gibt viele Details in der Natur, die willkürlich erscheinen. Sie könnten genauso gut anders sein. Es hat sich jedoch gezeigt, dass die Art von Leben, die sich auf diesem Planeten so reichhaltig entwickelt hat, nicht möglich gewesen wäre, wenn nur eines dieser Details anders gewesen wäre. Wenn die Wahrscheinlichkeit, dass all dies genau so ist, wie es ist, eins zu hundert oder sogar eins zu tausend beträgt, legt der gesunde Menschenverstand nahe, dass es eine kosmische Entscheidung zugunsten des Lebens gegeben haben muss.

Materialisten glauben nicht an Entscheidungen auf irgendeiner Ebene, schon gar nicht auf der kosmischen. Aber wenn die Realität auf zufälliger Basis derart unwahrscheinlich ist, so fühlen sie sich gezwungen, eine alternative Theorie zu entwickeln. Die einzige, die mir bekannt ist, besagt, dass es viele Universen gibt oder gegeben hat, in denen die Leben fördernden Eigenschaften fehlen. Per Zufall charakterisieren diese ausschließlich unseren Kosmos. Soweit ich weiß, wurde diese Theorie nicht im Detail ausgearbeitet. Meiner Meinung nach wird sie umso weniger plausibel sein, je weiter sie ausgearbeitet wird. Da das einzige Argument zu ihren Gunsten darin besteht, dass diese Theorie das Element einer kosmischen Entscheidung vermeidet, und ich bereits meine Einwände gegen die Vermeidung der Anerkennung menschlicher Entscheidungen erklärt habe, so denke ich, dass Wissenschaftler viel zu sehr einer Metaphysik verpflichtet sind, die viele bekannte Phänomene nicht erklären kann und die dem gesunden Menschenverstand widerspricht. Solange keine Beweise oder Argumente gegen eine kosmische

Entscheidung vorgebracht werden, sind wir berechtigt, zu sagen, dass der Kosmos das Leben begünstigt.

Wir können uns natürlich fragen, wie der Kosmos handelt. Eine Erklärung entwickelt sich aus dem, was im vorherigen Abschnitt beschrieben wurde. Der Kosmos umfasst sowohl Potentialität als auch Aktualität. Die Ordnung der Potentialität beeinflusst, was tatsächlich wird. Die Entdeckung, dass das Universum fein abgestimmt ist, um Leben möglich zu machen, wird als die alles ordnende Aktivität der Potentialität erklärt.

Die Ordnung der Potentialität etabliert oder ist an der Etablierung dessen beteiligt, was bisher als Naturgesetze bezeichnet wurde. Sie begründet auch das Verantwortungsbewusstsein für unsere Entscheidungen. Der Bereich unserer Erfahrung legt nahe, dass sie uns eine ideale Möglichkeit für jede Situation bietet, in der wir uns befinden. Sie zwingt uns aber nicht, diese jeweilige Möglichkeit zu übernehmen. Unsere Entscheidung kann uns jenem Ideal nahe bringen, oft schießen wir aber auch gleichsam am Ziel vorbei. Viele von uns fühlen sich zu Handlungen hingezogen, deren Ausführung uns gleichzeitig widerstrebt.

Wenn wir die Potentiale untersuchen, zu deren Verwirklichung wir uns hingezogen fühlen, können wir sie insgesamt als dem Leben förderliche Potentiale betrachten. Sie bereichern unser eigenes Leben und dasjenige anderer. Gelegentlich können sie persönliche Opfer erfordern, um das Gemeinwohl zu steigern. Wir können das verallgemeinern, indem wir sagen, dass diese Potentiale das Ziel des Kosmos zur Selbstanreicherung des Lebens verkörpern. Diese Potentiale können von der Verinnerlichung konventioneller bzw. bestehender Lehren unterschieden werden, auch wenn diese ebenfalls des Öfteren auf der Seite des Lebens stehen.

Ich habe mich auf Erfahrungen beschränkt, die sehr häufig und üblich bzw. fast unausweichlich sind. Viele von uns wurden jedoch auch durch Erfahrungen beschenkt, geliebt, gerufen oder auf dramatische Weise geführt zu werden. Solche Erfahrungen werden oft als religiöse Erfahrungen bezeichnet. Es ist schwer zu glauben, dass der Kosmos ein solches persönliches Interesse an Individuen haben kann. Aber diejenigen von uns, die solche Erfahrungen gemacht haben, können an ihrer Authentizität und ihrem persönlichen Charakter nicht zweifeln. Was uns hier begegnet, nimmt Anteil an unserem Leben und der Frage, wie wir es leben. Wir sind aufgerufen, uns dem kosmischen Streben für das Leben anzuschließen, sowohl für das menschliche Leben als auch für alles Leben.

Zum Eingeständnis unserer unveräußerlichen Verbindungen mit dem Kosmos

Chandra Wickramasinghe

Zusammenfassung

Dieses Kapitel zeichnet den Fortschritt von Studien nach, die mehrere wissenschaftliche Disziplinen einschließen und mehr als vierzig Jahre Forschungsarbeit umfassen. Insgesamt legt sich dabei der Schluss nahe, dass Leben ein kosmisches Phänomen ist. In zwölf grundlegenden Schritten entwickelt der Autor vorliegend eine umfassende Perspektive hinsichtlich dieses wissenschaftlichen und zugleich philosophischen Themengebietes. Ausgehend von der Tatsache der komplexen organischen Natur interstellaren Staubs reflektiert Wickramasinghe über die Implikationen einer Akzeptanz des Konzepts kosmischen Lebens. Er betrachtet ferner die Thematik der Exoplaneten und der Suche nach außerirdischem Leben und wendet sich dabei der Panspermie-Theorie zu, welche er seit den 1970er Jahren maßgeblich wiederbelebt und weiterentwickelt hat. Er argumentiert für den kosmischen Ursprung des Lebens unter Heranziehung von stochastischen Erwägungen und diskutiert direkte spektroskopische und weitere Beweisgrundlagen für die Panspermie. Die Frage

C. Wickramasinghe (✉)
Buckingham Centre for Astrobiology, University of Buckingham, Buckingham, UK
E-Mail: ncwick@gmail.com

C. Wickramasinghe
Centre for Astrobiology, University of Ruhuna, Matara, Sri Lanka

C. Wickramasinghe
National Institute of Fundamental Studies, Kandy, Sri Lanka

C. Wickramasinghe
Institute for the Study of Panspermia and Astroeconomics, Gifu, Japan

D. Bartosch et al. (Hrsg.), *Auf dem Weg zu einer Philosophie des kosmischen Lebens*,
https://doi.org/10.1007/978-981-97-9987-9_3

der Verteilungsdichte bewohnbarer Exoplaneten und der Möglichkeit eines interplanetaren Transfers von Lebensformen werden besprochen. Ergänzt wird dies durch die Geschichte der Erforschung von Meteoriten, Mikrometeoriten und der Frage kometarer Bakterien. Aktuelle, relevante Studien zum umstrittenen Polonnaruwa-Meteoriten werden ebenfalls berücksichtigt. In Bezug auf das Thema Panspermie werden die Entnahme von Proben aus der Stratosphäre sowie die These von Krankheiten und Pandemien aus dem Weltraum als wichtige Bereiche bestehender und möglicher zukünftiger Forschungen vorgestellt.

Schlüsselbegriffe

Panspermie · Kosmisches Leben · Kometen · Interstellarer Staub · Mikrofossilien · Meteoriten · Gesellschaftliche Einschränkungen

Einleitung

> Weder wird ein Fehler zur Wahrheit durch vielfache Verbreitung,
> noch wird die Wahrheit zum Fehler, weil niemand sie sieht.
> Die Wahrheit bleibt bestehen, auch wenn es keine öffentliche Unterstützung für sie gibt.
> Sie trägt sich selbst.
> Mahatma Gandhi

In den meisten antiken Kulturen weltweit wurden Kometen sowohl mit Ehrfurcht als auch mit Staunen betrachtet. Sie galten einerseits als Überbringer von Pestilenz und Tod, und andererseits als Boten von Leben und Glück (Yeomans 1991, 78 usw.; Temple 2007). In heutiger Zeit neigen wir jedoch dazu, all diese Ansichten als unwissenden Aberglauben abzutun. Als der Autor des Vorliegenden zusammen mit Fred Hoyle ab den späten 1970er Jahren Kometen wieder neu in Betracht nahm und dabei zu dem Schluss kam, dass sich Aspekte solch uralten Aberglaubens zufallsbedingt doch als wahr erweisen könnten (Hoyle und Wickramasinghe 1978b, 1982a, 227, 1985, 1986, 509, 2000), ernteten wir oft heftige Kritik. Eine ungeschriebene Regel moderner westlicher Wissenschaft scheint es zu sein, dass kein Überbleibsel einer einmal verworfenen, altertümlichen Ansicht oder Überzeugung jemals wieder aus wissenschaftlicher Sicht überprüft, geschweige denn revitalisiert werden dürfte.

Seit den 1970er Jahren begann der Autor, wie gesagt, in Kollaboration mit Fred Hoyle und später mit anderen Forschenden, eine riesige Menge an Daten und Beweisen aus der Astronomie, Geologie sowie Biologie zu sammeln, um die Theorie der Panspermie zu stützen. Seitdem liefern neue Daten und Fakten weiterhin zahlreiche Belege bezüglich früherer Vorhersagen und immer überzeugendere Beweise, die – in Opposition stehend zur Hypothese von der erdgebundenen spontanen Entstehung des Lebens – geradezu auf eine *Unausweichlichkeit* der Annahme der Panspermie als Modus der Entstehung und Verbreitung des Lebens im Universum hinweisen. Wir haben seit den 1980er Jahren bis heute argumentiert, dass Kometen als Inkubatoren und Verteiler von Viren und Leben in

Form von Bakterien im gesamten Universum fungieren. Heute werden Kometen zwar endlich als Verteiler komplexer organischer Moleküle anerkannt, die möglicherweise zur spontanen Entstehung von Leben auf der Erde beigetragen haben könnten, ihre Rolle als Träger von Leben wird jedoch – trotz einer Vielzahl gegenläufiger Beweise – in vielen Kreisen immer noch vehement bestritten.

Im letzten Jahrhundert hat die Astronomie zweifelsfrei festgestellt, dass das Universum und die Erde zumindest in einer Hinsicht untrennbar miteinander verbunden sind. Alle chemischen Elemente, die überall um uns herum vorhanden sind – der Kohlenstoff, Stickstoff und Sauerstoff in unseren Körpern, das Silizium in den Gesteinen, Eisen und andere chemische Elemente, aus denen die ungeheure Vielzahl von Objekten und Artefakten um uns herum besteht – wurden in Kernreaktionen synthetisiert, die im tiefen Inneren von Sternen stattgefunden haben und nach wie vor stattfinden (Burbidge et al. 1957). Obwohl auch diese These eine Zeit lang umstritten war, ist sie mittlerweile Teil des orthodoxen, allgemein akzeptierten Konvoluts der Wissenschaft. Innerhalb der letzten fünfzig Jahre etwa hat sich nun langsam herausgestellt, dass auch unsere Abstammungskette als lebendige, biologische Entitäten letztlich in einen stellaren Kontext eingebettet ist (Hoyle und Wickramasinghe 2000; Wickramasinghe 2010, 119–129, 2015).

Interstellarer Staub

Als der vorliegende Autor erstmals im Jahre 1960 die Beschaffenheit des interstellaren Staubs analysierte, wurde noch angenommen, dass die riesigen Mengen an Staub in der Milchstraße aus mikrometergroßen Eispartikeln bestünden – ähnlich den Eiskörnern, die in den Kumuluswolken der Erdatmosphäre zu finden sind. Die erneute Untersuchung dieser früheren Arbeiten führte bald zu dem Schluss, dass dieses Modell des kosmischen Staubs falsch sein müsse. Daraufhin wurde die Theorie vorgeschlagen, dass kosmischer Staub hauptsächlich aus dem Element Kohlenstoff besteht (Hoyle und Wickramasinghe 1978a, b). Die genaue Form des Kohlenstoffs im kosmischen Staub wurde dann allmählich durch die Untersuchung des Lichtes entfernter Sterne entschlüsselt, das die dunklen Wolken durchquert hatte und spektroskopische Signaturen von deren chemischer Zusammensetzung offenbarte.

Ab Mitte der 1970er Jahre gab es klare astronomische Beweise für das weit verbreitete Vorkommen organischer Moleküle in der Galaxie (Hoyle und Wickramasinghe 2000). Etwa zu dieser Zeit setzten infrarotspektroskopische Beobachtungen des interstellaren Staubs ein. Absorptionsbänder im mittleren und nahen Infrarot waren dabei nicht einfach, wie bis dahin noch angenommen, mit einer Kombination aus anorganischen Silikaten und Wassereis in Übereinstimmung zu bringen. Diese Beweise wurden jedoch von unseren Kritikern lange Zeit vehement bestritten. Fred Hoyle und der Autor verbrachten daraufhin fast fünf Jahre ihres Berufslebens damit, diese Daten mit Biopolymeren zu modellieren – insbesondere mit Polysacchariden und polyaromatischen Kohlenwasserstoffen. Unsere Pionierarbeit wurde schließlich durch eine Flut von Daten aus Weltraumteleskopen und Raumsonden bestätigt (Hoyle und Wickramasinghe 1976, 45–46, 1977, 323–324, 1978a, 489–505). Die komplexe organische Natur des Staubs im interstellaren Raum sowie in Kometen und Meteoriten ist mittlerweile unumstritten.

Die Art und Weise, wie einige dieser organischen Moleküle mit Leben und Biologie in Verbindung stehen könnten, ist jedoch nach wie vor kontrovers. Dabei handelt es sich aber um eine Kontroverse, die eher durch kulturelle Zwänge als durch wissenschaftliches Denken angeheizt wird. Die Frage bezieht sich darauf, ob diese biologisch relevanten Moleküle Schritte in Richtung Leben, d.h. präbiotische Evolution, oder biologische Abbauprodukte – einen Detritus des Lebens – darstellen. Der überwältigende Großteil des organischen Materials, das auf der Erde gefunden wird, ist das Ergebnis biologischen Zerfalls. Daher müssen wir uns die Frage stellen: Warum sollte es bei organischen Stoffen im Weltraum anders sein?

Die derzeit in Mode stehende Idee ist die einer Versorgung primitiver Erden mit chemischen Lebensbausteinen, wo sich dann eine „Ursuppe" bilden, in der Leben dann auf chemischem Wege emergieren soll, wohlgemerkt selbst trotz offensichtlich unüberwindlicher Hindernisse. Meine eigene Position war immer deutlich anders ausgerichtet und wird durch eine lange Reihe von Entdeckungen in der Astronomie, Geologie und Biologie geleitet. Die sich daraus ergeben habende Ansicht, die immer noch verleugnet wird, ist, dass das Leben ein wahrhaft kosmisches Phänomen repräsentiert, das sich auf der Erde nur weiter entfaltete, nachdem Bakterien und genetische Komponenten in Form von Viren durch Kometen geliefert wurden. Diesem Bild entsprechend, sollten die Muster der Evolution des Lebens, die auf der Erde beobachtet werden, auch auf unzähligen anderen planetarischen Wohnstätten reproduziert werden – in exoplanetaren Systemen, von denen es allein in unserer Galaxie Hunderte Millionen geben dürfte.

Implikationen der Akzeptanz des Konzepts des kosmischen Lebens

Wir leben heute in einer Welt, die fest um einen anthropozentrischen und überwiegend eurozentrischen Standpunkt herum aufgebaut ist. Die Annahme unserer eigenen Wichtigkeit als Spezies und angeblich überlegenen Menschheitsstammes hat Auswirkungen in Bezug auf unsere Haltung zur nicht-menschlichen Welt des Lebendigen sowie bezüglich eines vermeintlichen Rechtes, Letztere auf jede beliebige Weise auszubeuten, die wir auf Basis dieser Herrschaftslogik gerade für angemessen halten. Dies spiegelt sich in unserer pathologischen Reaktion auf den Klimawandel und die Umweltzerstörung wider, die aus unserem Verhalten resultiert.

Wenn sich aber eindeutig herausstellen sollte, dass wir als empfindungsfähige und vernunftbegabte Lebewesen nicht allein im Universum sind, werden die Implikationen für die Menschheit tiefgreifend sein. Noch wichtiger könnte es sein, wenn wir wüssten, dass außerirdisches Leben, in Form von Mikroben – Bakterien und Viren –, sogar hier und jetzt in unserer Mitte existiert und kontinuierlich von unserem Planeten absorbiert wird. Solche

Mikroben können unter Umständen zuweilen für verheerende Pandemien verantwortlich sein (Hoyle und Wickramasinghe 1979), wie wir sie erst kürzlich im Falle der COVID-19-Pandemie erfahren mussten; positiver betrachtet, wäre solchen Einflussfaktoren jedoch auch das Potential zuzugestehen, unsere Genome zu erweitern und über lange Zeiträume hinweg ein sich ständig veränderndes Panorama kosmisch integrierten planetaren Lebens zu entfalten (Hoyle und Wickramasinghe 1982b). In beiden Fällen – sei es in Form von außerirdischen Mikroben in unserer Nähe oder als außerirdische Intelligenz auf fernen Planeten – wird die endgültige Akzeptanz der aufkommenden Fakten des kosmischen Lebens einen wichtigen Wendepunkt in der Menschheitsgeschichte markieren.

Dies führt zu allgemeinen Fragen: Wie könnte überhaupt – nicht nur auf der Erde, sondern überall im Universum – Leben entstanden sein? Entsteht Leben ausschließlich spontan auf jedem erdähnlichen Planeten durch Prozesse, die gut belegte Gesetze der Physik und Chemie aus einfacheren chemischen Einheiten wie Nukleinbasen und Aminosäuren beinhalten, selbst wenn all diese bereits aus dem Weltraum geliefert werden? Oder beinhaltete der allererste Ursprung des Lebens ein außergewöhnliches, nicht wiederholbares Ereignis, das gewaltige Bereiche des Universums in fernster kosmologischer Vergangenheit mit betraf? Derlei uralte Fragen haben in letzter Zeit neue Dringlichkeit erlangt. Wie ich bereits angedeutet habe, liegen die Antworten auf der Hand. Wir neigen aber im Allgemeinen dazu, uns abzuwenden, weil sie unangenehm sind und eine für viele bezüglich der eigenen Selbstwahrnehmung wahrscheinlich demütigende Herabsetzung oder Verringerung unseres Status im Kosmos abverlangen.

Exoplaneten und die Suche nach Beweisen für außerirdisches Leben

Die primäre Voraussetzung für die Entstehung von Leben und anschließend von Kreaturen wie uns selbst wäre (der derzeit gängigen Annahme zufolge) die Existenz von Gesteinsplaneten mit Wasser und einer Atmosphäre, die der der Erde im Allgemeinen ähnlich ist. Mayor und Queloz haben eindeutige Beweise für Planeten außerhalb unseres Sonnensystems entdeckt (1995). Der erste dieser sogenannten Exoplaneten umkreiste einen etwa fünfzig Lichtjahre entfernten Stern im Sternbild Pegasus. Es handelte sich um einen Riesenplaneten mit einer Masse ähnlich der des Jupiter, der aber zu nah an seinem Mutterstern ist, als dass Leben (im Sinne annähernd irdischer Bedingungen) möglich wäre. Im Jahre 2009 stationierte die NASA ihr Kepler-Teleskop im Orbit. Es war speziell entwickelt worden, um Planeten von der Größenordnung unserer Erde zu entdecken. Die Suche beinhaltete das Aufspüren winziger Schwankungen (Abdunkelungen) im Licht eines Sterns, wenn ein Planet während seines Umlaufs periodisch vor diesem vorbeizog. In unserer Milchstraße wurden bereits mehr als 5000 Exoplaneten innerhalb eines sehr kleinen Stichprobenvolumens entdeckt. Die meisten umkreisen rote Zwergsterne, die im Durchschnitt doppelt so alt sind wie unsere Sonne. Ausgehend von der Stichprobenmenge aller gegenwärtig erfassten Entdeckungen wird die geschätzte Gesamtzahl bewohnbarer

Planeten in unserer Milchstraße auf über 100 Milliarden geschätzt (Kopparapu 2013). Bezüglich vieler dieser Planeten könnte man spekulieren, wie dort Leben begonnen und sich entwickelt haben – und vielleicht längst wieder verschwunden sein könnte.

Ein weiteres, damit zusammenhängendes Unternehmen, das für Schlagzeilen gesorgt hat, ist die Suche nach außerirdischer Intelligenz mit Hilfe von Radioteleskop-Arrays. Hierbei wird bekanntlich der Himmel nach Hinweisen für intelligente Signale abgesucht. Vor über einem halben Jahrhundert lenkten Philip Morrison und Giuseppe Cocconi erstmals die Aufmerksamkeit auf die Möglichkeit, das Mikrowellenspektrum kosmischer Quellen nach intelligenten Signalen zu durchsuchen, und schlugen bestimmte Frequenzen sowie eine Reihe potentieller Ziele vor. Das SETI-Programm (Search for Extraterrestrial Intelligence) begann seit 1960 zunächst zögerlich und wurde von der NASA und später von einer Vielzahl privater Personen oder halbprivater Unternehmen unterstützt. Mit Ausnahme eines einzigen kurzen und mysteriösen „Wow!"-Signals, das im August 1977 entdeckt wurde, herrschte über alle gescannten potentiellen Quellen hinweg Totenstille.

Man könnte argumentieren, dass der mangelnde Fortschritt in diesem Bereich darauf zurückzuführen sei, dass Organisationen wie die NASA sich zurückgezogen haben. Dies könnte auch der Hintergrund der vor nicht langer Zeit mit viel Pomp angekündigten, 100 Millionen Dollar teuren SETI-Initiative des russischen Milliardärs Yuri Milner sein. Es wurde argumentiert, dass es wichtig sei, mehr Teleskopzeit zu kaufen, den Wellenlängenbereich zu erweitern, die Detektorempfindlichkeit zu erhöhen und eine erweiterte Abdeckung des Himmels zu erreichen , wenn innerhalb eines Jahrzehnts ein Durchbruch erzielt werden sollte. Es ist natürlich möglich, dass wir bei unseren SETI-Bemühungen insgesamt eine falsche Strategie verfolgen. Predrag Slijepcevic und der Autor dieser Zeilen haben kürzlich argumentiert, dass wir bei SETI möglicherweise an den falschen Stellen suchen (Slijepcevic und Wickramasinghe 2021). Was wäre zum Beispiel, wenn die ET-Nachrichten nicht in Form von elektromagnetischer Strahlung, sondern in Form von codierten Nachrichten in der DNA und RNA von Viren vorliegen, die bereits jetzt auf unserem Planeten ankommen? So oder so wäre ein positives Ergebnis von SETI von der Entstehung und Ausbreitung primitiven Lebens abhängig, das sich zu intelligenten Kreaturen wie uns selbst entwickeln kann.

Panspermie

Wie verbreitet ist das Phänomen des Lebens im Universum? Die Antwort auf diese Frage muss das Konzept der Panspermie – oder eine Theorie des kosmischen Lebens berücksichtigen. Jene Vorstellung, dass mikrobielles Leben de novo auf Milliarden erdähnlicher bewohnbarer Planeten entsteht, ist eine unbewiesene und höchstwahrscheinlich falsche Annahme. Ein solcher Glaube stellt eine Verlängerung der kanonischen „Ursuppen-Theorie" für den Beginn des Lebens auf der Erde dar. Diese repräsentiert ein Dogma, ohne harte Beweise zu liefern, die es stützen. Dieses Dogma wiederum lässt sich in letzter Instanz auf den griechischen Philosophen Aristoteles (384–322 v. Chr.)

zurückführen, der vorschlug, dass Leben spontan aus anorganischer, unbelebter Materie entstehen soll, wann immer günstige Bedingungen dafür herrschen würden – wie zum Beispiel Glühwürmchen aus einer Mischung aus warmer Erde und Morgentau! Leider setzten sich Aristoteles' Ansichten aufgrund seines Ansehens als Philosoph durch und wurden mutatis mutandis (in verwandelter Form der Theorie der „Ursuppe") bis heute zementiert. Experimentelle Beweise gegen die Gültigkeit der klassischen Urzeugungshypothese, insbesondere seit den Experimenten von Louis Pasteur im 19. Jahrhundert, wurden in diesem Kontext konsequent ignoriert. Diese zeigten eindeutig, dass Leben auf mikrobieller Ebene immer von bereits vorhandenem mikrobiellen Leben abstammt.

Wenn es ein tieferliegendes Prinzip der Natur gäbe, das anorganische Systeme zur Entstehung primitiven Lebens – hier: Bakterien statt Glühwürmchen – antriebe, so wären die Beweise dafür schon längst im Labor entdeckt worden. Da die Berechnungen im nächsten Abschnitt grotesk niedrige A-priori-Wahrscheinlichkeiten für den Übergang von Nicht-Leben zum Leben zeigen, bleiben nur zwei Optionen. Der Ursprung des Lebens könnte einerseits ein äußerst unwahrscheinliches Ereignis darstellen, das nur auf der Erde stattfand (denn wir sind hier!), aber anderswo nicht reproduziert wird. In diesem Fall wären wir in der Tat hoffnungslos allein. Oder aber es waren ein sehr viel umfassenderes kosmisches System als das auf der Erde gegebene sowie ein ungleich längerer Zeitraum am Ursprungsereignis bzw. Ursprungsprozess des Lebens beteiligt. In diesem Falle sollte das Leben durch Prozesse auf die Erde und anderswohin transferiert worden sein, die der Autor und der verstorbene Sir Fred Hoyle bereits vor vielen Jahren im Sinne des Konzepts kometarer Panspermie vorgeschlagen haben. *Das Wesentliche unserer Theorie des kosmischen Lebens ist, dass die gesamte Galaxis – und vielleicht das gesamte Universum – eine einzige, verbundene Biosphäre ist.* Ein physischer Transfer, der den Austausch von Meteoriten, Kometen und Staub mit einer Verquickung von Genen im kosmologischen Maßstab umfasst, ist weitaus wahrscheinlicher als isolierte Ereignisse der Lebensentstehung, wie sie derzeit im Rahmen konventioneller wissenschaftlicher Betrachtungsweisen angenommen werden.

Die verblüffende Unwahrscheinlichkeit des Lebens

Der operative Prozess eines lebenden Systems hängt von Tausenden chemischer Reaktionen ab, die innerhalb einer membrangebundenen Zellstruktur stattfinden – beispielsweise einer Bakterienzelle. Solche Reaktionen, die in metabolische Pfade gruppiert sind, haben die Fähigkeit, chemische Energie aus dem umgebenden Medium in einer Reihe sehr kleiner Schritte zu nutzen: Sie transportieren kleine Moleküle in Zellen, bauen langkettige Biopolymere verschiedener Art und erstellen letztendlich Kopien von sich selbst, während sie zugleich die Fähigkeit besitzen, sich weiterzuentwickeln. Ansammlungen von Enzymen, die aus Ketten von Aminosäuren bestehen, spielen eine entscheidende Rolle als Katalysatoren, die die Raten chemischer Reaktionen präzise steuern. Ohne Enzyme und die spezifischen Anordnungen der Aminosäuren innerhalb der Enzyme gäbe es kein Leben.

Die genauen „Informationen", die in Enzymen enthalten sind – die Anordnungen von Aminosäuren in gefalteten Ketten – werden im Sinne der heutigen Biologie durch die codierte Reihenfolge der vier Nukleinbasen (Adenin [A], Thymin [T], Guanin [G], Cytosin [C]) in der DNA übertragen. Bezüglich einer hypothetischen RNA-Welt, von der einige Biologen glauben, dass sie der DNA-Protein-Welt vorausgegangen sein könnte, wäre anzunehmen, dass RNA eine doppelte Rolle als Enzym und Überträger genetischer Informationen spielt. Wenn einige solcher Ribozyme als Vorläufer allen Lebens betrachtet werden, könnte man versuchen, die Wahrscheinlichkeit der spontanen Assemblierung eines einfachen Ribozyms aus 300 Basen abzuschätzen. Diese Wahrscheinlichkeit beträgt 1 zu 4^{300}, was 1 zu 10^{180} entspricht, was dann wiederum in der gesamten 13,9 Milliarden Jahre langen Geschichte des Universums kaum einmal geschehen sein dürfte. Und hierbei reden wir nur von einem einzigen Enzym. Bei einem der einfachsten bekannten Prokaryoten – *Mycoplasma genitalium* mit seinen etwa 500 Genen, die Enzyme codieren, eskaliert die Unwahrscheinlichkeit in geradezu hyperastronomischem Ausmaß (Hoyle und Wickramasinghe 1982b, 2000; Wickramasinghe 2015).

In den letzten fünfzig Jahren haben die fortschrittlichsten Labors der Welt weiterhin die Theorie der Spontanzeugung getestet, indem sie versucht haben, eine autonome Bakterienzelle zu synthetisieren. Das bisherige Unvermögen, auch nur irgendeinen Trend in Richtung der spontanen Entstehung eines lebenden Systems beobachten zu können, wird oft auf den winzigen Maßstab des Laborsystems im Vergleich zu der terrestrischen Umgebung zurückgeführt, in der das Leben entstanden sein soll. Doch wenn wir vom Laborfläschchen zu den Ozeanen der Erde übergehen, gewinnen wir nur einen Faktor von etwa 10^{20} bezüglich des Volumens. Hinsichtlich der zeitlichen Perspektive,, wenn wir die Wochen im Labor bis zu einer halben Milliarde Jahre extrapolieren, erhalten wir einen zusätzlichen Faktor von 10^{10}. In der Wahrscheinlichkeitsberechnung für das einzelne Ribozym gewinnen wir daher insgesamt einen Faktor von 10^{30}, was den Unwahrscheinlichkeitsfaktor von 1 zu 10^{180} auf 1 zu 10^{150} reduziert. Dies ist eine immer noch grotesk anmutende residuale Unwahrscheinlichkeit – und das nur für ein einziges Enzym!

Vor diesem Hintergrund ist es sehr schwierig, die Schlussfolgerung zu vermeiden, dass die Entstehung der ersten entwicklungsfähigen, autonomen zellularen Lebensform mit Sicherheit ein einzigartiges Ereignis im Kosmos war. Wenn dies tatsächlich zum ersten Mal auf der Erde geschah, wie es die konventionelle, eurozentrische bzw. implizit neo-aristotelische „Weisheit" zu behaupten pflegt, so müsste es logischerweise als ein nahezu übernatürliches Ereignis angesehen werden, das sich anderswo nicht replizieren würde, geschweige denn in irgendeiner Simulation des Prozesses im Labor. Um die Unwahrscheinlichkeiten dieser Größenordnung zu überwinden, erscheint es naheliegend, dass man durch die Wahl des größten verfügbaren Systems – dabei handelt es sich offensichtlich um das Universum als Ganzes – einen enormen Vorteil erzielen würde.

Das Argument, dass Panspermie abgelehnt werden müsse, weil es das Problem des Ursprungs lediglich von der Erde auf eine andere Umgebung verlagert, hat keinerlei logische Grundlage. Die Frage, ob das Leben de novo auf der Erde begann oder aus dem weiteren Universum eingeführt wurde, ist eine vollständig wissenschaftliche und präzise

Frage, die eine Untersuchung verdient—eine, die offen ist für Tests und Verifizierung. Der Rückgriff auf Ockhams Rasiermesser, um eine Diskussion solcher Fragen auszuschließen, ist bedauerlich und stellt in diesem Kontext lediglich eine Ausrede dar, um wissenschaftliche Diskussionen innerhalb der strengen Grenzen dessen zu halten, was als *de rigueur* gilt. Dies erinnert auffallend an die Art von Einschränkungen, welche die Wissenschaft im Mittelalter erdrückten.

Die kühne Behauptung, dass Panspermie ungültig sei, weil Bakterien und Viren nicht in lebensfähiger Form über astronomische Entfernungen transportiert werden könnten, ist ein auffälliges Beispiel für den falschen und unangemessenen Gebrauch von Ockhams Rasiermesser. Trotz gegenteiliger Behauptungen spricht das Gewicht wissenschaftlicher Beweise tatsächlich für das Überleben von Bakterien unter Weltraumbedingungen, d.h. zumindest in einem Maße, dass das Postulat lebensfähiger, interstellarer Transfers von Leben unumgänglich werden lässt. Nicht mehr als einer von 10^{24} iteranten Mikroorganismen muss überleben, bis er in ein planeten- oder kometenbildendes Ereignis integriert wird, in dem ein neuer Zyklus exponentieller Vermehrung stattfindet; einige lebensfähige Mikroben verwandeln sich dann in Billionen.

Diese äußerst bescheidene Voraussetzung für das Überleben von Mikroben wäre, gerade für gefriergetrocknete Mikroorganismen, die in Partikeln interstellaren Staubs eingebettet sind, unmöglich zu verfehlen. Die überwiegende Mehrheit der Bakterien im interstellaren Raum bliebe nicht und müsste auch gar nicht in lebensfähigem Zustand bestehen. Interstellare Wolken wären daher überwiegend als Sammelbecken biologischen Detritus anzusehen, der in Form von Genfragmenten vorliegt – wobei Viren sowie eine großes Spektrum an organischen Molekülen enthalten sein könnten. Die Grundidee hierbei ist die eines Zyklus: Biomaterial entwickelt sich im Kontext von Sternen, Planeten und Kometen, und amplifiziertes Biomaterial findet seinen Weg zurück in den interstellaren Raum. Bakterien, die aus einem Planetensystem ausgestoßen werden, vermehren sich im warmen, radioaktiv erhitzten Inneren von Kometen und werden in interstellare Wolken zurückgeworfen, die wiederum zum Nährboden weiterer Entwicklungen im Kontext der kometaren und planetaren Evolution von Lebensformen werden (Steele et al. 2019, 24, auch Abb. 8).

Direkte spektroskopische Belege

Es würde an falsche Bescheidenheit grenzen, an dieser Stelle zu verschweigen, dass der verstorbene Sir Fred Hoyle und der Autor in großem Maße direkt verantwortlich sind für die Renaissance der Panspermie in der Form, in der sie gegenwärtig diskutiert wird. Unser Vorschlag lautete, dass Billionen von Kometenkörpern im Kosmos als langfristige Reservoirs und Lagerstätten einer kosmischen Biologie dienen, für die es Belege sowohl in Bezug auf Kometen als auch im allgegenwärtigen interstellaren Staub im Universum gibt.

Die nächste wichtige Entwicklung fand dabei im Jahre 1986 mit der Rückkehr des Halleyschen Kometen nach 76 Jahren statt. Dies war der erste Komet, der nach Beginn des Raumfahrtzeitalters genau untersucht wurde. Die seinerzeit populäre Ansicht, dass Kometen „schmutzige Schneebälle" (Fred Whipple) seien, wurde ziemlich schnell durch Beobachtungen widerlegt, die im April 1986 mit Satelliten sowie bodengestützten Teleskopen gemacht wurden. Vor dem tatsächlichen Rendezvous der Giotto-Raumsonde mit dem Halleyschen Kometen im April 1986 hatte noch niemand den Kern eines Kometen gesehen – nur ihre spektakulären Schweife waren sichtbar und wurden fotografiert, und man konnte bezüglich der Existenz und Natur des Kometenkerns lediglich rein theoretisch argumentieren bzw. spekulieren. Vor den Beobachtungen von 1986 und basierend auf unserem organischen Kometenmodell machten Fred Hoyle und der Autor die Vorhersage, dass bei Erhitzung in der Nähe des Perihels (nächste Annäherung an die Sonne) im Sonnenlicht bakterieller Staub verdampfen und eine Umwandlung in einen schwarzen, kohleähnlichen Körper stattfinden würde. Diese Vorhersage wurde auf dramatische Weise bestätigt. Darüber hinaus wurde festgestellt, dass ein Infrarotspektrum des Staubschweifs des Kometen mit erstaunlicher Präzision dem Spektrum eines Bakteriums entspricht (Hoyle und Wickramasinghe 1986; Wickramasinghe 2010). Für entsprechende Abbildungen basierend auf den Daten, siehe die veröffentlichten Zeichnungen des Autors in Steele et al. (2018, 8, Abb. 2, linkes Feld) und Steele et al. (2019, 23, Abb. 6).

Seit 1986 wurde sowohl von bodengestützten Teleskopen als auch von Raumsonden eine Fülle von Daten zu weiteren Kometen gesammelt, und diese wurden in einer langen Reihe wissenschaftlicher Arbeiten und Bücher ausführlich untersucht. In keinem Fall konnten wir einen Widerspruch zu unserem biologischen Modell des Kometenstaubs feststellen, obwohl viele Astronomenkollegen diese Tatsache immer noch ungern zugeben. Die Rosetta-Raumsonde zum Kometen 67P/CG hat eine Fülle von Daten bereitgestellt, die nur auf der Grundlage eines biologischen Modells des Staubs zufriedenstellend erklärt werden können (Capaccioni et al. 2015). Die Spektren der Oberflächenreflexion des Kometen 67P/C-G im Vergleich zur Transmissionskurve, die für das Bakterium *Escheria coli* gemessen wurde, zeigen eine enge Übereinstimmung zwischen den Oberflächeneigenschaften des Kometen 67P/C-G und dem Spektrum einer getrockneten Bakterienprobe (Capaccioni et al. 2015, 3, Abb. 1, rechtes Feld; vgl. auch Steele et al. [2019, 24, Abb. 7, rechtes Feld]).

Ein Aspekt des Kometenverhaltens, der bezüglich einer kritischen Entscheidung zwischen einem biologischen und einem nicht-biologischen Modell hilfreich sein dürfte, wurde bereits vor mehr als 25 Jahren von Wickramasinghe et al. betont (1996). Dabei handelt es sich um die starke Emission von Gas und Staub, die bei einigen Kometen in den kalten Tiefen des Weltraums weit jenseits der Umlaufbahn des Jupiter auftritt. Bei solchen Entfernungen sind sowohl thermische Verdampfung als auch Oberflächendetonationen chemischer Prozesse auszuschließen. Das erste derartige Phänomen wurde beim Kometen Hale-Bopp entdeckt, der in den Jahren 1983 und 1984 in einer Entfernung von 6,5 AE (Astronomische Einheiten) ausbrach – lange bevor er im April 1997 das Perihel erreichte. Im Jahre 2015 emittierte der Komet Lovejoy, der viel näher an der Sonne, d.h. in einer Entfernung von 1 AE, ausbrach, große Mengen an Zucker und Ethylalkohol, die natürliche Produkte von Fermentation darstellen (Biver et al. 2015).

Das freigesetzte Ethanol und der Zucker entsprachen einem Alkoholäquivalent von 500 Flaschen Wein pro Sekunde. Es ist plausibel , dass es sich um das Erzeugnis von Fermentationsprozessen in Bereichen des Kometen handelt, die unter der Oberfläche liegen und mit Flüssigkeit angefüllt sein müssen!

In jüngerer Zeit boten die Erstbeobachtung eines riesigen Kometen (C/2014 UN271) mit einem Durchmesser von etwa 100 Kilometern in einer Entfernung von 29 AE im Oktober 2014 sowie die spätere Entdeckung einer dramatischen Aufhellung im September 2021 eine weitere Gelegenheit, um die Vorhersagen von Fermentationsprozessen in einem „biologischen" Kometen zu überprüfen (Wickramasinghe 2022a). Die Ausbrüche des Kometen in einer heliozentrischen Entfernung von 20 AE (zwei Drittel der Entfernung von der Sonne zum Neptun) lassen sich plausibel nur als Folge einer Druckentlastung bezüglich der Produkte mikrobiellen Stoffwechsels in radioaktiv erwärmten, unter der Oberfläche liegenden Flüssigkeitsreservoirs erklären. Derzeit (im Januar 2022) ist der Komet sogar noch weiter draußen, d.h. nahe dem äußersten Rand unseres Planetensystems, aktiv. Das Standardmodell von Kometen ohne biologische Aspekte ist kläglich unzureichend, um Ausbrüche in solch großen Entfernungen von der Sonne zu erklären, wo die Oberflächentemperaturen schon so niedrig wie 60 K sind (Wickramasinghe 2022a). Trotz all dieser stark unterstützenden Daten scheint es eine konzertierte Anstrengung seitens einer Mehrheit von Wissenschaftlern und Wissenschaftsjournalisten zu geben, zu behaupten, dass, obwohl lebensbezogene organische Moleküle in großer Menge in Kometen und auch auf Asteroiden gefunden wurden, diese nicht als Hinweis auf Leben interpretiert werden können.

Geologische Beweise zur Unterstützung der Panspermie

Vor drei Jahrzehnten glaubte man, dass der früheste Beweis für mikrobielles Leben in Form von Fossilien gegeben sei, die 3,5 Milliarden Jahre alt sind und Cyanobakterien ähneln. Seit der Bildung einer stabilen Erdkruste vor 4,1 Milliarden Jahren, nach einer Episode heftiger Einschläge von Kometen (Hadaikum), schien ein Zeitraum von 800 Millionen Jahren zur Verfügung zu stehen, innerhalb dessen sich die kanonische Ursuppe von Haldane und Oparin gebildet und die Spontanzeugung des Lebens abgespielt haben könnte. Jüngste Entdeckungen haben jedoch gezeigt, dass dieses Zeitintervall de facto nicht mehr aufrecht zu erhalten ist. Altes Gestein, das zu einem geologischen Aufschluss in der westaustralischen West-Hills-Region gehört und vor 4,1 bis 4,2 Milliarden Jahren abgelagert wurde, enthält mikrometergroße Graphitkugeln mit einer isotopischen Signatur von biogenem Kohlenstoff, die in Zirkoniumkristallen eingeschlossen sind (Bell et al. 2015). Diese Signaturen fossiler Bakterien wurden zu einer Zeit abgelagert, als die Erde unaufhörlich mit Kometen und Asteroiden kollidierte.

Diese neueste Entdeckung schließt meiner Meinung nach die Möglichkeit einer sich auf der Erde zusammenbrauenden Ursuppe aus, da diese Fossilien bereits zu einer Zeit abgelagert wurden, als der Planet eben, wie gesagt, unaufhörlich von Kometen und Meteoriten bombardiert wurde.

Der orthodoxe Denkenansatz versteift sich ausgehend davon zu der Ansicht, dass eine im Wesentlichen sofortige Transformation von nicht-lebender organischer Materie zu bakteriellem Leben stattgefunden haben müsse – ein Vorschlag, der die Glaubwürdigkeit der erdgebundenen Abiogenese bis an ihre äußerste Grenze strapaziert. Eine weit plausiblere Annahme ist, dass vollständig entwickelte Mikroorganismen durch einschlagende Kometen auf die Erde gelangten, karbonisierten und so in dem uralten Gestein eingeschlossen wurden.

Zur Verteilung bewohnbarer Exoplaneten und zum Austausch lebender Entitäten

Wir haben bereits darauf hingewiesen, dass bereits innerhalb eines sehr kleinen Stichprobenvolumens unserer Milchstraße weit mehr als 5000 Exoplaneten entdeckt wurden (siehe auch Kopparapu 2013). Die meisten dieser Planeten umkreisen Rote Zwergsterne, die im Durchschnitt doppelt so alt sind wie die Sonne. Hochgerechnet aus der Stichprobe der Entdeckungen in unserer lokalen Umgebung, wird die Gesamtzahl bewohnbarer Planeten in der gesamten Milchstraße auf über 100 Milliarden geschätzt. *Proxima Centauri b* (auch *Proxima b* genannt) ist der nächstgelegene, lebensfreundliche Exoplanet. Er umkreist den roten Zwergstern Alpha Centauri in einer Entfernung von etwa 4,2 Lichtjahren von der Sonne.

Während Kometen eine Quelle primitiven Lebens (Bakterien, Viren und Gene) für interstellare Wolken und damit für neue Planetensysteme und embryonale Exoplaneten darstellen könnten, ist es auch möglich, dass genetische Produkte des weiter fortentwickelten Lebens (lokale Evolution) in galaktischem Maßstab verbreitet werden (Wallis und Wickramasinghe 2004). Gegenwärtig bewegt sich unser Planetensystem mit einer Umlaufperiode von 230 Millionen Jahren um das Zentrum der Galaxis. Es ist von einem ausgedehnten Halo umgeben, der aus etwa 100 Milliarden Kometen (der Oortschen Wolke) besteht und, wie hier bereits nahegelegt wurde, als mit mikrobiellen Inhalten angereichert zu denken ist. Im Durchschnitt alle 40 Millionen Jahre wird diese Wolke von Kometen in unserem Sonnensystem durch die Gravitation einer vorbeiziehenden, riesigen Wolke aus Molekülen gravitativ gestört. Derlei gravitative Wechselwirkungen führen dazu, dass Hunderte von Kometen aus der Oortschen Wolke in die inneren Regionen unseres Planetensystems geschleudert werden, wobei einige davon mit der Erde kollidieren. Solche Kollisionen können nicht nur das Aussterben von Arten verursachen, sondern auch dazu führen, dass Oberflächenmaterial zurück in den tiefen Weltraum ausgestoßen wird (Wallis und Wickramasinghe 2004).

Somit kann ein Mechanismus identifiziert werden, durch den Gene des entwickelten irdischen Lebens auf bewohnbare Exoplaneten übertragen werden können. Ein Bruchteil der ausgestoßenen Erdtrümmer überlebt die Schockerhitzung und könnte mit lebensfähigen mikrobiellen Ökologien sowie Genen weiter entwickelten Lebens angereichert sein. Solches Lebensmaterial von der Erde könnte innerhalb einer Million Jahre nach dem Ausschleudervorgang neu entstehende Planetensysteme in der vorbeiziehenden

Molekülwolke erreichen. Ein bewohnbarer Exoplanet könnte dann mit terrestrischen Mikroorganismen und irdischen Genen „infiziert" werden, die zum Prozess einer entsprechenden lokalen biologischen Evolution beitragen könnten.

Sobald sich das Leben dann auf einem fremden Planeten bzw. Planeten eines neuen Systems entwickelt hat, kann sich derselbe Prozess (durch Kometenkollisionen) wiederholen, wobei ein neuer Satz genetischen Materials, das weitere lokale evolutionäre „Erfahrungen" trägt, auf andere Molekülwolken und andere gerade entstehende Planetensysteme übertragen würde. Wenn jeder lebensfähige Planet in einer charakteristischen Zeitspanne von 40 Millionen Jahren auf diese Weise Gene an mehr als ein anderes Planetensystem überträgt (sagen wir im Durchschnitt an 1,1 Planetensysteme), dann sollte die Anzahl der besiedelten Planeten nach 9 Milliarden Jahren (Lebensdauer der Galaxie) $(1.1)^{9000/40} \sim 2 \times 10^9$ betragen. Eine so große Anzahl „infizierter" Planeten legt nahe, dass sich die darwinistische Evolution, horizontale Gentransfers einbegreifend, nicht nur auf der Erde oder innerhalb der Grenzen unseres Sonnensystems, sondern in einem wahrhaft galaktischen Maßstab vollziehen könnte. Das Leben würde diesem Bild gemäß unvermeidlich eine einzige, innerhalb der gesamten Galaxis in sich verbundene kosmische Biosphäre repräsentieren.

Meteoriten, Mikrometeoriten und kometare Bakterien

Wenn ein Komet, der Leben trägt, wiederholt seine Bahnen um die Sonne zieht, wird sein sich verflüchtigendes Material mit einem eingeschlossenen Anteil an Bakterien und Viren nach und nach abgetragen. Kohlenstoffhaltige Chondrite, die gelegentlich auf die Erde fallen, stellen Fragmente von Kometen dar, die ihrer volatilen Bestandteile beraubt wurden, aber einen Rückstand von Silikaten und robusteren organischen Strukturen – und möglicherweise fossile mikrobielle Formen – behalten.

Das Thema der Mikrofossilien in kohligen Chondriten hat seit ihrer ersten Entdeckung in den 1960er Jahren durch Claus et al. (1963) heftige Kontroversen ausgelöst. Da kohlige Chondrite allgemein als von Kometen stammend angesehen werden, würde die Entdeckung fossiler Lebensformen in kohlenstoffhaltigen Meteoriten starke *prima facie* Beweise zur Unterstützung der Theorie des Lebens in Kometen und der kometaren Panspermie liefern. In frühen Studien wurden jedoch einige Kontaminationen entdeckt, und pauschalisierende Behauptungen, dass *alle* Mikrostrukturen (sogenannte organisierte Elemente), die in Meteoriten entdeckt wurden, entweder artifiziell oder Verunreinigungen seien, führten in den 1960er Jahren zu einer allgemeinen Ablehnung der Identifizierung von Mikrofossilien in Meteoriten.

Die Situation begann sich in den 1980er Jahren zu ändern, als Hans Dieter Pflug eine Fülle von Mikrofossilien in ultradünnen Schnitten entdeckte, die aus dem Murchison-Meteoriten, einem kohligen Chondriten gewonnen worden waren, der am 28. September 1969 in Australien niedergegangen war (Pflug 1984). Die von Pflug angewandte experimentelle Methode, die frei von Kontaminationen war, schien unanfechtbar zu sein.

Pflugs Entdeckungen, die gemacht wurden, nachdem wir die Theorie der Kometenpanspermie aufgestellt hatten, machten es nun logisch sehr schwierig, die Identifikation von Fossilien abzulehnen – sie wurden aber nichtsdestotrotz leider abgelehnt. Die Feindseligkeit gegenüber Pflugs Arbeit wurde von denjenigen angeführt, welche die orthodoxe, aber unbewiesene Theorie der Abiogenese auf der Erde aufrechterhalten wollten. Neuere Arbeiten von Hoover (1997, 2005; usw.) haben noch auffälligere Beweise für die Existenz mikrobieller Fossilien im Murchison-Meteoriten und in mehreren anderen kohlenstoffhaltigen Meteoriten geliefert. Aber die Reaktion besteht weiterhin darin, diese Daten zu ignorieren – verbunden mit dem Mantra, dass „außergewöhnliche Behauptungen außergewöhnliche Beweise erfordern".

Der umstrittene Polonnaruwa-Meteorit: Aktuelle relevante Studien

Eine der vielleicht interessantesten jüngsten Entwicklungen in diesem Bereich ist mit einem Meteoritenfall in Sri Lanka im Jahre 2012 verbunden (Wallis et al. 2013). Minuten nachdem am 29. Dezember 2012 ein Feuerball von einer großen Anzahl von Menschen am Himmel über Sri Lanka beobachtet worden war, zerbarst offenbar ein großer Bolide und stürzte in das Dorf Araganwila, das nur wenige Meilen von der alten Stadt Polonnaruwa entfernt liegt. Zum Zeitpunkt des Eintritts in die Erdatmosphäre war der Mutterkörper dieses Polonnaruwa-„Meteoriten" sicher größtenteils mit Wasser, flüchtigen organischen Stoffen und möglicherweise lebenden Zellen gefüllt. Stücke dieses Meteoriten wurden als sehr porös befunden, ähnlich wie im Falle des Asteroiden 162173 Ryugu (Hoover et al. 2020; Harris et al. 2002).

Fragmente einer frisch gespaltenen Innenfläche des Polonnaruwa-Meteoriten wurden auf Aluminiumstifte montiert und von Jamie Wallis unter einem Umwelt-Rasterelektronenmikroskop untersucht (Wallis et al. 2013). Bilder der Probe zeigen bei geringer Vergrößerung eine Vielzahl von Strukturen, die in einer feinkörnigen Matrix verteilt und darin vernetzt waren. Beispiele hierzu sind auch in Wickramasinghe et al. (2013, Abb. 2, 3, 5, 7 und „Appendix") zu sehen. Dazu gehören Süßwasser- und Meerwasser-Diatomeen und ein ausgestorbenes, mikrobisches Fossil, das als Acritarch bekannt ist. Diese Strukturen waren tief in die Gesteinsmatrix eingebettet, und die Vielfalt der gefundenen Arten kann nicht vernünftigerweise auf terrestrische Kontamination zurückgeführt werden. Der Ursprung dieser Gesteine im Weltraum wurde jedoch in Frage gestellt, da sie viel zu porös seien, um asteroidalen oder kometarischen Ursprungs zu sein.

Dieser Einwand hat sich jedoch als falsch erwiesen, nachdem die Entdeckungen im Zusammenhang mit dem Asteroiden 162173 Ryugu gezeigt haben, dass dieser genau solche Eigenschaften aufweist. Es muss auch daran erinnert werden, dass frühere Studien zur Verteilung stabiler Sauerstoffisotope in den Polonnaruwa-Steinen wenig Zweifel an deren kosmischem Ursprung ließen (Wallis et al. 2013; Wickramasinghe et al. 2013). Darüber hinaus haben Neutronenaktivierungsanalysen der Steine, die später von Hoover et al. (2020) durchgeführt wurden, noch überzeugendere Beweise erbracht, die für die Wahrscheinlichkeit eines Ursprungs im Weltraum sprechen. Aufgrund der Verteilung wärmeerzeugender, radioaktiver Elemente (Kalium, Thorium, Uran und Seltene Erden) wurde festgestellt, dass die Polonnaruwa-Steine kometarischen/asteroidalen Ursprungs sind und der Mutterkörper einst flüssige Wasserdomänen enthielt. Solche Domänen im Mutterkörper dieser Steine kämen dann als Lebensräume für Mikroorganismen in Frage, einschließlich der nachgewiesenen Diatomeen. Da diese Meteoriten somit als nichts anderes als Stücke abgestorbener kometarer Fragmente angesehen werden können, so dürfte damit die Idee mikrobiellen Lebens in Kometen weiter erhärtet worden sein.

Probenentnahmen aus der Stratosphäre

Ein noch direkterer Beweis für eine andauernde Panspermie wäre erbracht, wenn zweifelsfrei nachgewiesen werden könnte, dass immer noch mikrobielles Leben auf die Erde gelangt. Dies kann am besten durch eine Probenahme in der Stratosphäre erreicht werden, wie sie erstmals im Jahre 2001 unter streng kontrollierten Bedingungen erfolgte. In Zusammenarbeit mit der Indian Space Research Organisation gewann eine Gruppe britischer Wissenschaftler unter streng aseptischen Bedingungen stratosphärische Luftproben aus 41 Kilometern Höhe, in denen dann tatsächlich Mikroorganismen nachgewiesen wurden (Harris et al. 2002). Die Anzahl der in einem bestimmten Anteil der Stratosphäre in 41 Kilometern Höhe gesammelten Bakterienzellen führte zur Schätzung einer Einfallrate über der gesamten Erde im Bereich von 0,3 bis 3 Tonnen Mikroben pro Tag. Dies entspricht etwa 20 bis 200 Millionen Bakterien pro Quadratmeter, die jeden Tag aus dem Weltraum auf die Erde gelangen.

Diese wirklich enorme Anzahl einfallender Mikroorganismen verblasst im Vergleich zu den Bakterien und Viren, die normalerweise an der Erdoberfläche nachweisbar sind, und von denen einige gelegentlich durch aufsteigende Luftströmungen in Höhen von etwa drei Kilometern getragen werden und anschließend in Form von Nebelbildung und Regen wieder herabgebracht werden könnten. Der gesamte Fluss solcher Bakterien und Viren, die beispielsweise auf die Gipfel der Sierra Nevada-Berge zurückfallen, wurde kürzlich von Reche et al. (2018) untersucht. Der durchschnittliche Abwärtsfluss von Viren aus dieser Höhe, hauptsächlich rezykliert vom Boden, wurde auf 800 Millionen pro Quadratmeter und Tag geschätzt. Wenn sowohl die aus dem Weltraum stammenden Mikroorganismen als auch die terrestrischen Mikroben in diese Schätzung einbezogen werden, könnten sich ihre genetischen Unterschiede als schwer erkennbar erweisen. Bemühungen, diese Unterschiede zu ermitteln, sind jedoch von größter Bedeutung, *und dies sollte international als wissenschaftliche Priorität erachtet werden.*

Kürzlich wurden auch Mikroorganismen auf der Außenseite der Internationalen Raumstation entdeckt, die in 400 Kilometern Höhe um die Erde kreist (Grebennikova et al. 2018). Die Behauptung, dass solche Mikroorganismen von der Erdoberfläche in die Umlaufbahn aufgestiegen sein könnten, lässt sich kaum aufrechterhalten. Damit nimmt die Anzahl starker Belege für Panspermie weiter zu. Allerdings müssten nun kostspieligere und ausgefeiltere Untersuchungen selbst an den bisher gesammelten Proben durchgeführt werden, wenn zweifelsfrei nachgewiesen werden soll, dass die betreffenden Mikroben außerirdischen Ursprungs sind. Die traurige Wahrheit aber ist, dass es nahezu unmöglich ist, die Finanzierung für solch lebenswichtige Experimente zu sichern. Der Grund dafür ist in einem tief sitzenden Vorurteil zugunsten einer erdzentrierten Theorie der Biologie zu suchen.

Krankheiten aus dem Weltraum und Pandemien

Historische Studien zu Pandemien haben zu Diskussionen über die Möglichkeit geführt, dass Viruserkrankungen aus dem Weltraum stammen könnten (Hoyle und Wickramasinghe 1979). Ein wichtiges historisches Beweisstück wurde bereits vor mehr als 100 Jahren erstellt. Es betrifft die Influenza-Pandemie von 1918 und 1919. Dr. L. Weinstein schrieb im *New England Journal of Medicine* unter Berücksichtigung aller verfügbaren Daten zu dieser Pandemie:

> Obwohl die Ausbreitung von Mensch zu Mensch in bestimmten lokalen Bereichen stattfand, trat die Krankheit einerseits am selben Tag in weit voneinander entfernten Teilen der Welt auf, während sie andererseits Tage bis Wochen brauchte, um relativ kurze Entfernungen zu überwinden. Sie wurde am selben Tag in Boston und Bombay entdeckt, benötigte jedoch drei Wochen, um New York City zu erreichen, obwohl es zwischen den beiden Städten beträchtlichen Reiseverkehr gab. In Joliet im Bundesstaat Illinois trat sie erstmals vier Wochen nach ihrer ersten Entdeckung in Chicago auf, obwohl die Entfernung zwischen diesen Gebieten nur 61 km (38 Meilen) beträgt. (Weinstein 1976, 1058–1059)

Angesichts des unbekannten oder schlecht definierten Ursprungs der COVID-19-Pandemie und der zunehmenden Belege für Panspermie kann ein *panspermischer* Primärursprung dieses Virus nicht ausgeschlossen werden. Viele Aspekte der Epidemiologie dieses neuen Virus unterstützen tatsächlich die Idee eines primären atmosphärischen Niederschlags, gefolgt von einer Ausbreitung von Mensch zu Mensch. Die Entwirrung der beiden Prozesse stellt eine fortwährende Herausforderung für die Welt dar (Steele et al. 2021; Wickramasinghe et al. 2021).

In Ermangelung harter Beweise, dass irgendein Virus irdischen Ursprungs ist, kann ein Weltraumursprung von Viren im Allgemeinen nicht *ab initio* ausgeschlossen werden. Dies ist insbesondere deswegen der Fall, weil der gesamte Virusgehalt der Erde wirklich gigantische Ausmaße aufweist und bei weitem nicht vollständig erfasst wurde. Beispielsweise wurde geschätzt, dass ein einziger Liter Meerwasser, der in marinen Oberflächengewässern gesammelt wurde, mehr als 100 Milliarden Viren enthält (Fuhrman 1999). Der gesamte Virengehalt der Ozeane wird auf 10^{30} geschätzt; die überwiegende Mehrheit der identifizierten Viren sind informationsreiche Bakteriophagen, aber eine bisher ungeklärte Komponente weiterer Viren ist ebenfalls in dieser Zahl enthalten. Diese Zahl ist erstaunlich „überastronomisch", denn sie übersteigt die Gesamtzahl der Sterne im gesamten beobachtbaren Universum, die ~10^{24} beträgt, um mehr als den Faktor einer Million. Dieser Vergleich astronomisch großer Zahlen bedeutet einen verblüffenden Fingerzeig hinsichtlich einer Verbindung zwischen dem Leben auf der Erde und im weiteren Kosmos. Im Sinne einer unmissverständlichen Illustration dieser auffälligen strukturellen Ähnlichkeit des Makrokosmos und des Mikrokosmos der Virologie könnte man, auf der einen Seite, an eine Region der Milchstraße denken, die dicht mit Sternen angefüllt ist, und wo der durchschnittliche Abstand zwischen den vorderen, hellen (näheren) Sternen typischerweise eine Billion Kilometer beträgt, sowie, andererseits, an die von Fuhrmann bereitgestellten, auffallend ähnlich aussehenden Fluoreszenzbilder von einem Tropfen Meerwasser, der über eine Million einzelner Viren enthält (1999, 543, Abb. 1).

Um die Jahrtausendwende, als – einschließlich des menschlichen – ganze Genome erstmals sequenziert wurden, hat man damit begonnen, die Spuren von Viren in den Genomen aller terrestrischen Lebensformen zu entschlüsseln. Eine der vielen Überraschungen dabei war die Entdeckung, dass das, was einst als „Junk-DNA" betrachtet wurde, tatsächlich viralen Ursprungs ist. Möglicherweise bestehen bis zu dreißig Prozent unserer DNA aus retroviralen Sequenzen (endogene Retroviren, ERVs) – RNA-Viren, die ihre RNA in DNA transkribiert haben. Dabei handelt es sich meines Erachtens um die Überreste uralter Viren kosmischen Ursprungs, die möglicherweise seit Hunderten von Millionen Jahren zu unserer Evolution beigetragen haben könnten – was auch eindeutig dem kritischen Argument zuwiderliefe, dass kosmische Viren nicht die Ursache pandemischer Krankheiten sein könnten (Steele et al. 2021; Wickramasinghe et al. 2021).

Auf der Erde muss seit der Einführung mikrobiellen Lebens durch Kometeneinschläge vor 4,2 Milliarden Jahren eine kontinuierliche Zufuhr neuer Bakterien und Viren erfolgt sein. Möglicherweise werden solche neuen Viren in die Genome sich entwickelnderLebensformen integriert, und dieser Prozess setzt sich über Milliarden Jahre geologischer Geschichte hinweg fort. Eine solche Interaktion neuer (kosmischer) Viren mit entwickelten Wirtsspezies müsste jedoch nicht immer harmonisch verlaufen. In der gesamten aufgezeichneten Geschichte gibt es klare Beweise für eine Abfolge von Pandemien, die von Zeit zu Zeit über den Planeten hinweggefegt sind – die jüngste Pandemie, die von COVID-19 verursacht wurde, ist ein Beispiel dafür.

Fazit

In Übereinstimmung mit den bewährten Konventionen wissenschaftlicher Methodik lässt sich eine Rückkopplungsschleife verwenden, um ein kreisläufiges System aus Vorhersage, Verifikation/Falsifikation und Bestätigung zu generieren, um so jede Theorie oder Hypothese der in diesem Kapitel diskutierten kosmischen Biologie einer immer strengeren Prüfung zu unterziehen. Aus der Theorie eines panspermischen Ursprungs des planetarischen Lebens sind Vorhersagen zu deduzieren. Diese werden dann durch Experimente oder Untersuchungen getestet. Dies führt wiederum zu neuen Beobachtungen und neuen Daten, die verwendet werden, um qua Induktion erste Grundlagen für die Panspermie zu schaffen. Daraufhin ist der Zyklus zu wiederholen. Ich muss wohl kaum betonen, dass dieser fortlaufende Prozess tatsächlich über viele Jahre hinweg bereits vollzogen wurde und zu einem wahren Katalog von Bestätigungen und ersten Erfolgen geführt hat, die in Übereinstimmung stehen mit der Hypothese der kometaren Panspermie.

Aus persönlicher Sicht finde ich es merkwürdig, wenn ich darüber nachdenke, dass die spektroskopische Identifizierung von interstellarem Staub und Molekülen im Weltraum mit biochemischen Stoffen, mit der ich in den 1970er Jahren begann, in heutiger Zeit scharf in den Fokus gerückt ist. Ihre biologische Relevanz, die einst vehement bestritten wurde, wird nun auch weitgehend anerkannt, wenn auch in sehr begrenztem Maße. Nichtsdestotrotz bleibt aber weiterhin der Trend bestehen, ohne Beweise zu behaupten, dass wir hierbei lediglich die Wirkung einer präbiotischen chemischen Evolution im kosmischen Maßstab beobachten würden – also eines Prozesses, der (weiter oben in diesem Artikel) aus wahrscheinlichkeitstheoretischen Gründen als unzulässig verworfen wurde.

Wenn die biologische Evolution und Replikation als die einzigen sicheren, relevanten empirischen Fakten angesehen werden – Leben erzeugt immer neues Leben –, dann muss diese Prämisse selbst auf kosmischer Ebene Geltung beanspruchen. Das Festhalten an der Prämisse eines erdzentrierten Ursprungs des Lebens, wie es von Teilen der Wissenschaft immer noch bevorzugt wird, geht auf ein veraltetes bzw. obsoletes – aristotelisches – Weltbild zurück („Glühwürmchen, die aus einer Mischung aus warmer Erde und Morgentau entstehen…"), welches über zwei Jahrtausende hinweg seine Vorherrschaft behauptet hat. Abschließend sei daran erinnert, dass eine bemerkenswert analoge Konstellation bestand, bevor die ptolemäische Sicht eines geozentrischen Weltsystems schließlich aufgegeben wurde. Der Wissenschaftshistoriker Thomas Kuhn schreibt daher:

> Der Zustand der ptolemäischen [erdzentrierten] Astronomie war vor der Ankündigung von Kopernikus ein reiner Skandal. (Kuhn 1996, 67, Einfügung CW)

> Angesichts einer bestimmten Diskrepanz waren Astronomen immer in der Lage, diese zu beseitigen, indem sie eine bestimmte Anpassung im System der zusammengesetzten Kreise von Ptolemäus vornahmen. Im Laufe der Zeit konnte jedoch jeder, der das Gesamtergebnis der üblichen Forschungsbemühungen vieler Astronomen betrachtete, beobachten, dass die Komplexität der Astronomie viel schneller zunahm als ihre Genauigkeit, und dass eine Diskrepanz, die an einem Ort korrigiert wurde, wahrscheinlich an einem anderen wieder auftauchen würde. (Kuhn 1996, 68)

Es steht zu hoffen, dass sich angesichts der überwältigenden Beweise bezüglich einer kosmischen Biologie in diesem Jahr (2023) und darüber hinaus keine analoge Verkrustung des wissenschaftlichen Diskurses einstellt und dass kulturelle Hindernisse hinsichtlich einer Akzeptanz der Fakten überwunden werden (Wickramasinghe 2022b). *Das Eingeständnis eines längst überfälligen Paradigmenwechsels von einer geozentrischen Biologie hin zum Eingeständnis des kosmischen Lebens hätte weitreichende Implikationen, die über die Wissenschaft selbst hinausgehen.* Eine radikale Revision unserer

Stellung im Kosmos würde unsere selbstproklamierte menschliche Vormachtstellung bis zur Unkenntlichkeit transformieren. Dies könnte sich auch als der einzig gangbare Weg hin zu einer nachhaltigen Zukunft erweisen, in der die Menschen endlich lernen, in Frieden miteinander und im Einklang mit ihrer natürlichen Umwelt zu leben.

Literatur

E.A. Bell, T. Patrick Boehnke, M. Harrison, W.L. Mao, Potentially biogenic carbon preserved in a 4.1 billion-year-old zircon. PNAS **112**(47), 14518–14521 (2015). https://doi.org/10.1073/pnas.1517557112

N. Biver, D. Bockelée-Morvan, R. Moreno et al., Ethyl alcohol and sugar in comet C/2014Q2 (Lovejoy). Sci. Adv. **1**(9), e1500863 (2015). https://doi.org/10.1126/sciadv.1500863

E.M. Burbidge, G.R. Burbidge, W.A. Fowler, F. Hoyle, Synthesis of the elements in stars. Rev. Mod. Phys. **29**(4), 547–650 (1957). https://doi.org/10.1103/RevModPhys.29.547

F. Capaccioni, A. Coradini, G. Filacchione et al., The organic-rich surface of comet 67P/Churyumov-Gerasimenko as seen by VIRTIS/Rosetta. Science **347**(6220), article aaa0628 (2015). https://doi.org/10.1126/science.aaa0628

G. Claus, B. Nagy, D.L. Europa, Further observations on the properties of the 'organized elements' in carbonaceous chondrites. Ann. N. Y. Acad. Sci. **108**, 580–605 (1963). https://doi.org/10.1111/j.1749-6632.1963.tb13409.x

J.A. Fuhrman, Marine viruses and their biogeochemical and ecological effects. Nature **399**, 541–548 (1999). https://doi.org/10.1038/21119

T.V. Grebennikova, A.V. Syroeshkin, E.V. Shubralova et al., The DNA of bacteria of the world ocean and the earth in cosmic dust at the international space station. Sci. World J. **2018**, article 7360147 (2018). https://doi.org/10.1155/2018/7360147

M.J. Harris, N.C. Wickramasinghe, D. Lloyd et al., Detection of living cells in stratospheric samples, in *Proceedings SPIE*, vol. 4495. Instruments, Methods, and Missions for Astrobiology, vol. IV (2002), S. 192–198. https://doi.org/10.1117/12.454758

R.B. Hoover, Meteorites, microfossils, and exobiology, in *Proceedings SPIE*. Instruments, Methods, and Missions for the Investigation of Extraterrestrial Microorganisms, vol. 3111 (1997), S. 115–136. https://doi.org/10.1117/12.278766

R.B. Hoover, Microfossils, biominerals, and chemical biomarkers in meteorites, in *Perspectives in Astrobiology*, ed. by R.B. Hoover, A.Y. Rozanov, R. Pape. NATO Science Series I: Life and Behavioral Sciences, vol. 366 (IOS Press, Amsterdam, 2005), S. 43–65

R.B. Hoover, M. Frontasyeva, S. Pavlov, Epithermal neutron activation analysis of carbonaceous chondrites and the Polonnaruwa/Aralaganwila stones. Asp. Min. & Miner. Sci. **6**(1), article AMMS.000626 (2020). https://doi.org/10.31031/AMMS.2020.06.000626

F. Hoyle, N.C. Wickramasinghe, Primitive grain clumps and organic compounds in carbonaceous chondrites. Nature **264**, 45–46 (1976). https://doi.org/10.1038/264045a0

F. Hoyle, N.C. Wickramasinghe, Identification of the λ2, 200Å interstellar absorption feature. Nature **270**, 323–324 (1977). https://doi.org/10.1038/270323a0

F. Hoyle, N.C. Wickramasinghe, Calculations of infrared fuxes from galactic sources for a polysaccharide grain model. Astrophys. Space Sci. **53**(2), 489–505 (1978a). https://doi.org/10.1007/BF00645036

F. Hoyle, N.C. Wickramasinghe, *Lifecloud: The Origin of Life in the Universe* (Dent, London, 1978b)

F. Hoyle, N.C. Wickramasinghe, *Diseases from Space* (Dent, London, 1979)

F. Hoyle, N.C. Wickramasinghe, Comets – a vehicle for panspermia, in *Comets and the Origin of Life*, ed. by C. Ponnamperuma (Reidel, Dordrecht, 1982a), S. 227–240. https://doi.org/10.1007/978-94-009-8528-5_15
F. Hoyle, N.C. Wickramasinghe, *Evolution from Space: A Theory of Cosmic Creationism* (Simon & Schuster, New York, 1982b)
F. Hoyle, N.C. Wickramasinghe, *Living Comets* (University College Cardiff Press, Cardiff, 1985)
F. Hoyle, N.C. Wickramasinghe, The case for life as a cosmic phenomenon. Nature **322**, 509–511 (1986). https://doi.org/10.1038/322509a0
F. Hoyle, N.C. Wickramasinghe (eds.), *Astronomical Origins of Life: Steps Towards Panspermia.* (Kluwer Academic Publishers, Dordrecht, 2000)
R.K. Kopparapu, A revised estimate of the occurrence rate of terrestrial planets in the habitable zones around Kepler M-dwarfs. Astrophys. J. Lett. **767**(1), article L8 (2013). https://doi.org/10.1088/2041-8205/767/1/L8
T.S. Kuhn, *The Structure of Scientific Revolutions*, 3rd edn. (The University of Chicago Press, Chicago, 1996)
M. Mayor, D. Queloz, A jupiter-mass companion to a solar-type star. Nature **378**, 355–359 (1995). https://doi.org/10.1038/378355a0
H.D. Pflug, Ultrafine structure of organic matter in meteorites, in *Fundamental Studies and the Future of Science*, ed. by N.C. Wickramasinghe, foreword by Fred Hoyle (University College Press, Cardiff, 1984), S. 24–37
M.A. Rappenglück, „Astronomische Ikonographie" im Jüngeren Paläolithikum (35.000–9.000 BP). Acta Praehist. A. **40**, 179–203 (2020). https://doi.org/10.11588/apa.2008.0.71507
I. Reche, G. D'Orta, N. Mladenov et al., Deposition rates of viruses and bacteria above the atmospheric boundary layer. ISME J. **12**, 1154–1162 (2018). https://doi.org/10.1038/s41396-017-0042-4
P. Slijepcevic, N.C. Wickramasinghe, Reconfiguring SETI in the microbial context: panspermia as a solution to Fermi's paradox. *BioSystems* **206**, article 104441 (2021). https://doi.org/10.1016/j.biosystems.2021.104441
E.J. Steele, S. Al-Mufti, K.A. Augustyn et al., Cause of Cambrian explosion – terrestrial or cosmic? Prog. Biophys. Mol. Biol. **136**, 3–23 (2018). https://doi.org/10.1016/j.pbiomolbio.2018.03.004
E.J. Steele, R.M. Gorczynski, R.A. Lindley et al., Lamarck and panspermia – on the efficient spread of living systems throughout the cosmos. Prog. Biophys. Mol. Biol. **149**, 10–32 (2019). https://doi.org/10.1016/j.pbiomolbio.2019.08.010
E.J. Steele, R.M. Gorczynski, R.A. Lindley et al., Cometary origin of COVID-19. Infect. Dis. Ther. **2**(1), 1–4 (2021). https://doi.org/10.31038/IDT.2021212
R. Temple, The prehistory of panspermia: astrophysical or metaphysical? Int. J. Astrobiol. **6**(2), 169–180 (2007). https://doi.org/10.1017/S1473550407003692
J. Wallis, N.C. Wickramasinghe, D.H. Wallis et al., Physical, chemical and mineral properties of the Polonnaruwa stones, in *Proceedings SPIE*, vol. 8865. Instruments, Methods, and Missions for Astrobiology, vol. XVI (2013), S. 1–24. https://doi.org/10.1117/12.2029607.
M.K. Wallis, N.C. Wickramasinghe, Interstellar transfer of planetary microbiota. Mon. Not. R. Astron. Soc. **348**(1), 52–61 (2004). https://doi.org/10.1111/J.1365-2966.2004.07355.X
L. Weinstein, Influenza — 1918, a revisit? N. Engl. J. Med. **294**, 1058–1060 (1976). https://doi.org/10.1056/NEJM197605062941911
N.C. Wickramasinghe, The astrobiological case for our cosmic ancestry. Int. J. Astrobiol. **9**(2), 119–129 (2010). https://doi.org/10.1017/S1473550409990413
N.C. Wickramasinghe (ed.), *Vindication of Cosmic Biology: Tribute to Sir Fred Hoyle (1915–2001).* (World Scientific Press, New Jersey, 2015)

N.C. Wickramasinghe, Giant comet C/2014 UN271 (Bernadinelli-Bernstein) provides new evidence for cometary panspermia. Int. J. Astron. Astrophys. **12**, 1–6 (2022a). https://doi.org/10.4236/ijaa.2022.121001

N.C. Wickramasinghe, Panspermia versus abiogenesis: a clash of cultures. J. Sci. Explor. Anomalistics Front. Sci. **36**(1), 121–129 (2022b). https://doi.org/10.31275/20222199

N.C. Wickramasinghe, F. Hoyle, D. Lloyd, Eruption of comet Hale-Bopp at 6.5 AU. Astrophys. Space Sci. **240**, 161–165 (1996). https://doi.org/10.1007/BF00640204

N.C. Wickramasinghe, E.J. Steele, D.H. Wallis et al., Footprints of past pandemics in the human genome. Virol. Curr. Res. **5**(4), 1–5 (2021)

N.C. Wickramasinghe, J. Wallis, D.H. Wallis, A. Samaranayake, Fossil diatoms in a new carbonaceous meteorite, arXiv:1303.2398v1 [q-bio.OT], https://doi.org/10.48550/arXiv.1303.2398 (2013)

D.K. Yeomans, *A Chronological History of Observation, Science, Myth, and Folklore*, World Science edn. (Wiley, New York, 1991)

Nalin Chandra Wickramasinghe (UK) ist ein international bekannter, aus Sri Lanka stammender britischer Mathematiker, Astronom und Astrobiologe. Seine Karriere erstreckt sich über mehr als sechs Jahrzehnte. Er war Fellow des Jesus College, Cambridge und Gründungsmitglied des Institute of Astronomy in Cambridge, Professor und Leiter der Abteilung am University College Cardiff und der University of Cardiff. Zudem hat er Gastprofessuren in Sri Lanka und Japan sowie eine Ehrenprofessur an der University of Buckingham inne. Wickramasinghe hat bedeutende Entdeckungen in den Bereichen Astronomie und Astrobiologie gemacht und zahlreiche Auszeichnungen erhalten.

Der kosmische Lebensinstinkt weist den Weg zu einer gesunden, ökologischen Zivilisation

Attila Grandpierre

Zusammenfassung

Ervin Bauer hat die vielversprechendste Version der allgemeinen theoretischen Biologie in mathematischer Form formuliert. Er leitete dabei alle grundlegenden biologischen Gleichungen aus einem einzigen fundamentalen Prinzip ab, das als Bauer-Prinzip bekannt ist. Dieses Prinzip besagt, dass lebendige Organismen aktiv und kontinuierlich ihren freien Energiegehalt mobilisieren, um gleichsam ihren Abstand vom thermodynamischen Gleichgewicht, das mit ihrem Tod gleichbedeutend ist, zu maximieren. Obwohl aus historischen Gründen nur sehr wenige Menschen dieses Prinzip kennen und noch weniger sein Potential, welches daraus resultiert, dass es den Rahmen der Physik überschreitet, erkennen, so stellt dieses universelle Lebensprinzip einen bedeutenden Fortschritt in unserem Verständnis der Struktur und Natur des Universums dar – sogar mehr noch als die kopernikanische Wende. Die umfassend lebenszentrierte Weltanschauung, die damit verbunden ist, vereint unsere physischen, emotionalen und intellektuellen Anteile. Sie ist auch universell in Bezug auf die Vereinigung von individuellem, gemeinschaftlichem und kosmischem Leben. Dabei bietet sie eine unerwartet tiefgründige, wissenschaftliche Grundlage für eine kosmische Ökologie, die alle Lebensformen respektiert, einschließlich des lebendigen Universums. Und sie bietet neue Perspektiven für unsere individuelle Lebensgestaltung sowie für gute Regierungsführung und die Entwicklung einer gesunden Zivilisation.

A. Grandpierre (✉)
Budapest Centre for Long-Term Sustainability (BC4LS), Budapest, Hungary
E-Mail: grandp@iif.hu

A. Grandpierre
Center for Economic Geography and Settlement Marketing, John von Neumann University, Budapest 1117, Hungary

D. Bartosch et al. (Hrsg.), *Auf dem Weg zu einer Philosophie des kosmischen Lebens*,
https://doi.org/10.1007/978-981-97-9987-9_4

Schlüsselbegriffe

Wissenschaftliche Methode und Erklärung · Erste Prinzipien · Prinzip der kleinsten Wirkung · Prinzip der maximalen Wirkung · Lebensprinzip · Weltanschauungswandel · Gesunde Zivilisation

Einführung und kurzer Überblick

> Es gibt ein Naturgesetz, nach dem wir alle leben sollten, und das besteht in Fürsorge und Teilen und darin,
> Verantwortung für das Wohlergehen aller anderen Lebewesen zu übernehmen…
> Eine gute Beziehung zu allem Leben zu haben, ist der Schlüssel zu
> körperlicher, geistiger, sozialer und spiritueller Harmonie.
> So sollte es sein.
> Tjilpi Bob Randall, Anangu-Stammesführer

Die effektivsten Elemente der Wissenschaft sind ihre *allgemeinsten Gesetze* der Natur. Die Entdeckung der *physikalischen Gesetze* war ein Ereignis von einzigartiger Bedeutung in der Geschichte der Menschheit, welches die moderne wissenschaftliche Revolution in Gang setzte und es der westlichen Zivilisation ermöglichte, die Welt zu dominieren. Ich werde eine Reihe von Argumenten vorlegen, die darauf hinweisen, dass das menschliche Denken seit jeher notwendigerweise auf die Erforschung der Naturgesetze und der noch tiefer liegenden, hinter diesen stehenden Erklärungs*prinzipien* ausgerichtet war. Dies ist für uns von großer Bedeutung, da im letzten Jahrhundert neue Disziplinen entstanden sind, die die Beziehung zwischen Leben und Universum untersuchen. Ihr Konsens hat zu der Einsicht geführt, dass wir in einem lebendigen Universum leben. In diesem Zusammenhang stelle ich hier eine erstaunliche und tiefgründige Theorie aus dem Bereich der Biologie vor, die zur mathematischen Formulierung eines *universellen biologischen Prinzips* und der Ableitung aller biologischen Naturgesetze aus diesem gelangte (Bauer 1967). Bemerkenswerterweise erklärt dieses biologische Prinzip die Konvergenz von Ergebnissen in jenen, oben angesprochenen neuen Disziplinen (Grandpierre 2021a, b). Deren vielfache und facettenreiche Übereinstimmung widerlegt wissenschaftlich die Grundannahme der physikalistisch-mechanistischen Weltanschauung und macht eine qualitative Transformation der wissenschaftlichen Weltanschauung unvermeidlich. Die Veränderung einer dominanten Weltanschauung verändert auch die Art der damit zusammenhängenden zivilisatorischen Fundamente vollständig. Ervin Bauers theoretische Biologie ist die Grundlage für eine wissenschaftliche und historische Wende, die tiefgreifender ist als die kopernikanische. Während die erste wissenschaftliche Revolution die Zivilisation zu einer materiell geprägten, substanzorientierten, individualistischen Denkweise führte, wird eine zweite, *biologische* Revolution die Geschichte auf die Bahn einer lebensorientierten, prinzipienbasierten, gemeinschaftsbejahenden Denkweise führen.

Das Ziel universeller menschlicher Erkenntnis ist es, die Natur auf der Grundlage von Erklärungsprinzipien als Ganzes zu verstehen

Seltsamerweise geriet in den letzten Jahrhunderten die außerordentliche Bedeutung der grundlegenden Rolle erster Prinzipien in der Wissenschaft in Vergessenheit. Und wir haben das Verständnis dafür verloren, dass solche grundlegenden Prinzipien bereits vor den ersten uns heute bekannten Zivilisationen die Weltsicht des Menschen bestimmt haben müssen.

Darüber hinaus ist noch nicht ausreichend berücksichtigt worden, dass bereits im Alten Mesopotamien, noch vor den Griechen, eine Formulierung der drei Prinzipien des Universums und ihrer Einheit, d.h. das Prinzip einer kosmischen Trinität, bekannt war. „[D]as erste einzigartige Prinzip, aus dem alle anderen Götter hervorgegangen sind, war […] das Eine und Gute […] die erste Person der höchsten Dreiheit […] das Urprinzip“ (Lenormant 1999, 113–114; bezugnehmend auf Texte auf Keilschrifttafeln aus der Bibliothek Assurbanipals im königlichen Palast von Niniveh vor 625 v. Chr.; man beachte, dass Thales, der sogenannte erste Philosoph, um 620 v. Chr. geboren wurde). Weder Thales noch die späteren griechischen Philosophen wussten, was diese Prinzipien waren, aber sie wussten, dass das ihre Einsicht gleichbedeutend war mit der Erkenntnis *des Wesens des Universums*, und daher richtete sich ihre Aktivität auf die Entdeckung dieser *arkhai* (ἀρχαί).

Die Rolle der Psyche, des Geistes und des Lebensinstinkts bei unseren Entscheidungen

Es gibt zeitlose Tatsachen des Wissens. Es ist eine solche zeitlose Tatsache, dass Leben Handlung erfordert, Handlung Entscheidung erfordert und angemessene Entscheidung Vernunft erfordert. *Die Eigenschaft des Lebens, die uns von innen heraus antreibt zu handeln, kann als Lebensinstinkt bezeichnet werden. Das Ziel, das dem Leben angemessen ist, wird durch den Lebensinstinkt vorgegeben, die Möglichkeit, dieses Ziel zu verwirklichen, wird durch die Welt geboten. Wenn die Welt das ist, ‚was ist‘, dann ist es der Lebensinstinkt, der uns sagt, ‚was sein sollte‘. Die Grundaufgabe aller Lebewesen besteht darin, Entscheidungen zu treffen, die dem Leben und der Welt angemessen sind. Der Lebensinstinkt wird von der Psyche erfasst, die Welt vom Geist.* Um die von der Psyche erfassten Gefühle und die von den Sinnen erfassten Daten im Einklang mit dem Lebensinstinkt interpretieren und bewerten zu können, benötigt der Mensch eine einheitliche Bezugsbasis. Diese ist natürlich der Lebensinstinkt selbst. Für eine realistische Wahrnehmung des Lebensinstinkts ist ein ungestörter Zustand der Psyche notwendig. Eine realistische Wahrnehmung der Außenwelt, die den Zielen des Lebensinstinkts angemessen ist, erfordert einen klaren Geist.

Der menschliche Geist ist in der Lage, die von ihm selbst geschaffenen Bilder des Lebensinstinkts und der Welt als Bezugspunkt anstelle des Lebensinstinkts und der Welt selbst zu nehmen. Wenn weder die Psyche noch der Geist ein wahres Bild des Lebensinstinkts und der Welt liefern, dann entsprechen unsere bewussten Entscheidungen und Handlungen nicht der Realität.

Die zentrale Rolle der allgemeinsten Naturgesetze für das Verständnis der Realität

Um sowohl Lebewesen als auch ein geistiges Wesen zu sein, benötigt der Mensch ein gründliches und umfassendes Verständnis des Lebens und der Natur, das verständlich und auf sein tägliches Leben anwendbar ist. Die grundlegende Aufgabe des menschlichen Geistes besteht darin, die Zusammenhänge des Lebens und der Welt zu verstehen. Seit jeher besteht die Aufgabe des Menschen darin, die vorhersehbaren Veränderungen seiner äußeren und inneren Umwelt wahrzunehmen und der Realität getreu zu reflektieren. Die Veränderungen in den Phänomenen der Natur werden von den Gesetzen der Natur bestimmt. Naturgesetze durchdringen alles, was existiert, sind überall und zu jeder Zeit im Spiel und bestimmen grundlegend den Verlauf der Phänomene. Um das Leben im Einklang mit dem Lebensinstinkt zu gestalten, ist es notwendig, sich dieser regelhaften Veränderungen bewusst zu sein, da sie uns helfen, den Verlauf der Phänomene vorherzusagen und somit unsere Handlungen bewusst und zielgerichtet zu gestalten. Der urzeitliche Mensch war von Natur aus stark auf die Erkenntnis dieser natürlichen Gesetzmäßigkeiten angewiesen und strebte daher danach, diese Gesetzmäßigkeiten zu erkennen, zu verstehen und zu erklären.

Das Erklärungsgefüge der Natur basiert auf grundlegenden Prinzipien

Es ist auch eine zeitlose Tatsache, dass es im Wesen einer jedweden Erklärung liegt, als solche mit wenig viel zu offenzulegen. Je besser eine Erklärung ist, desto mehr erklärt sie mit weniger. *Das beste Erklärungssystem ist dasjenige, das auch die Gesetze der Natur der beobachtbaren Phänomene erklärt und dies mit einem einzigen, allgemeinsten und tiefsten Gesetz tut. Die tiefsten Gesetzmäßigkeiten der Natur, die zusammengenommen diese einzige, umfassende Erklärung der gesamten Natur und all ihrer grundlegenden Aspekte liefern können, werden als erste oder grundlegende Prinzipien bezeichnet.* Nur wenn wir alle Grundprinzipien miteinander in Verbindung bringen und verstehen, wie diese Prinzipien ein einheitliches Ganzes bilden, können wir die Natur als Ganzes begreifen. Darin liegt die grundlegende Aufgabe des menschlichen Lebens. So unvorstellbar es in der heutigen Welt auch erscheinen mag, das Verständnis des Erklärungsgefüges der Natur als Ganzes war von jeher die grundlegendste Aufgabe des menschlichen Lebens – und das trifft auch heutzutage noch zu.

Lassen Sie mich dies anhand eines Beispiels veranschaulichen. Der ungarische Biologe, Ethologe und Evolutionstheoretiker Vilmos Csányi vertritt den Standpunkt, dass die Grundfunktion des Nervensystems darin besteht, die Verbindungen zwischen

Wahrnehmung und motorischen Funktionen zu koordinieren und die für das Leben notwendigen Entscheidungen zu treffen. Das neuronale Netzwerk kartiert und modelliert Veränderungen in der externen Welt. Die Anwendung des Modells ermöglicht es dem Tier, vorhersehbare Veränderungen in der Umgebung, die für es wichtig sind, zu antizipieren, und Entscheidungen bezüglich seines Verhaltens auf der Grundlage dieser Antizipationen zu treffen (Csányi 1994, 134). Genauer gesagt, besteht die Grundaufgabe des Nervensystems darin, „gute“ Entscheidungen zu treffen, d.h. Entscheidungen, die für eine Lebensführung notwendig sind, die in zufriedenstellender Harmonie mit dem Lebensinstinkt steht. „Gute“ Entscheidungen entstehen aus „guten“ Gefühlen. Eine Entscheidung und ein Gefühl sind „gut“, wenn sie dem Lebensinstinkt entsprechen. Je besser sie dies tun, desto besser ist die Entscheidung und desto besser fühlt sie sich an.

In alten Naturreligionen basiert die natürliche Ordnung auf dem Lebensprinzip

Natürlich spielte der Lebensinstinkt eine zentrale Rolle in der Weltanschauung der alten Völker. In frühen Gesellschaften, die von Naturreligionen bestimmt waren, wurde gelehrt, dass die gesamte Natur und jeder Teil von ihr beseelt sei. Da die Psyche im Wesentlichen mit dem Lebensinstinkt und den von diesem ausgehenden Gefühlen identifiziert wurde, basierte die älteste religiöse Daseinsweise der Menschheit auf der Einsicht, dass der Lebensinstinkt die gesamte Natur durchdringen müsse. Seit dem 19. Jahrhundert ist diese alte und kosmische Naturreligion mit dem Fachbegriff des Animismus belegt. Ausgehend vom alten Eurasien und vielen anderen Teilen der Welt wurde der Animismus zu einer (im ursprünglichsten Sinne) wissenschaftlichen Sichtweise, in der die Psyche mit dem Lebensprinzip identifiziert wurde, welches wiederum als Quelle aller grundlegenden Gesetze der Natur und der Gesellschaft angesehen wurde. „Im traditionellen Denken sogenannter archaischer Gesellschaften wird eine immanente Kraft, ein Lebensprinzip, ein individualisierter Dynamismus, in der Regel nicht nur im Menschen, sondern auch in bestimmten anderen materiellen und biologischen Wesen anerkannt“ (Riviere 1987, 426). Tatsächlich gibt es auch heute noch indigene Völker, die ihre Weltanschauung auf das Lebensprinzip stützen und es dabei mit der Lebenskraft identifizieren (Patterson 1998). Diese alte Form der Naturreligion stammt aus einer Haltung, die äußerst sensibel ist für das Geheimnis der Lebensenergie, die demzufolge in allen Wesen verborgen ist. Die alte japanische Naturreligion Shinto wendet sich mit höchster Ehrfurcht dieser geheimnisvollen Energie zu, die hierbei Staunen und Bewunderung zu erzeugen vermag. Shinto bezieht sich auf ein Gesetz der natürlichen Ordnung, welches die gesamte Natur durchdringt. Wenn man dieses versteht, kann man daraus die göttliche und menschliche Natur des Lebens und auch die Art und Weise, wie wir unser Leben leben sollten, ableiten. Die moralischen Tugenden der natürlichen Ordnung sind, dem Shinto zufolge, Ehrlichkeit und Reinheit, schreibt Bhikkhu Satori Bhante in seinem Werk über Shinto. Und er fügt hinzu, dass die Garantie für Glück die Reinheit des

Herzens sei (Bhante 1990). Da der Lebensinstinkt von der Psyche erfasst wird, erfordert eine klare Wahrnehmung des Lebensinstinkts eine reine Seele, ein reines Herz.

Das uralte Bestreben der Menschheit, das tiefste Gesetz der Natur zu erkennen, zeigt sich auch dadurch, dass viele indigene Völker das kosmische Gesetz als basales Gesetz der Gesellschaft betrachteten (Long 1987).[1] Tatsächlich stehen sie vor der freien Wahl, sich entweder an den immanenten Gesetzmäßigkeiten des Sozialen zu orientieren, oder sich schlichtweg einer naturgegebenen Realität anzupassen. Wenn aber soziale Regeln und Gebote keine universelle Grundlage in der Realität haben, so gibt es keinen Grund, sich diesen zu unterwerfen. Darüber hinaus ist die Tatsache, dass Menschen lebendige und intelligente Wesen sind, eine natürliche Tatsache; da die Gesellschaft auf Menschen basiert, sollte jede Gesellschaft auf dieser Tatsache gegründet sein. Als kollektives Naturwesen unterliegt die Menschheit den Gesetzen, die im kausalen System der Natur wirken. Und wenn wir die Gesellschaft in Einklang mit der Natur der Menschheit bringen wollen, so muss sie den universellen Gesetzen der Natur entsprechen. Alte Völker gestalteten ihr Leben, ihre Gesellschaften und ihre Lebensweisen im Geiste dieser Grundeinsicht. Sturm vertritt die Ansicht, dass ein Gesetz der Natur im weiten Sinne eine Regel bedeutet, die das Handeln lenkt und sich aus den wesentlichen Eigenschaften der Realität herleiten lässt. Von alten Kulturen bis zur Gegenwart hat sich der Mensch immer wieder dem so verstandenen Gesetz der Natur zugewandt, um darin Maß, Orientierung und Sinn zu entdecken. Das Wissen um dieses Gesetz der Natur ermöglicht es uns, unserem wahren Wesen treu zu bleiben (Sturm 1987, 318). In seinem Buch *The Origin of Things* schreibt Julius Lips:

> Die Welt der primitiven Völker basiert auf dem Glauben: „Am Anfang war die Kraft." Diese wunderbare Kraft ist allgegenwärtig, und ihre Existenz ist so sicher wie die Härte des Steins und die Nässe des Wassers, so allgegenwärtig wie [Gravitation] in der modernen Physik. Diese Kraft, die nur für den modernen Menschen übernatürlich ist, aber für die [Naturvölker] völlig real und natürlich, ist ihnen unter vielen verschiedenen Namen bekannt. Für die Malayo-Polynesier ist es Mana, bei den Irokesen ist es Orenda, bei den Sioux Wakan, bei den Algonkin Manitou. Die Wirkungen dieser Kraft [der Lebenskraft] zu erkennen, daran teilzuhaben, sie zu nutzen und zu beherrschen – das sind die Ziele des [ursprünglich lebenden] Menschen. In seiner Welt gibt es keine Zufälle – alles hat seine Ursachen und Zusammenhänge; diese zu entdecken, ist die Aufgabe des Menschen. In den Köpfen [... dieser] Menschen sind Ursache und Wirkung nicht auf den kleinen Bereich der physischen Welt beschränkt [im Gegensatz zur modernen westlichen Denkweise], sondern sie sind mit den Kräften und Phänomenen jenseits der sichtbaren Welt verbunden. Es gibt eine ständige Tendenz unter den Naturvölkern, die Manifestationen dieser [unsichtbaren] Kraft zu erkennen. (Lips 1962, 312, Einfügungen AG)

Es ist bemerkenswert, dass indigene Gemeinschaften wie die Maori in Neuseeland das Lebensprinzip kannten und ihre langfristig nachhaltige Gesellschaft darauf aufbauten, indem sie ihre Philosophie der Umwelt auf Basis einer entsprechenden Philosophie des Lebens entwickelten (Patterson 1998). Nach Ansicht der Maori

> [...] sollten wir die natürliche Welt respektieren, weil jedes Lebewesen eine Mauri oder Lebenskraft hat und diese Lebenskraft alle Wesen – Menschen, Götter, Pflanzen und Tiere, Berge und Flüsse und Meere – zu einem wechselseitig voneinander abhängigen Ganzen

verbindet, wobei jeder Teil für sein Wohlergehen auf die Gesundheit jedes anderen Teils sowie des Ganzen selbst angewiesen ist. (Patterson 1998, 70)

Es scheint uns am Ende des Jahrhunderts offensichtlicher, dass Menschen aus den traditionellen Kulturen des Ostens, Afrikas, Nordamerikas und Australiens Einstellungen zur natürlichen Welt entwickelt und bewahrt haben, von denen wir viel lernen können. Was ihnen gemeinsam ist, ist ein Gefühl für die Affinität zwischen der menschlichen und der natürlichen Welt und ein Gefühl, dass alle Dinge zusammengehören und zusammenarbeiten, wie die Organe eines lebendigen Wesens. Animismus, der Glaube, dass die Natur von spirituellen Kräften belebt wird, ist uralt und weit verbreitet und findet sich sowohl in den heiligen Schriften der Hindus als auch in den mündlichen Überlieferungen der nordamerikanischen Indianer. (Clarke 1993, 17)

All dies deutet darauf hin, dass das fortwährende Bestreben der Naturvölker darin bestand, neben den materiellen Kräften auch das kausale System der unsichtbaren Lebenskraft zu erkennen. Es gibt Hinweise darauf, dass die Menschen der Frühzeit in diesem Bestreben erfolgreich waren und eine umfassendere Sichtweise und tiefere, die Welt erklärende Anschauungen hervorgebracht haben als jene materialistische Sichtweisen, die heute vorherrschen. Tatsächlich wissen wir in der modernen Welt zwar immer mehr über Details, aber immer weniger vom Wichtigsten, das es zu wissen gilt, d.h., vom Ganzen des Lebens und der Welt. Die derzeit vorherrschende Sichtweise in der westlichen Philosophie wird durch „die Doktrin [die uns] sagt, dass die Welt nur ein riesiges Mosaik lokaler Tatsachen ist, nur eine kleine Sache nach der anderen" (Lewis 1986, ix, Einfügung AG) ausgedrückt. Vergleicht man dies mit den Anschauungen indigener Völker, so drängt sich der Schluss auf, dass die Bandbreite ihrer Form der Weltanschauung die der modernen übersteigt.[2]

Der hauptsächliche Entwicklungsweg von Wissenschaft und Philosophie war seit Jahrtausenden darauf ausgerichtet, die grundlegenden Prinzipien des Universums zu entdecken

Das höchste Ziel der Wissenschaften und Philosophie ist es, die Natur in ihrer Ganzheit zu erkennen und sie anhand grundlegender Prinzipien zu erklären

Es ist auch eine zeitlose Tatsache, dass es zwei „Richtungen" gibt, die hinsichtlich der Erkundung des Erklärungssystems der Welt eingeschlagen werden können. Erstens kann man von beobachtbaren Phänomenen ausgehen und dann weiter forschen, um die Gesetze der Natur aufzufinden, und noch tiefer, bis alle grundlegenden Prinzipien gefunden sind. Dies eröffnet den Weg zur zweiten Richtung, nämlich diese Prinzipien und Gesetze auf konkrete Fälle anzuwenden.

Für unser Erklärungssystem ist es von entscheidender Bedeutung, ein solides Fundament zu haben, da dies über die zukünftige Qualität unseres Lebens bestimmt. Wir benötigen ein kohärentes System des fundiertesten, zuverlässigsten Wissens. Die Bedeutung eines solchen zuverlässigen Wissenssystems ist so vorrangig, dass es einen speziellen Namen erhalten hat: Wissenschaft. Wissenschaft stützt sich auf beide Arten menschlichen Wissens, empirisches und theoretisches, um den Zustand maximaler Zuverlässigkeit zu erreichen. Das grundlegende menschliche Bestreben, die Realität als Ganzes so klar wie möglich zu verstehen, ist in diesem Sinne eng mit wissenschaftlichem Denken verbunden. So überraschend dies eventuell auch erscheinen mag, die Geschichte scheint diese Schlussfolgerung weitgehend zu unterstützen.

Das Bewusstsein für die außerordentliche Bedeutung der ersten Prinzipien hat den Hauptpfad der Philosophie und Wissenschaft im Anschluss an die mesopotamische und vorsokratische Philosophie mehr als zwei Jahrtausende lang bestimmt – und, wie ich oben argumentiert habe, auch davor.

> Die Grundidee ist [dass] es zwei „Richtungen" gibt, in denen wir unsere Untersuchungsmethoden fortsetzen können: eine [führt] weg von dem, was beobachtet wird, hin zu den grundlegenderen, allgemeineren und umfassenderen Prinzipien; die andere [führt] von den grundlegenden und allgemeinen zu [möglichen spezifischen, exemplarischen Manifestationen dieser] Prinzipien. *Das hier identifizierte grundlegende Ziel und die Methode der Untersuchung können als ein Thema angesehen werden, das sich durch die nächste [Phase von mehr als] zwei[einhalb] Jahrtausenden der Reflexion über den richtigen Weg zur Erlangung von Wissen zieht: die sorgfältige Beobachtung der Natur und anschließende Suche nach Regeln oder Prinzipien, die ihre Funktionsweisen erklären oder vorhersagen.* (Hepburn und Andersen 2021, Kursivschrift und Einfügungen AG)

Die Suche nach den ersten Prinzipien der Natur war ein roter Faden in der Geschichte der Wissenschaft seit mindestens 2600 Jahren, wobei Mathematik und Physik sich als die erfolgreichsten Disziplinen erwiesen haben. Diese Methode war in gewisser Form bereits Platon und Aristoteles bekannt und wurde unter anderem von Francis Bacon und Descartes, den Vätern der modernen wissenschaftlichen Methode, neu formuliert. Diese alte Einsicht wurde von dem amerikanischen Wissenschaftsphilosophen Filmer Stuart Cuckow Northrop (1893–1992) im frühen 20. Jahrhundert in die folgenden Worte gefasst:

> Die Wissenschaft schreitet in zwei entgegengesetzten Richtungen voran [...]. Sie bewegt sich mit Hilfe der genauen mathematischen Formulierung [der Naturgesetze] zu neuen Anwendungen voran und geht [im Blick auf beobachtbare Phänomene und Naturgesetze] mit Hilfe sorgfältiger logischer Analysen auf erste ersten Prinzipien zurück. *Die Frucht der ersten Bewegung ist angewandte, die der zweiten theoretische Wissenschaft. Wenn diese Bewegung zur theoretischen Wissenschaft in allen Zweigen der Wissenschaft durchgeführt wird, gelangen wir zu den ersten Prinzipien und erlangen philosophischen Grund.* (Northrop 1931, 1; Kursivschrift und Einfügungen AG)

Ähnlich schrieb George Gaylord Simpson (1902–1984) in seinem in der renommierten Zeitschrift *Science* veröffentlichten Artikel:

> *Bacon vertrat auch die Auffassung, dass die Einheit der Natur demonstriert und die Wissenschaften durch eine grundlegende Doktrin, eine prima philosophia, die das Gemeinsame aller Wissenschaften vereint, zu einem allgemeinen Ganzen integriert werden könnten* [...]. In unseren Tagen haben Einstein und andere versucht, eine Vereinheitlichung wissenschaftlicher Konzepte in Form von Prinzipien zunehmender Allgemeinheit zu erreichen. Das Ziel ist ein zusammenhängender Theoriekörper, der letztlich im Sinne der Anwendung auf alle materiellen Phänomene völlig allgemein sein könnte (Simpson 1963, 87).

Der Fortschritt der Wissenschaft, der in ihrem Bestreben wurzelt, die Gesetze der Natur zu entdecken und dann die diesen Gesetzen zugrunde liegenden Prinzipien, erfordert Induktion, d.h. die Ableitung eines allgemeinen Gesetzes aus Einzelfällen. Die induktive Methode führt zur theoretischen Wissenschaft. Sobald eine theoretische Wissenschaft allgemeine Gesetze der Natur aufgedeckt hat und bestenfalls sogar grundlegende erste Prinzipien, besteht der nächste Schritt darin, die anhand dieser theoretischen Wissenschaft gewonnenen Gesetze/Prinzipien anzuwenden und entsprechende Schlussfolgerungen zu abzuleiten, wie zum Beispiel spezifische Phänomene auf der Grundlage eines allgemeinen Gesetzes/Prinzips vorherzusagen. Dieser Schritt wird Deduktion genannt. *Induktives Denken führt zu theoretischen Wissenschaften und zu einem Verständnis der Natur der Realität.* Deduktives Denken nimmt allgemeinste Gesetze und Prinzipien als Anfangspunkt und führt zu angewandten Wissenschaften. Wenn theoretische Wissenschaft in allen grundlegenden Wissenschaftszweigen zur Vollendung gebracht wird und so zur Entdeckung der Einheit aller grundlegenden Prinzipien der Natur gelangt, ist uns die Philosophie in Form einer einheitlichen Wissenschaft gegeben, die in der Lage ist, alle allgemeinsten Aspekte des Universums aufzuschlüsseln. Durch eine solche ‚allumfassende Wissenschaft' (*comprehensive science*), die gleichzeitig auch Philosophie ist, werden die Natur der ultimativen Realität und die ontologische Architektur der Realität in ihrer Gesamtheit zugänglich. Ohne irgendwelche weiteren Schritte liefert eine solche alles einbegreifende Wissenschaft dann eine alles umfassende Weltanschauung, ein adäquates, wahres Bild des Universums, welches verstanden wird als das einheitliche Ganze von allem, was existiert. Auf einem solchen stabilen Wissen einer ultimativen Realität können wir unser Leben adäquat entfalten und führen; es ist eine solche allumfassende Einheit von Wissenschaft, Philosophie und Weltanschauung, die in der Lage ist, die Richtlinie für eine gute (d.h. lebenszentrierte) Regierungsführung von Gesellschaften zu liefern; es ist eine solche ganzheitliche Weltanschauung, die in der Lage ist, gesunde Entscheidungssysteme und eine langfristig nachhaltige, gesunde Zivilisation zu etablieren.

Definition von Gesundheit

Unter Gesundheit verstehen wir ein hohes Maß an körperlichem, emotionalem und intellektuellem Wohlbefinden, welches unsere körperlichen, emotionalen und intellektuellen Fähigkeiten einschließt. Es repräsentiert die Voraussetzung, um mit unseren Lebenssituationen erfolgreich umgehen und uns im Gesamtsystem unserer lebendigen Beziehungen entwickeln zu können. Diese hohe Qualität unseres Wohlbefindens steht in Beziehung zu unseren Körperzellen, zu uns selbst im Ganzen, zu unserer Familie, zu unserer Nation, zur Menschheit, zur Welt des Lebens auf der Erde und zum lebendigen Universum. Diese gute Relation bzw. persönliche Bezogenheit können wir nicht im Laden kaufen. Sie wird teilweise durch unsere Genetik vorgeformt, durch familiäre und soziale Einflüsse und teilweise durch uns selbst und unser Verhalten bestimmt. Es liegt in unserem persönlichen, elementarsten Interesse, das Leben und die Welt in höchstmöglicher Qualität wahrzunehmen und sowohl dem Leben als auch der Welt in höchstmöglicher Qualität (unseres Wohlbefindens) zu entsprechen.

Das Erreichen und Aufrechterhalten guter Gesundheit erfordert kontinuierliche Anstrengungen, die unsere besten Fähigkeiten herausfordern. Wir können uns nur durch beharrliche, bewusste Anstrengungen weiterentwickeln, aus denen wir lernen können, wie wir unser Leben besser führen, besser machen können. Unser körperliches Wohlbefinden repräsentiert eine hohe Qualität und ein breites Spektrum unserer Handlungsfähigkeit. Unser emotionales Wohlbefinden repräsentiert unser tiefes Glücksempfinden. Unser intellektuelles Wohlbefinden bedeutet die Klarheit unseres Blickes, die Tiefe unserer Einsichten und ein hohes Niveau unserer Problemlösungsfähigkeiten. „Das Ziel und der Sinn des Lebens bestehen darin, auf nützliche Weise zu leben, sich unaufhörlich weiterzuentwickeln und sich ständig zu vervollkommnen" (Kártyikné 1989, 6, engl. Ausgangsübers. AG). „Wir sind auf dem richtigen Weg, wenn wir unsere individuellen Interessen zu einem gemeinsamen Ziel formen" (11, engl. Ausgangsübers. AG).

Nachhaltigkeit erfordert eine Motivation, die mindestens so stark ist wie die Anziehungskraft des Besitzens materieller Dinge (Budapest Centre for Long-term Sustainability 2021). Die Tatsache, dass das Lebensprinzip grundlegender ist als das materielle Prinzip, bietet eine wissenschaftliche Grundlage für ein Motivationssystem, das stärker und reichhaltiger ist als eines, dem materielle Dinge zugrunde liegen. Die Qualität unserer Gesundheit wird grundlegend durch die Tiefe unseres Fühlens und Denkens charakterisiert. Je tiefer wir fühlen und denken, desto stärker ist unsere Motivationsfähigkeit. Je breiter ausgerichtet wir denken, desto vielseitiger und reicher wird unser Motivationssystem. Daher ist schlussendlich eine Weltanschauung vonnöten, welche die tiefste und facettenreichste Gefühls- und Gedankenwelt und, damit verbunden, das stärkste und reichhaltigste Motivationssystem begünstigt. Sie sollte uns in die Lage versetzen, unser kreatives Potenzial zu entfalten und den gesunden Zustand unserer Lebens- und Entwicklungsfähigkeit zu realisieren.

Merkmale einer gesunden Weltanschauung

(1) Eine Weltanschauung ist insofern sozusagen vital und gesund, wenn sie auf ontologischer Ebene vollständig ist, d.h., wenn sie dem Leben und dem Universum als Ganzes entspricht, ein vernünftiges Bild aller drei grundlegenden Aspekte des Universums (Leben, physische Materialität, Vernunft) ergibt, in Bezug auf ihr Erklärungsmodell bis zu grundlegenden Prinzipien hin wohl durchdacht und ausgewogen ist. Ausgewogenheit bedeutet hier, dass eine solche Weltanschauung dabei die Vorrangstellung und grundlegende Natur des Lebensprinzips ebenso anerkennt, wie die wesentliche Natur des materiellen Prinzips und des Vernunftprinzips. Diese Ausgewogenheit oder Balance ist in der Lage, sozusagen den festen Boden, die treibende Kraft, die Energie und den Kompass bereitzustellen, welche notwendig sind,

um in allen Lebenssituationen den gesunden Zustand zu gewährleisten. Dies ist so, weil sie in der unveränderlichen und universellen Realität des Lebensprinzips verwurzelt ist. Das Lebensprinzip ist prinzipiell in der Lage, sein letztendliches Telos zu verwirklichen. Es liegt in der Erfüllung (bzw. Erfülltheit) des Lebens.

(2) Das Lebensprinzip, das einer gesunden Weltanschauung zugrunde liegt, ist der Ermöglichungsgrund einer kontinuierlichen Verbesserung unserer allgemeinen Lebensqualität, des Erreichens vollständiger Gesundheit sowie der Mobilisierung aller unserer Lebensenergien und Fähigkeiten zu diesem Zwecke.

(3) Da der Lebensinstinkt eine kosmische Dimension einschließt, verbindet er uns auf innigste Weise miteinander, mit allen Lebewesen und mit dem Universum selbst. Er inspiriert uns dabei, alles Leben zu fördern, um dabei das Potential des universellen Lebens und unseres persönlichen Lebens bestmöglich zu erkennen und größtmöglich zu verwirklichen.

Denken wir daran, dass das Universum, d.h. die Natur, das einheitliche Ganze von allem ist, was existiert, oder eben „die" Realität selbst. Wenn wir zu einer Wissenschaft der Natur gelangen können, in der alle grundlegenden Disziplinen ein Erklärungssystem kultivieren, welches ausschließlich auf einem einzigen grundlegenden Prinzip basiert, und die entsprechenden grundlegenden Disziplinen ein einheitliches, allumfassendes Ganzes bilden, dann gelangen wir, wie zum Beispiel von Francis Bacon, Filmer Stuart Cuckow Northrop und George Gaylord Simpson vorgeschlagen, zu einem wissenschaftlichen Verständnis der Realität, welches, ausgehend von einer holistischen Erklärung der Realität, eine wissenschaftliche Grundlage für eine ganzheitliche Philosophie darstellt, die *prima philosophia,* und zugleich die Lösung der Frage nach dem *summum bonum* bedeutet.

Das Erklärungssystem der Naturwissenschaften basiert auf grundlegenden Prinzipien

Das Prinzip der kleinsten Wirkung ist das grundlegende Prinzip der Physik

Im 20. Jahrhundert wurde klar, dass Elementarteilchen nicht wirklich elementar sind, weil sie mit universellen Kraftfeldern von Wechselwirkungen koinzidieren (Einstein und Infeld 1938; Weinberg 1995). Nach der Quantenfeldtheorie werden Elementarteilchen durch universelle Kraftfelder der Wechselwirkungen erzeugt, die durch die fundamentalen Gleichungen der Physik beschrieben werden. Diese Gleichungen können aus dem Prinzip der kleinsten Wirkung (auch Hamiltonsches Prinzip oder Prinzip der stationären Wirkung) abgeleitet werden (wie von Richard P. Feynman in seiner berühmten Doktorarbeit von 1942 diskutiert, siehe auch Coopersmith [2017]). Die grundlegendste Größe des Wirkungsprinzips, die Wirkung, ist eine spezielle „Kostenfunktion" (*cost function*) (Rosen, 1967, 4). Diese misst das Produkt aus Energieaufwand und Zeitaufwand.

Bemerkenswerterweise sind diese beiden Größen von entscheidender Bedeutung für alle lebendigen Organismen. Es handelt sich hierbei um die beiden wichtigsten Faktoren für die Durchführung einer Handlung. Der erste Verfechter des Prinzips der kleinsten Wirkung in der Geschichte der modernen Wissenschaft, Pierre Louis Moreau de Maupertuis (1698–1759), schrieb der ‚Wirkung' – im Sinne des Prinzips der kleinsten Wirkung – die Bedeutung der „Einheit der Lebenskraft im Universum" (Jourdain 1912, 426) zu.

Das Prinzip der kleinsten Wirkung ist in der Physik wohlbekannt, aber die Tatsache, dass *alle* fundamentalen Gleichungen der Physik daraus abgeleitet werden können, wird selten konzediert. Und die herausragende Tatsache, dass es genau die definierende Eigenschaft des grundlegenden Prinzips ist, die verwendet werden kann, um alle fundamentalen Gleichungen einer bestimmten Disziplin abzuleiten, scheint in der Geschichte der modernen Physik übersehen worden zu sein. Die Situation kann durch die folgenden Zitate beschrieben werden:

> Das Prinzip der kleinsten Wirkung der Physik wird in Bezug auf seine Form und seinen Inhalt als dasjenige angesehen, das dem idealen Endziel theoretischer Forschung am nächsten kommt, alle Naturphänomene auf ein einfaches Prinzip hin zu konzentrieren, welches die Berechnung vergangener und zukünftiger Prozesse ermöglicht. (Yourgrau und Mandelstam 1955, 126)
>
> Wir haben festgestellt, dass das Prinzip der kleinsten Wirkung über alle Skalen hinweg gilt, vom Bereich des Mikroskopischen (eigentlich noch kleiner) bis zum Alltäglichen (klassische Mechanik, Ingenieurwesen, Optik, Strahlungstransmission, physikalische Chemie, statistische Mechanik, Kontinuumsmechanik) und bis hin zum gesamten Kosmos (Gravitation durch Sterne, Planeten, Schwarze Löcher und Gravitationswellen). (Simpson 1963, 195)
>
> Das Prinzip der kleinsten Wirkung erweist sich als universell anwendbar in der Physik. Alle physikalischen Theorien können im Sinne von Wirkung(en) formuliert werden. Darüber hinaus ist die Formulierung der Wirkung elegant und prägnant. Der Leser muss verstehen, dass die gesamte physikalische Welt durch eine einzige Wirkung beschrieben wird. (Zee 1986, 109)

Es lässt sich schwerlich kontestieren, dass „das Prinzip der kleinsten Wirkung zur gesamten Physik führt" (Coopersmith 2017, vii).

Trotz all dieser Argumente erfährt das Prinzip der kleinsten Wirkung gegenwärtig eine Marginalisierung unter Philosophen (Stöltzner 2003). Offenbar ist diese absurde Situation in ökonomischen und konsumistischen Interessen fundiert, die materialistische Gesellschaften dominieren. Das Prinzip der kleinsten Wirkung wird immer noch als „überraschend gut gehütetes Geheimnis" betrachtet, obwohl „diese Ideen das Herzstück der physikalischen Wissenschaften und des Ingenieurwesens repräsentieren" (Coopersmith 2017, 1). De facto ist es nicht nur so, dass, den obigen Überlegungen zuwiderlaufend, die ersten Prinzipien der Wissenschaft unverdient wenig Aufmerksamkeit erhalten. Der Mainstream der modernen Wissenschaft und Philosophie hat in den letzten Jahrhunderten ausdrücklich auch in einem noch grundsätzlicheren Sinne die Position eingenommen, Wissen abzulehnen, das es uns ermöglicht, die Grundlagen der Realität zu verstehen. Die Bedeutung erster Prinzipien wird nämlich generell ignoriert. Der schottisch-amerikanische Philosoph Alasdair C. MacIntyre, emeritierter Professor für Philosophie an der

University of Notre Dame, hat die gegenwärtige Situation der Philosophie genau so charakterisiert: „*Nichts ist in der neueren Philosophie allgemein inakzeptabler als jede Vorstellung eines ersten Prinzips*“ (MacIntyre 1990, 4, Kursivschrift AG).

Angesichts dessen, dass Philosophie die universellsten Aspekte der Realität untersucht und das Prinzip der kleinsten Wirkung das einzige universelle Prinzip der Physik darstellt, scheint es nahezu zwingend, dass die Philosophie die ubiquitäre Bedeutung des Prinzips der kleinsten Wirkung anerkennen sollte. In dieser Arbeit wird dieser sehr wichtige Schritt unternommen: *Ich reklamiere für das Prinzip der kleinsten Wirkung die Position des fundamentalsten Prinzips der Physik.*

Der gegenwärtige Stand des Erklärungssystems der Physik

Der renommierte Physiker und Kosmologe Paul Davies charakterisiert den Zustand des explanatorischen Rahmens der Physik, der auch heute noch gilt, wie folgt: *Fast alle Physiker, die sich mit grundlegenden Problemen beschäftigen, scheinen zu akzeptieren, dass die Gesetze der Physik „an der Basis der rationalen Erklärungskette stehen, so wie die Axiome von Euklid an der Basis des logischen Schemas, das wir Geometrie nennen*“ (Davies 2004, 5, Kursivschrift AG). Das bedeutet, dass die Explanationskette der modernen Wissenschaft bei den Naturgesetzen endet. Es ist zu beachten, dass Axiome anders zu deuten sind als Gesetze, denn das System der Axiome in Mathematik und Logik generiert die Gesetze. Das System der Axiome fungiert analog zu Prinzipien. So ist es beispielsweise möglich, aus Euklids Axiomen alle Gesetze der (euklidischen) Geometrie abzuleiten, ebenso wie aus den Axiomen der Logik alle Gesetze der Logik hergeleitet werden können. Im Gefüge der Erklärungen befinden sich Axiome auf einer basaleren Ebene als Gesetze.

Indem die moderne Physik ihr Erklärungsschema auf der Ebene der Gesetze gleichsam zum Stehen bringt, hat sie einen regressiven epistemischen Schritt auf dem Jahrtausende umspannenden Hauptweg wissenschaftlichen Fortschritts gemacht. Dieser Rückschritt könnte für das Ausbleiben neuer Meilensteine in dem seit der Entdeckung der Quantenphysik verstrichenen Jahrhundert verantwortlich zeichnen. Denn tatsächlich ist der Hauptweg der Wissenschaft durch die Entdeckung immer tiefer liegender Naturprinzipien gekennzeichnet. Dies ist auch der Weg, der zur Entdeckung des grundlegenden Prinzips der Biologie führte.

Das fundamentale Prinzip der Biologie: das Lebensprinzip

Während die Entwicklung der Physik auf der Ebene der physikalischen Gesetze ins Stocken geriet, erreichte die Biologie dank Ervin Bauer, einem in Ungarn geborenen Biologen, die mathematische Formulierung ihres basalen Prinzips. Bauer demonstrierte, dass alle grundlegenden biologischen Gesetze aus einem einzigen, einheitlichen, universell und übergreifend applizierbaren Prinzip deduzierbar sind. Dieses biologische Prinzip wurde später als Bauer-Prinzip bezeichnet. Das Bauer-Prinzip postuliert, dass „[*l*]*ebende und nur lebende Systeme niemals im Gleichgewicht sind und auf Kosten ihres freien Energiegehalts ständig gegen das Gleichgewicht arbeiten, das die Gesetze der Physik und Chemie unter den gegebenen äußeren Bedingungen verlangen*" (Bauer 1967, 51, engl. Ausgangsübers. und Kursivschrift AG). *Das bedeutet, dass die Biologie ein autonomes Prinzip besitzt, das sich nicht aus dem Prinzip der Physik ableiten lässt, da das Wesen des Lebens genau in systematischen Abweichungen vom physikalischen Verhalten zu finden ist.*

Durch die Ergänzung von Bauers Arbeit mit den leistungsfähigsten Werkzeugen der modernen Physik, stellte sich heraus, dass Bauers Prinzip selbst aus einem allgemeineren Prinzip abgeleitet werden kann, dem Prinzip der maximalen Wirkung, welches auch die mathematische Formulierung der biologischen Autonomie umfasst (Grandpierre 2007, 2012, 2013; Grandpierre und Kafatos 2012; Grandpierre et al. 2014). Das grundlegende Prinzip der Physik repräsentiert lediglich einen speziellen Grenzfall dieses biologischen Prinzips, nämlich denjenigen, wenn die Handlungskapazität unterhalb der Planck-Grenze der Quantenindeterminiertheit liegt. Dies ist der Grund, warum das Verhalten makroskopischer physikalischer Körper als inert oder passiv charakterisiert werden kann. Und da das Prinzip der maximalen Wirkung das Universum ebenso durchdringt wie das Prinzip der geringsten Wirkung, kann es als kosmisches Prinzip betrachtet werden. Die beiden Prinzipien herrschen simultan vor. Dabei wirkt das Prinzip der maximalen Wirkung auf einer fundamentaleren Ebene – jenseits des Quanten-Vakuums – indem es die spontane Produktion virtueller Teilchen biologisch organisiert, welche wiederum die Quellen physikalischer Wechselwirkungen sind, die vom Prinzip der geringsten Wirkung bestimmt werden (Grandpierre 2007, 2014). Mit anderen Worten: Das Prinzip der maximalen Wirkung ist das Prinzip, welches die biologischen Prozesse der Selektion biologischer Ziele reguliert, wohingegen das Prinzip der geringsten Wirkung dasjenige Prinzip darstellt, das die physikalischen Prozesse steuert, die diese Ziele umsetzen.

Wenn wir das Prinzip der maximalen Wirkung weiter generalisieren, um die genuin biologischen Zustandsvariablen einzubeziehen, d.h. die Gefühle und Gedanken, die biologische Motive hervorrufen, so erhalten wir das Lebensprinzip. Es ist das fundamentale Prinzip der Biologie und besitzt eine universale, einheitliche und kosmische Extension. Der biologische Vereinheitlichungseffekt ist darauf zurückzuführen, dass sich das Leben in „Einheiten" manifestiert, soll heißen: in Lebewesen. Die Vereinheitlichung ist das Resultat des synergistischen Zusammenspiels von biologischer Autonomie und Lebensprinzip, das unter adäquaten Bedingungen möglich ist und zur biologischen Organisation gemäß biologischen Zielen führt. Dieser kosmische Umfang des Lebensprinzips impliziert, dass das Universum im Wesentlichen nicht leblos, sondern lebendig ist. Anstatt „faul" (*lazy*) zu sein (Coopersmith 2017), ist das Universum, noch über die Quantenebene der Realität hinaus, kontinuierlich aktiv und manifestiert seine vitalen Charakteristika. Biologische Aktivität wird durch die Organisation in lebenden Organismen ermöglicht, welche die spontane Produktion von virtuellen Teilchenpaaren auf Quantenebene in den Dienst biologischer Teleologie stellt (Grandpierre 2007, 2012, 2021a, b). Kosmisches Leben „beginnt" im Mikrokosmos; hier ist die Vielfalt des kosmischen Lebens am größten.

Dass das Werk des Kopernikus schließlich anerkannt wurde, war das Resultat einer Konvergenz neuer wissenschaftlicher Entdeckungen, die zusammengenommen eine kritische Masse erreicht hatten: Tycho Brahes präzisere Messungen, Giordano Brunos Argumente, Galileos Experimente, die bahnbrechenden Errungenschaften von Francis Bacon und René Descartes in der Wissenschaftsphilosophie, Keplers Gesetze und dann Newtons Gesetze – alle in harmonischer Kohärenz und sich wechselseitig bestätigend. Diese Übereinstimmungen hatten einen enormen Einfluss auf die wissenschaftliche Methodik; sie verlagerten die Hauptaspekte und Methoden wissenschaftlicher Forschung hin zu einer neuen physikalistischen Basis. Die gegenwärtige Situation ist vergleichbar der zu Zeiten der kopernikanischen Wende. Unabhängig voneinander sind eine ganze Reihe neuer Disziplinen und Forschungsfeldermit mit einer bis dahin jeweils nicht vorstellbaren Reichweite entstanden. In all diesen geht es um die Untersuchung der Beziehung zwischen Leben und Universum. Hierbei handelt es sich um (1) die biozentrische Kosmologie des bedeutenden Biochemikers Joseph Lawrence Henderson (Henderson 1913; Grandpierre 2021b, 239–253); (2) die anthropische Kosmologie, die etwas irreführend benannt ist, weil sie sich nicht auf Menschen beschränkt, sondern die kosmische Rolle des *Lebens im Allgemeinen* mittels kosmologischer Modelle analysiert (Barrow und Tipler 1986; Grandpierre 2021b, 289–301); (3) Laborexperimente zum Ursprung des Lebens, d.h. empirische Forschung zur rapiden Entstehung des Lebens auf der jungen Erde, und Oparins Schlussfolgerungen bezüglich eines autonomen Lebensgesetzes (Oparin 1960, 5–12; Grandpierre 2021b, 253–283); (4) die Theorie eines lebensfreundlichen Universums (Davies 1998, 2003, 2006); (5) *Astrobiologie,* die Wissenschaft, die die Beziehungen zwischen Leben und Universum untersucht und zu der allgemeinen Grundansicht führt, dass „Leben ein kosmischer Imperativ ist“ (Davies 1998; Grandpierre 2021b, 284–289); (6) die Gaia-Theorie, der zufolge die Erde ein lebendes, sich innerhalb eines für das Leben günstigen Bereichs selbst regulierendes System ist (Lovelock 1987; Grandpierre 2021b, 301–322); (7) aktuellere Fortschritte in der Biologie (z.B. Tompa und Rose 2011; Grandpierre 2021b, 309); (8) Ervin Bauers theoretische Biologie (Bauer 1967 [zuerst 1935]), ergänzt durch die Generalisierung des Prinzips der geringsten Wirkung, mit einer genauen mathematischen Formulierung des Aspekts der Teleologie, und (9) die Formulierung des Prinzips der maximalen Wirkung (Grandpierre 2007) sowie dessen Weiterentwicklung im Sinne einer quantitativen Theorie autonomer biologischer Entscheidungsfindung (Grandpierre 2012, 2013, 2021b, 169–237; Grandpierre und Kafatos 2012; Grandpierre et al. 2013, 2014). Die Konvergenz dieser neuen Ansätze generiert solide wissenschaftliche Beweise aus theoretischer, beobachtender und experimenteller Perspektive dafür, dass *es ein Gesetz der Natur gibt, das die Entwicklung der Bedingungen in Richtung von Lebensfreundlichkeit bzw. einer für das Leben günstigen Entwicklung steuert* (Grandpierre 2021b, 243–322).

Diese neuen Disziplinen bestätigen somit die fundamentale Rolle des Lebensprinzips, das die dominante Rolle des Lebens im gesamten Kosmos garantiert. Bemerkenswerterweise *erklärt* das Prinzip der maximalen Wirkung die Existenz dieses indirekt nachgewiesenen Naturgesetzes. Das kumulative Gewicht dieser Forschungszweige potenziert, in Kombination mit der von Ervin Bauer begründeten theoretischen Biologie, die Möglichkeiten einer Anerkennung der fundamentalen Relevanz einer auf das Lebensprinzip hin ausgerichteten Sichtweise. Auf dieser Grundlage ist es schwer, die Schlussfolgerung zu ignorieren, dass wir unsere Wahrnehmung der Fundamente der Realität dauerhaft und irreversibel zu modifizieren haben. Diese neue Konstellation wissenschaftlicher Kontexte im Blick auf Bauers biologietheoretisches Meisterstück eröffnet unerwartet tiefgründige und erhebende Perspektiven für die Zukunft der Wissenschaft, der Philosophie und der weiteren zivilisatorischen Entwicklung – und initiiert damit eine epochale Wende, die mit der der kopernikanischen Revolution vergleichbar ist. Diese Dynamik intensiviert sich dadurch, dass eine umfassende bzw. integrative Wissenschaft, die auf den Prinzipien der Materie, des Lebens und der Vernunft basiert, eine kosmisch integrierte Ökologie auf exakter wissenschaftlicher Basis ermöglicht und somit die ökologische Wende wissenschaftlich untermauern kann (Budapest Centre for Long-term Sustainability 2021).

Erklärung der unabhängigen Entscheidungsfindung lebender Organismen

Die meisten Physiker glauben, dass das Gesetz der Energieerhaltung innerhalb der durch Heisenbergs Unschärferelation gegebenen Grenzen verletzt wird (Davies 1984, 104–105). Zusätzlich wird allgemein angenommen, dass virtuelle Teilchen spontan, ohne *irgendeine* Ursache emergieren. Dementsprechend wird dieser Prozess als ‚akausal' bezeichnet. Das Kausalitätsprinzip kennt jedoch keine Ausnahmen. Und wenn es wirklich keine physikalische Ursache für die Produktion virtueller Teilchen gibt, muss es eine andere natürliche Ursache geben. Die Naturwissenschaft bietet nächstliegend die Möglichkeit an, dass innerhalb lebender Organismen biologische Ursachen für die spontane Produktion solcher virtuellen Teilchen verantwortlich sind. Dies gilt umso mehr, als in der Biologie spontane Phänomene ein grundlegendes Merkmal biologisch motivierter Prozesse sind, worauf auch Bauers theoretische Biologie hinweist. Und da Lebewesen gemäß dem Lebensprinzip über biologisch kontrollierbare Energie wie die sogenannte Energie es Willens verfügen, so sind sie in der Lage, die Energie bereitzustellen, die für die Erzeugung virtueller Teilchen notwendig ist.

Mit dem Lebensprinzip und der biologischen Autonomie haben wir, ohne besonderen Aufwand, eine Erklärung erhalten, die auf elegante Weise die beiden kardinalen Mängel der Quantenphysik, die Verletzung der universellen Prinzipien der Energieerhaltung und der Kausalität, behebt. Zugleich, und essentieller noch, vermag sie die Physik der biologischen Kausalität, mithin also Teleologie, zu erklären. Sie ist in der Lage, die physische Realisierung einer Handlung zu erklären, die durch biologische und intellektuelle Ursachen ausgelöst werden kann. Biologische Autonomie manifestiert sich durch biologisch kontrollierbare Energie im Hintergrund unserer Fähigkeit, Entscheidungen treffen zu können. Dies versetzt Lebewesen in die Lage, durch Entscheidungen, die der biologisch kontrollierbaren Energie entsprechen, virtuelle Teilchen zu erzeugen. Psychologische

Studien haben bestätigt, dass unser Wille tatsächlich in der Lage ist, unsere freie, biologisch mobilisierbare Energie zu mobilisieren (Baumeister 2012). Es ist auch bemerkenswert, dass das Prinzip der geringsten Wirkung selbst durch virtuelle Teilchen wirkt. Die biologische Autonomie ist der Garant dafür, dass physikalische Prozesse gemäß unserem Willen ablaufen, indem virtuelle Teilchen erzeugt werden, die mit unserem Willen übereinstimmen (Grandpierre 2012; Grandpierre und Kafatos 2012, 2013).

Physik, Biologie und Logik basieren alle auf grundlegenden Prinzipien

Konstatieren wir zunächst, dass nicht nur die Wissenschaften der Materie und des Lebens, sondern auch die Wissenschaft der Vernunft – die Logik – eine axiomatische Struktur aufweist. Logik ist die Wissenschaft des korrekten Denkens auf der Grundlage logischer Gesetze. Dabei geht es darum, valide Konklusionen aus vorhergehenden Aussagen, d.h. Prämissen,[3] zu generieren. Bemerkenswerterweise existiert diese Prämisse-Gesetz-Relation auch in der Physik. Physikalische Gesetze determinieren das Verhalten physischer Körper im Verein mit den gegebenen äußeren Bedingungen. In numerischen Berechnungen operieren die Differentialgleichungen der Physik mit gegebenen Inputparametern. Diese Eingangsbedingungen physikalischer Gleichungen sind vergleichbar mit Prämissen, die logischen Gesetzen entsprechen. In der Biologie ist die Situation ähnlich. Im Fall lebender Organismen spielen die aus der biologischen Autonomie resultierenden Entscheidungen die Rolle der Eingangsbedingungen.

Generalisiert man das axiomatische System der Logik im Sinne eines Vernunftprinzips, das mit Prämissen arbeitet, die sowohl „externe" als auch „interne" Beobachtungen natürlicher, rationaler und emotionaler Motivationen integriert, die dem Lebensprinzip entstammen, so offenbart sich die gemeinsame Basis grundlegender Prinzipien von Physik, Biologie und Logik. Alle drei verfügen über ein Erklärungsmodell mit drei Ebenen, die den Phänomenen, Naturgesetzen und Prinzipien entsprechen. Im umfassenden Rahmen, der die Wissenschaften der Materie, des Lebens und der Vernunft vereint, wird klar, dass das Universum auf den Prinzipien der Materie, des Lebens und der Vernunft basiert. Auf diese Weise erhalten wir ein umfassendes, ontologisch vollständiges wissenschaftliches Verständnis der Natur, und wir gelangen somit in den Besitz wissenschaftlicher Grundlagen der Philosophie.

Die dreifach-triadische, hierarchische Struktur des Universums

Es ist wichtig, zwischen den Gleichungen der theoretischen Wissenschaften, die nur in unserem Geist „existieren" und mit der Entwicklung der Wissenschaft immer präziser werden, und den Naturgesetzen, die jene beschreiben und die jener Entsprechungen in der Natur sind, zu unterscheiden. Analysieren wir nun das Verhältnis zwischen wissenschaftlicher Erklärungsverkettung und ihrem Äquivalent in der Natur. Diesbezüglich ist noch hinzuzufügen, dass die Gleichungen der Naturwissenschaften Gesetze von Veränderungen repräsentieren, und Veränderungen auf Ursachen zurückzuführen sind. Die Verkettung des wissenschaftlichen Explanationsgefüges zielt darauf ab, die in der Natur wirkenden Kausalfaktoren zu entdecken. Die wichtigste Ursache ist die erste Ursache.

Im Lichte dieser Reflexion ergibt sich deutlich, dass die Erklärungskette der Wissenschaft die Kausalkette der Natur in invertierter Sequenz widerspiegelt. Dementsprechend finden sich die ersten Ursachen der Natur in den ersten Prinzipien und deren Eingangsbedingungen. Damit erfolgt ein Vorstoß zur Kausalstruktur des Universums. – Sie manifestiert sich im Sinne einer dreifach untergliederten Triade. Diese dreifache Triade ist die Dreiheit von Phänomenen, Gesetzen und Prinzipien im Sinne von Physik, Biologie und der Wissenschaft des logischen Denkens, welche letztere auch *Noologie* genannt werden kann, im Sinne der antiken griechischen Bezeichnung für ‚Vernunft' – *nous* (νοῦς).

Die sieben kosmischen Kollektive des Lebens – Kollektive innerhalb von Kollektiven bis hin zum lebendigen Universum

Kosmisches Leben kann in der physischen Realität nur lokal durch die physischen Aktionseinheiten wirken, die zur Realisierung seiner biologischen Ziele befähigt sind. Die damit einhergehende Annahme, dass das lebendige Universum im Rahmen aller räumlicher Skalen als aktiv seiend anzunehmen ist und sein einziges Mittel die biologische Organisation der verfügbaren freien Energien ist (Grandpierre 2018), führt zu der Frage, was ein solches lebendiges Universum zu dieser Aktivität befähigt. Die besagte Anforderung verlangt die Existenz von „Lebenseinheiten", die adäquat auf seine verschiedenen Dimensionsebenen bezogen sind. Das Universum muss lebende Organismen auf mikroskopischen, makroskopischen und kosmischen Skalen emergieren. Angesichts der Tatsache, dass im Quantenvakuum eine unbegrenzte Menge an freier Energie verfügbar ist und dass diese Energie durch ein Lebensprinzip organisiert werden kann, das über die Quantenphysik hinausgeht, sind minimal dimensionierte Lebenseinheiten erforderlich, die auf mikroskopischen Skalen operieren können. Dieser Zweig einer kosmischen Evolution führte meiner Ansicht nach zur Entstehung der ersten Zellen auf der Erde (Grandpierre 2013). Sobald lebende Zellen auf Basis des kosmischen Lebensprinzips etabliert sind, bereitet das Lebensprinzip auch den Weg zur biologischen Evolution komplexerer Lebensformen. Dies ermöglicht die Entwicklung lebender Organismen zu Lebenseinheiten auf einer deutlich größeren makroskopischen Skala, d.h. im Sinne der Evolution mehrzelliger Lebewesen. Das Vorhandensein freier planetarer Energien bedeutet die Voraussetzung von planetarem Leben. Aus der Perspektive einer umfassenden Wissenschaft hat dieser Zweig kosmischer Evolution zur Entwicklung der Theorie einer selbstregulierenden Gaia (Lovelock 1987) und zu Helios, der Sonne, geführt, die als lebendiger, kosmischer Organismus ihre Aktivität durchgängig nach dem (biologisch ausgerichteten, von Ervin Bauer entdeckten) Bauer-Prinzip restrukturiert und reorganisiert (Grandpierre 2015, 2018).

Berücksichtigen wir nun die grundlegende Tatsache, dass Leben immer in Form von Lebensgemeinschaften vorhanden ist. Das Leben des Individuums ist nur durch die vorherige Existenz der Familie möglich. Deren Existenz hängt wiederum von der der Nation ab, die Existenz der Nation wiederum von der Kontinuität der Menschheit, während deren Existenz an die Persistenz des Lebens auf der Erde als Ganzes gebunden ist, dessen Evolution wiederum einen Zweig der kosmischen Evolution repräsentiert. Vom Standpunkt des Menschen aus gesehen, gibt es sieben Lebenseinheiten: Zelle, Individuum, Familie, Nation, Menschheit, Gaia und das lebendige Universum. Diese sieben Organisationsebenen bilden die „Leiter" des kosmischen Lebens. Wir gehören allen zugleich an und tragen für jede Verantwortung. Es ist diese Verbundenheit, die die menschliche Positionalität in Welt und Kosmos definiert.

Zusammenfassend gibt es drei Wirklichkeitsebenen: Phänomene, Gesetze und erste Prinzipien. Es gibt im Grunde drei Existenzmodalitäten: Materie, Leben und Vernunft. Wir erreichen damit die Perspektive der wissenschaftlichen Kartografie, die eine universale Architektur abbildet, und stellen fest, dass das Universum eine $3 \times 3 \times 7$-Struktur manifestiert.

Von hier aus gelangen wir zu Folgefragen: Woher stammt dieses lebendige Universum? Wenn es ein einheitliches, alles Existierende umfassendes Ganzes und Kontinuum repräsentiert, dann kann es nur aus seiner eigenen Präexistenz heraus entstanden sein. Aber wie kann es aus sich selbst entstehen? Wie lässt sich diese Frage klären?

Es gibt nur ein Wesen, das aus eigener Kraft existieren kann: das kosmische Leben

Die alten Griechen bezeichneten die *selbstexistente kosmische Realität* im Sinne einer ersten Ursache, eines höchsten göttlichen Wesens oder auch ultimativen Substanz. Die Existenz einer primordialen und autarken kosmischen Realität impliziert, dass diese als ihre eigene Ursache fungiert, indem sie sich selbst generiert. Kurz gesagt, sie muss nicht nur durch sich selbst existieren, sondern auch autopoietisch sein. Hierbei ist zu beachten, dass Selbsterschaffung bzw. Autogenese eine Aktivität, sozusagen eine „Handlung" darstellt. Aktivität setzt die Anwesenheit von Leben voraus. Folglich setzt Autogenese Leben voraus. Betrachten wir nun auch, dass Leben nicht nur eine notwendige, sondern auch eine hinreichende Bedingung dafür ist, dass Wirklichkeit aus eigener Kraft resultiere. Das Wesen des Lebens besteht genau darin, Leben zu schaffen und Leben zu erhalten, also sich selbst. Das Leben hat eine Doppelnatur: Es existiert nicht nur, sondern erschafft wesensgemäß sich selbst. Es repräsentiert jene Modalität der Wirkllichkeit, die auf Selbstschöpfung und die Entfaltung und Realisierung ihres gesamten Potentials, die Totalität seiner selbst, ausgerichtet ist. Kosmisches Leben bedeutet die selbstschöpferische Aktivität der gesamten Wirklichkeit.

Zum Beispiel kann das materielle oder physische Universum nicht von selbst entstehen; selbst der Urknall setzt ein „Ingangsetzen", eine sogenannte, äußerst spezifische, vorbestehende „Quantenfluktuation“, voraus, welche den Prozess initiiert. Dieser Prozess kann nicht akausal sein. Wenn er keine physikalische Ursache hat, muss er eine *biologische Ursache* haben, und dies setzt eine *Präexistenz des Lebens* voraus.

Konsequenterweise ist kosmisches Leben ewig oder überzeitlich. Kosmisches Leben repräsentiert selbst ‚die Arbeit/das Werk im Prozess‘ (*the work in process*) der ‚ersten Ursache‘, die sich somit im Sinne der ewigen Operation bzw. Aktivität des kosmischen Lebens manifestiert. Kosmisches Leben bedeutet die von den Griechen postulierte ‚ultimative Substanz‘ (*arkhē* ἀρχή). In dieser Hinsicht kann kosmisches Leben als göttliches Leben aufgefasst werden. Tatsächlich hat kosmisches Leben noch weitere „göttliche“ Aspekte. Es ist bemerkenswert, dass es im Universum nur ein Lebensprinzip gibt – ebenso wie in der Natur letztlich nur ein physikalisches Prinzip vorausliegt. Jenes Lebensprinzip durchdringt alles, was existiert, einschließlich uns selbst, als lebende Wesen. Diese fundamentale Realität wirkt „in“ uns. Aus der Perspektive unseres „Selbst“ – definiert als unser Entscheidungszentrum – ist es der Lebensinstinkt. Das Lebensprinzip ist sowohl immanent – wir haben intern Zugang zum Lebensinstinkt – als auch transzendent, d.h. transphänomenal, „jenseits“ des beobachtbaren Universums. Dies bedeutet, dass der Lebensinstinkt organischer Lebewesen und der des lebenden Universums identisch sind. In der kausalen Ordnung des Lebens wirkt die erste Ursache auf kosmischer Ebene. Im Falle eines ewigen Seins können wir nicht von einer ersten Ursache in der Zeit sprechen, sondern nur im logischen Sinne. Da das lebende Universum das ursprüngliche Wesen selbst ist, können wir im logischen Sinne seine erste Teilung in die materielle Welt, die Welt des organischen Lebens und die Welt der Vernunft als den ersten Schritt seiner Selbstverwirklichung betrachten. Diese „primäre Teilung“ des kosmischen Lebens in drei Arten von „Wirklichkeiten“ oder Realitätsformen ist ein Denkschritt im logischen Sinne, da die drei Realitätsbereiche nicht nur unterscheidbar, sondern auch als miteinander verbunden und integriert zu denken sind. Aber die außergewöhnliche ontologische Tiefe ihrer Unterscheidbarkeit indiziert auch, dass Materie, Leben und Vernunft die grundlegendsten Merkmale des Universums repräsentieren.

Führen wir den Gedanken fort: Das Verständnis der logischen Beziehung zwischen dem Prinzip der Materie, dem Prinzip des Lebens und dem Prinzip der Vernunft bringt uns einer tieferen ontologischen Einsicht näher.

Über die Beziehung zwischen dem Prinzip der kleinsten Wirkung und dem Prinzip der maximalen Wirkung

Die Relation zwischen dem Prinzip der kleinsten Wirkung und dem Prinzip der maximalen Wirkung lässt sich anhand eines „handfesten“ Beispiels illustrieren:

Ein Unternehmen, das Brücken baut, hat das Ziel, jedes Jahr so viele Brücken wie möglich zu bauen. Dies entspricht dem Prinzip der maximalen Wirkung. Es kann aber nur ein Maximum an Brücken errichten, wenn es jede Brücke auf die kostengünstigste Weise baut. Genau das entspricht dem Prinzip der kleinsten Wirkung, welches hier als ideales Instrument fungiert, denn das Prinzip der kleinsten Wirkung kann als in Analogie stehend zum Prinzip der wirtschaftlichsten Handlung in Bezug auf Zeit- und Energieverbrauch aufgefasst werden. Ein Unternehmen, das im übertragenen Sinne nach dem Prinzip der maximalen Wirkung arbeitet, kann dies nur tun, wenn es dem Prinzip der kleinsten Wirkung folgt, nachdem es seine konkreten Ziele, die in Raum und Zeit positioniert sind, auf der Grundlage des Prinzips der maximalen Wirkung festgelegt hat. Bezüglich der Ebene der Natur bedeutet dies, dass das Prinzip der kleinsten Wirkung eine notwendige Bedingung für die physische Verwirklichung biologischer Ziele ist, die gemäß dem Prinzip der maximalen Wirkung gesetzt sind. Dieses Argument beleuchtet die *kosmische Notwendigkeit* der Existenz des Prinzips der kleinsten Wirkung. Die Notwendigkeit des Prinzips der kleinsten Wirkung impliziert konsequenterweise, dass die Naturgesetze ewig und invariant sein müssen.

Unerwartet und ohne jegliche Mühen ergibt sich somit die Lösung der bisher scheinbar unlösbaren Frage nach dem Ursprung der physikalischen Gesetze. Sie resultieren mit Notwendigkeit als integraler Bestandteil des Prinzips der maximalen Wirkung.

Die Naturgesetze existieren in der Realität und haben eine kausale Rolle

Es gibt zwar derzeit kein allgemein akzeptiertes Kriterium für Existenz, doch ein Kriterium dafür scheint mir aber doch selbstevident zu sein: Der in Australien geborene, britische Philosoph Samuel Alexander ist für sein Diktum bekannt: „Real zu sein bedeutet, kausale Kraft zu haben“ (zitiert in Kim 1993, 348).[4] Naturgesetze sind die Quellen von Interaktionen, Kräften, Veränderungen – sie sind die Gesetze des Wandels. Ohne Naturgesetze gäbe es keine Interaktionen und keine Modifikationen. Das bedeutet, dass es ohne Naturgesetze keine Objekte gäbe, da Objekte die Manifestationen von Interaktionen sind, und keine Ursachen, da Ursachen die Ursprünge von Veränderungen sind. In der Realität des Ganzen *sind Naturgesetze die Primärquelle aller Ursachen, genauso wie Interaktionen fundamentaler sind als Partikel* (Einstein und Infeld 1938, 313; Weinberg 1995). Naturgesetze sind die Ursache, Phänomene die Wirkung. Ohne die reale Existenz von Naturgesetzen würden die Kohäsionskräfte in Molekülen und Atomen nicht gegeben sein, und somit würde kein Objekt existieren können.

Die Quelle physischer Veränderungen ist Kraft, die Quelle biologischer Veränderungen ist Motivation, und die Quelle noologischer Veränderungen ist das Denken. Die grundlegenden Disziplinen entsprechen den jeweils grundlegenden Weisen der Kausalität. Diese grundlegenden Weisen von Kausalität sind physische, biologische und noologische. Es gibt keine anderen. Dies entspricht der Tatsache, dass es in der Naturwissenschaft nur drei grundlegende Disziplinen gibt, welche mit den drei grundlegenden Prinzipien der Natur verbunden sind.

Man bedenke, dass das Leben in erster Linie eine unaufhörliche Aktivität bzw. Handlung darstellt, aber auch eine Vielzahl von Handlungsmöglichkeiten, die es ihm ermöglichen, sich über einen fast unermesslich langen Zeitraum zu erheben, indem es dabei sein höchstes Potential entfaltet und erfüllt. *Die moderne Wissenschaft war bisher nicht in der Lage, den Teil der Realität zu berücksichtigen, ohne den Leben nicht existieren und nicht möglich wäre, nämlich den Lebensinstinkt. Es ist daher von immenser Bedeutung, dass dieser durch das Bauer-Prinzip und seine allgemeinste Fassung im Sinne des Lebensprinzips wissenschaftlich und philosophisch verständlich geworden ist.*

Während Leben heutzutage reduktionistisch allgemein im Sinne des bloßen Primats des Überlebens verstanden wird, offenbart die Entdeckung des Lebensprinzips etwas ganz anderes. Das Lebensprinzip lehrt uns, dass Leben auf eine qualitativ hochentwickelte Existenz ausgerichtet ist. *Leben intendiert in erster Linie Wohlbefinden, weit über das bloße Überleben hinaus, und dies beinhaltet und sichert die Möglichkeit, uns wohl oder besser zu fühlen.* Unsere Gefühle sind zentral für unsere Lebensqualität. Wir verstehen unseren Lebensinstinkt durch unsere natürlichen, instinktiven Gefühle. Im Leben geht es vor allem darum, sich gut zu fühlen, individuell und, was noch wichtiger ist, in unseren familiären Beziehungen, in unseren sozialen Kontexten und der Natur. Das Lebensprinzip ist das Prinzip positiver Affekte. Die Dignität des Lebens liegt im naturgegebenen Recht jedes Lebewesens auf gegenwärtiges und zukünftiges Wohlbefinden – ein Anspruch, der in vollem Umfang zu respektieren ist. Ohne das Lebensprinzip wäre das Universum völlig unbelebt, und die Vernunft könnte nicht existieren. Ohne das Lebensprinzip wäre das Universum völlig bar jedweder Bedeutung und Werte. Es ist das Lebensprinzip, das den größten Schatz des Universums darstellt, die Quelle aller Werte. Seine immanente Präsenz in uns bedeutet den wertvollsten Schatz unseres Lebens, und wir sind von Natur aus geneigt, auf diesen kosmischen Hort des Lebens in all seinen Manifestationen zu achten, ihn zu nähren und zu pflegen. Wir sind am grundlegendsten und persönlichsten miteinander und mit jedem Lebewesen durch das Lebensprinzip verflochten. Deshalb sollten wir, wenn wir unseren Lebensinstinkt schätzen, denselben Lebensinstinkt in all seinen Manifestationen schätzen. *Diese Anerkennung ist die Grundlage und das Wesen einer Umweltphilosophie, die lebende Gemeinschaften wertschätzt* (Patterson 1998).

Leben ohne ein eigenes Naturgesetz könnte weder fundamental noch eine autonome Form der Realität darstellen. Denn ohne biologische Gesetze würde das Leben notwendigerweise zu einem Anhängsel der Materie degradiert. Damit wäre es seiner Würde und seines intrinsischen Wertes beraubt, weil es ohne sein eigenes Gesetz den physischen Gesetzen und Bedingungen subordiniert zu denken wäre. Die Realität des Lebensprinzips anzuerkennen bedeutet, zu sehen, dass das Leben eine autonome Realität bedeutet, mit eigenen Merkmalen, eigenen Werten folgend und eigenen Potentialen, die sich von den Kontexten der Physik unterscheiden und unvergleichlich größer sind. Es bedeutet auch, zu begreifen, dass all dies darauf zurückzuführen ist, dass dem Leben ein eigenes, unabhängiges Prinzip unterliegt.

Wir alle bedürfen des Wissens um das Wesen der Realität, da unsere Zukunft grundlegend von unserem Verständnis der Realität abhängt

Es herrscht weiterhin kein Konsens bezüglich des Telos der Philosophie. Um zu klären, was Philosophie sei, ist es wichtig zu sehen, dass es zumindest in der menschlichen Natur liegt, anzunehmen, dass alle Menschen eines korrekten Wissens über die Realität bedürfen, und vor allem eines Wissens über die übergreifenden Prinzipien der Realität. Die drei Hauptdomänen einer solchen Erkenntnis bezüglich der Realität sind das Wissen vom Leben, das Wissen von der Welt sowie das Wissen vom Menschen. Und wenn Philosophie das Studium der allgemeinsten Beziehungen zwischen diesen sein soll, dann wird sie als ein Weg verstanden, dasjenige allgemeinste Wissen zu erwerben, das für alle Menschen von vitaler Bedeutung ist. Diese Philosophie, die für jeden Menschen von entscheidender Bedeutung ist, weil sie versucht, die allgemeinsten Zusammenhänge zwischen Leben, Universum und Menschheit aufzuzeigen, kann als Universalphilosophie bezeichnet werden. Wenn diese, als Philosophie im allgemeinsten Sinne, die Einsicht in allgemeinste Prinzipien erreicht, wird der entsprechende philosophische Diskurs in die Lage versetzt, die Menschheit bezüglich der grundlegenden Natur des Lebens, des Universums und der Menschheit zu informieren und somit eine solide Basis für eine gesunde Kultur anzubieten.

Für alle von uns ist es von entscheidender Bedeutung, die Philosophie in einem solchen allgemeinstmöglichen Sinne zu verstehen. Es liegt zudem in unserem persönlichen Interesse, diese so einfach, transparent und wirksam wie möglich zu gestalten. In Anbetracht der lebenswichtigen Bedeutung unserer menschlichen Beziehungen für eine vollumfängliche Gesundheit muss diese Philosophie allgemein verständlich und leicht applizierbar sein. Daher ist auch zu fragen: Was sind die wirksamsten Instrumente einer solchen allgemeinen Philosophie?

Die beiden effektivsten Instrumente einer universalen Philosophie: Lebensanschauung und Weltanschauung

Die beiden grundlegenden Zweige einer allgemeinen Philosophie betreffen das Studium des Lebens und der Natur. Die Menschheit lebt grundsätzlich in der Natur. Der naturgegebene Lebensinstinkt setzt Ziele, und die Natur bietet die Mittel, um diese zu erreichen. *Zunächst werden eine klare und korrekte Wahrnehmung und ein adäquates Verständnis des Lebensinstinkts in einer Weise benötigt, die eine geeignete Grundlage für unser basales Entscheidungssystem darstellt. Zweitens müssen wir die grundlegenden Bestandteile der Natur kennen und verstehen.*

Wenn die Menschheit eine im Wesentlichen komplette Kenntnis über die Explikationssysteme dieser beiden Hauptzweige der Realität erwirbt, werden alle Menschen in der Lage sein, ihr grundlegendes Entscheidungssystem entsprechend zu gestalten. Das Explikationssystem des Lebens wird als Lebensanschauung, das Explikationssystem der

Welt als Weltanschauung bezeichnet. *Die beiden effektivsten Werkzeuge einer wirklich allgemeinen Philosophie sind die in ihr zum Tragen kommende Lebensanschauung und Weltanschauung.*

Damit die Menschheit in Harmonie mit dem Lebensinstinkt und dem Universum existieren kann, ist es notwendig, dass die Universalphilosophie ein kohärentes System des Wissens repräsentiert. Dies erfordert eine gleichsam harmonische Kongruenz von Lebensanschauung und Weltanschauung – was wiederum nur im Falle einer kosmozentrischen Lebensanschauung und einer basal lebensbezogenen Weltanschauung möglich ist. Es ist zu beachten, dass hier mit dem Begriff des Universums das einheitliche Ganze von allem, was existiert, gemeint ist. Eine Harmonie von Lebensanschauung und Weltanschauung ist nur möglich, wenn das Universum lebendig ist. Das bedeutet, dass wir alle eine lebenszentrierte Weltanschauung benötigen.

Zivilisationen basieren auf ihren Weltanschauungen, die ihre Entscheidungsfindung bestimmen

Der Begriff der Weltanschauung wird definiert als die Art und Weise, wie wir die Welt, insbesondere die Natur, begreifen, d.h. interpretieren und bewerten. Aus diesem Grund „hat sich das intellektuelle Niveau in jeder Epoche an die allgemein akzeptierten Theorien des Universums angepasst" (Couderc 1964, 8, englische Ausgangsübers. AG).

Eine adäquate Weltanschauung ist das primäre Ziel und zugleich das wirksamste Mittel der Philosophie. Ihre Effektivität steigert sich, wenn wir ihren Basistyp erkennen. Dieser wird durch die ontologischen Prinzipien bestimmt, die sie berücksichtigt, und durch das relative Gewicht, das ihnen beigemessen wird. Der jeweils vorherrschende Weltanschauungstypus bestimmt den Grundcharakter oder Grundtypus einer Zivilisation, deren Mentalität, intellektuelle Horizonte sowie denkerische Kraft. Die bekanntesten Typen westlicher Weltanschauungen sind durch die verschiedenen Erscheinungsformen materialistischer,[5] idealistischer[6] und dualistischer Weltanschauungen repräsentiert, wobei aus Sicht der letztgenannten sowohl Materie als auch Bewusstsein als grundlegend angesehen werden. Im Lichte der obigen Argumente sind all diese Weltanschauungen grundsätzlich unvollständig, da sie das grundlegendste Prinzip des Universums – das Lebensprinzip – ignorieren.

Alle unsere Entscheidungen werden letztlich davon bestimmt, wie wir das Leben und die Welt interpretieren und bewerten. Wenn unsere Denkweise, ohne es zu wissen, enger ist als die volle Realität, können wir dennoch bewusst mit der Vielfalt des in unserer Kultur verfügbaren Spektrums an Optionen zufrieden sein. Eine derart reduktionistische Mentalität entfremdet uns jedoch vom Leben und der Welt. Eine solche Entfremdung repräsentiert gleichsam eine ontologische Krankheit, die die Beziehung zur Basis des Seins unserer Persönlichkeit zerstört und unsere Lebensqualität gravierend mindert.

Wissen ist das, was der Menschheit maximale Chancen bietet, aber auch maximale Gefahren mit sich bringen kann, wenn es unzureichend oder unvollständig ist. Zweifellos existiert eine physische Dimension des Lebens, und die physikalischen Wissenschaften, einschließlich der Biophysik, haben diesbezüglich bedeutende Fortschritte im Verständnis dieser gemacht. Aber das Leben – und hier ist es Ervin Bauer, der am meisten zum Verständnis beigetragen hat – ist nicht auf physikalische Aspekte beschränkt. Die zentralen Probleme der Biologie (Szent-Györgyi 1970, 63), das Wesen der biologischen Arbeit und des biologischen Verhaltens, sowie die zentrale Rolle der Finalität in der Biologie, können von der Physik aufgrund ihres limitierten Horizontes nicht verstanden werden.

Es ist auch wichtig zu sehen, dass der Materialismus eine sehr tiefgreifende metaphysische Annahme über die Natur der Realität darstellt. Da die meisten Menschen nicht darauf vorbereitet sind, diese Sichtweise in Frage zu stellen, um eine bessere, d.h. tiefgründigere und stärkere Grundlage zu erhalten, so tendiert die materialistische Weltanschauung in der Praxis bisher gleichsam dazu, zu einer unangefochtenen und unbeaufsichtigten magischen Waffe des westlichen Zivilisationskomplexes zu werden, welche die meisten Menschen auf eine materialistische Lebensweise hin orientiert bzw. konditioniert.

Hindernisse auf dem Weg zur Transformation des grundlegenden Typus unserer Weltanschauung hin zu einer umfassenden ökologischen Weltanschauung

Die Schwierigkeiten des Wandels der Weltanschauung

Die Subordination physikalischer Gesetze unter biologische, die auch durch die Ableitbarkeit des physikalischen Prinzips aus dem biologischen Prinzip als einem seiner Grenzfälle angezeigt wird, verändert die Grundlage unseres Wirklichkeitsverständnisses. So ist die physikal(ist)ische Weltanschauung die Grundlage für die populäre Vorstellung, dass zum Beispiel Menschen im Wesentlichen aus Atomen bestehen. Wenn wir uns jedoch lediglich als aus Atomen bestehend begreifen, die ausschließlich physikalischen Gesetzen unterliegen, entfremden wir uns von uns selbst. Um unser verlorenes Selbst wiederzugewinnen, müssen wir verstehen, dass Leben grundlegender ist als Materie. Tatsächlich müssen wir alles neu überdenken, unser gesamtes Denksystem erweitern und auf eine profundere Grundlage stellen. Mit anderen Worten, unsere Wahrnehmung der Realität muss sich verbessern, indem wir erkennen, dass unsere Persönlichkeit auf unserem Selbstbild basiert. Dieses Bild basiert auf unserem Bild der Menschheit, welches wiederum auf unsere Weltanschauung zurückzuführen ist. Deshalb müssen wir unsere Weltanschauung auf ein solides, korrektes Fundament stellen.

Aktuell sind wir mit einer Situation konfrontiert, in der *wir die Grundlage unserer Sicht auf die Realität ändern müssen*. Im Bilde gesprochen verhält es sich so, als ob sich der Boden unter unseren Füßen, den wir für einen unbeweglichen Kontinent hielten, als relativ kleine Eisscholle entpuppt, die auf eine fatale Situation zusteuert. Wir befinden uns in einer Situation, in der wir diese zu kleine „Eisscholle“ verlassen müssen, um auf einen bis dato unbeachteten, direkt benachbarten „Kontinent" zu springen, der bisher vollständig im „Nebel" verborgen lag. Der Nebel ist gerade im Begriff sich zu lichten und zum ersten Mal die Sicht auf diesen neuen Kontinent freizugeben.

Wir müssen zugeben, dass diese Situation, die in diesem Gleichnis angedeutet wird, keine alltägliche ist. Es handelt sich um eine Situation, die einen ungewöhnlichen Aufwand erfordert, um sie zu bewältigen. Wir benötigen eine präliminäre Kartierung des neu entdeckten Kontinents und müssen den erforderlichen Sprung sorgfältig planen. Um Bauers Biologie zu verstehen, ist ein außerordentlich ungewöhnlicher Schritt erforderlich. Hier ist ein Paradigmentwechsel zu vollziehen, der im Blick auf die vergangenen vierhundert Jahre präzedenzlos ist. Es ist diese unerwartete Herausforderung, die es bisher extrem schwierig gemacht hat, Bauers theoretische Biologie richtig einzuordnen. Wir alle haben ein scheinbar felsenfestes Verständnis der Realität, und es erscheint uns umso solider, je mehr Menschen dieselbe Überzeugung teilen. Dieses Realitätsverständnis wird dabei auch durch die vorherrschende physikalistische Weltanschauung untermauert. Darüber hinaus wurzelt die vorherrschende materialistische Sichtweise in einer ontologischen Tiefe, die für die meisten Menschen praktisch unzugänglich ist. Die Ersetzung der gleichsam hegemonialen, seit einigen Jahrhunderten tief verwurzelten und als unbestreitbar solide geltenden physikalischen Weltanschauung durch die in unserer Zeit neu entstehende, ontologisch tiefer reichende, biologische Grundlage für das Verständnis der Welt stellt in der Tat eine singuläre, unerwartete und tiefgreifende Wende bzw. Zäsur in der Geschichte der modernen Wissenschaft dar.

Die Reichweite des menschlichen Geistes wird durch die Breite und die explanatorische Tiefe seiner Weltanschauung bestimmt. Eine alle Hauptaspekte einbegreifende Weltanschauung ist viel breiter und viel tiefer als eine bloße materialistische. Sie erweitert den intellektuellen Horizont der Menschheit und potenziert ihre intellektuelle Kraft in einem bisher nie für möglich gehaltenen Ausmaß. Alle Paradigmenwechsel der vergangenen Jahrhunderte haben sich lediglich innerhalb der physikalisch basierten Weltanschauung vollzogen. Diesmal handelt es sich um einen Paradigmenwechsel ganz anderer Art. Wir stehen vor der Notwendigkeit einer übergeordneten, qualitativen Veränderung – nämlich der eines Wechsels der Weltanschauungen selbst. Diese progressive qualitative Transformation des Referenzrahmens der Weltanschauung selbst, der den Bezugspunkt für unser Verständnis der Realität darstellt, konstituiert die epochale Signifikanz des Bauer-Prinzips. Es ist dieser Wechsel der Perspektive, der weit über alle vorgefassten Vorstellungen hinausgeht, der Bauers Werk seine größte Bedeutung verleiht.

Missverständnis hinsichtlich der Bedeutung grundlegender Prinzipien

Obwohl immer mehr Physiker die grundlegende Bedeutung des Prinzips der kleinsten Wirkung anerkennen, gibt der Mainstream dessen fundamentale Relevanz immer noch nicht zu. Die vorherrschende Ansicht ist, dass das Prinzip der kleinsten Wirkung mathematisch äquivalent zu den fundamentalen Gleichungen der Physik sei. Diese Ansicht beruht jedoch auf der Tatsache, dass das Prinzip der kleinsten Wirkung die Quelle der physikalischen Gesetze ist. Das Prinzip der kleinsten Wirkung hat zudem wichtige Vorteile gegenüber den physikalischen Gesetzen. Es bietet zum Beispiel einen panoramischen Überblick über den gesamten zu betrachteten Prozess. Während die grundlegenden Differentialgleichungen der Physik den Verlauf physikalischer Prozesse als kleine Veränderungen in Bezug auf jeweils vorhergehende Zustände Schritt für Schritt bestimmen, bestimmt das Prinzip der kleinsten Wirkung den physikalischen Prozess zwischen dem Ausgangs- und Endzustand. Um eine Analogie zu verwenden: Die fundamentalen Gleichungen der Physik arbeiten wie „gewöhnliche Soldaten“, aber der gesamte Prozess, die Strategie, obliegt ihrem „General“, dem Prinzip der kleinsten Wirkung. Dieses grundlegende Prinzip determiniert die gesamte Physik. Dabei wurde bisher übersehen, dass das Prinzip der kleinsten Wirkung als die Definition der Physik angesehen werden kann. Als Prinzip der kleinsten Wirkung etabliert dieses Prinzip *die Physik als die Wissenschaft der unbelebten Materie.*

Dies ist von außerordentlicher Bedeutung. Denn bis jetzt war nicht klar, was Physik ist, d.h. ob sie eine vollständige Wissenschaft der Natur repräsentiert oder nicht; und solange unklar ist, was Physik ist, ist es schwierig zu erkennen, was Biologie ist und daher, was Leben überhaupt bedeutet.

Jaegwon Kim, vielleicht der bekannteste Vertreter des Physikalismus, hat das Wesen desselben folgendermaßen formuliert: *Physikalismus impliziert, dass die physikalische Theorie im Prinzip eine „vollständige und umfassende Theorie der Welt als Ganzes“* (Kim 1993, 96, Kursivschrift AG) liefern kann, anstatt einfach ein „Feld der Physik“ zu repräsentieren, das als begrenzter Teil der Welt verstanden wird. Doch es ist leicht zu erkennen, dass biologische Prozesse evidentermaßen *nicht vom Prinzip der kleinsten Wirkung gesteuert werden.* Es sind wissenschaftliche Beweise vorgelegt worden, um den Physikalismus zu widerlegen. Mit Ervin Bauers Nachweis der Existenz eigener Gesetze und grundlegender Prinzipien der Biologie, einschließlich der Demonstration, dass das Bauer-Prinzip unabhängig von der Physik ist, kann der Physikalismus als wissenschaftlich widerlegt angesehen werden. Angesichts der Tatsache, dass der Physikalismus die dominierende wissenschaftliche Weltanschauung unserer Zeit ist, ist dies an sich schon mehr als eine bemerkenswerte Leistung.

Noch wichtiger ist, dass aus dieser universalen Biologie klar hervorgeht, dass die grundlegenden Prinzipien des Universums eine weltanschauliche Bedeutung haben. Das biologische Prinzip bestimmt in Übereinstimmung mit biologischen Zielen das einheitliche System der Bedingungen sogar für die physikalischen Prozesse, die im lebenden Organismus stattfinden. Dies bedeutet eine biologische Kontrolle der physikalischen Gesetze. Sie wird biologische Organisation genannt. Mit anderen Worten: Indem die Eingangsbedingungen der physikalischen Gesetze kontinuierlich in einer Weise modifiziert werden, die für biologische Zwecke geeignet ist, erweist sich die Biologie als die Kontrollwissenschaft der Physik.

Eine Kompatibilität mit der Quantenphysik bei gleichzeitiger Abwesenheit eines biologischen Naturgesetzes impliziert keine neue Biologie

Ein konsistent biologisches wissenschaftliches Verständnis des Lebens ist ohne Kenntnis des grundlegenden Prinzips des Lebens unmöglich. Die von Ervin Bauer begründete theoretische Biologie verdankt ihre außergewöhnliche wissenschaftliche und philosophische Bedeutung einer einzigen Tatsache: der Entdeckung und mathematischen Formulierung des grundlegenden Prinzips der Biologie, aus dem Bauer alle grundlegenden Gleichungen der Biologie ableitete, einschließlich der Gleichungen des Stoffwechsels, der Fortpflanzung, des Wachstums, der Erregbarkeit, die alle grundlegenden Phänomene des Lebens erklären (Bauer-Prinzip [Bauer 1967]). Mit der Entdeckung des Lebensprinzips, das durch die Weiterentwicklung des Bauer-Prinzips gewonnen wurde, wurde der Lebensinstinkt plötzlich und unerwartet im Ausgang von einer exakten wissenschaftlichen Basis explizierbar. Darüber hinaus kann der Aufbau der gesamten Architektur der theoretischen Biologie auf einem einzigen, übergreifenden Grundprinzip mit den explanativen Systemen der Physik und Logik verglichen werden. Erstaunlicherweise passen die grundlegenden Bereiche des Universums, Materie, Leben und Geist, wie puzzleartige Module eines „Mosaiks" zusammen, welches die vollständige Architektonik des Universums enthüllt. Das Prinzip der Materie, das Prinzip des Lebens und das Prinzip der Vernunft erhellen als wissenschaftliche Prinzipien, die eine außergewöhnliche weltanschauliche Bedeutung haben, den Bauplan der Realität im Sinne universaler Grundprinzipien allen Seins. Zum ersten Mal in der Geschichte der Naturwissenschaften gerät damit ein vollständiges Bild der Natur durch eine universale Wissenschaft in Sicht, die alle grundlegenden Zweige der Naturwissenschaften abdeckt. Diese Entdeckung lenkt die Aufmerksamkeit auf die außergewöhnliche wissenschaftliche und philosophische Bedeutung der drei grundlegenden Prinzipien, die das gesamte Universum vereinen und mobilisieren. Die weltanschauliche Bedeutung der übergreifenden Grundprinzipien widerlegt die Ansicht, dass der notwendige grundlegende weltanschauliche Wandel, der für eine umfassend nachhaltige Existenz erforderlich ist, ohne die Entdeckung eines von der Physik unabhängigen biologischen Prinzips möglich wäre.

Ervin Bauers bahnbrechendes Werk in dieser Richtung wurde 1935 auf Russisch und 1967 auf Ungarisch veröffentlicht. Es wurde bisher nicht in andere Sprachen übersetzt und ist daher relativ unbekannt. Das „Schicksal" dieses in höchstem Maße außergewöhnlichen Buches ist ebenfalls sehr besonders, denn sein Studium und Verständnis wurden durch eine besondere Verkettung historischer, politischer, wissenschaftlicher und ideologischer Umstände und Widrigkeiten behindert. Bauers Hauptwerk wurde von vielen mit dem Hauptziel Einsteins verglichen, nämlich der Entdeckung der einzigen Gleichung der Physik, welche das gesamte „Wesen der Natur" umfassen sollte und aus der alle physikalischen Phänomene derivierbar sein sollten. Aleksei A. Ukhtomsky (1875–1942), der seinerzeit weltbekannte Neurowissenschaftler und Gründungsdirektor des Instituts für Biowissenschaften an der Staatlichen Universität Leningrad, widmete einen Nachdruck eines seiner Aufsätze Ervin Bauer, „dem Einstein der Biologie." (Bauer 2003).

Dennoch sind die bisherigen Interpretationen von Bauers Werk wohl falsch. Bezeichnenderweise war selbst der größte Bewunderer und Wiederentdecker des Werkes von Ervin Bauer, Boris Petrovich Tokin (1900–1984), seinerzeit Direktor des Staatlichen Instituts für Biologie in Moskau und Leningrad, sehr vorsichtig dabei, alle grundlegenden biologischen Gesetze als aus Bauers Prinzip ableitbar zu betrachten – allerdings aus dem einfachen Grund, wie Tokin selbst betonte, weil er von so etwas in der Physik nichts wisse (Tokin 1965, 116). Wie wir oben gesehen haben, stellt jedoch das Prinzip der kleinsten Wirkung genau einen solchen „Präzedenzfall" im Rahmen der Physik dar.

Vor diesem Hintergrund ist es nicht verwunderlich, dass selbst so außergewöhnliche Gelehrte wie der bekannte Sinologe Joseph Needham (1900–1995) zu jener Zeit nichts von der Existenz des Bauer-Prinzips und der ontologischen Bedeutung des grundlegenden Prinzips der Physik wussten. Needham stellte fest, dass der wissenschaftliche Fortschritt seit dem neunzehnten Jahrhundert den mechanischen Materialismus überwunden habe und die modernen wissenschaftlichen Theorien, vertreten durch Darwin, Einstein und Planck, daher „die Einführung einer stärker organischen Philosophie erfordern" (Needham 1956, 505). Außerdem verwies Needham darauf, dass die moderne Wissenschaft und die Philosophie des Organismus mit ihren integrativen Ebenen somit zur Weisheit der altchinesischen Weltanschauung zurückgekehrt seien (583).

J. Baird Callicott, Forschungsprofessor der Abteilung für Philosophie und Religion sowie am Institut für Angewandte Wissenschaften der University of North Texas, beginnt seine Studie „Metaphysical implications of ecology" (Metaphysische Konsequenzen der Ökologie) mit der Idee, dass die Philosophie im Wesentlichen nur durch die universellen und grundlegenden Wissenschaften informiert werde (Callicott 1989, 59). Dabei stellt sich heraus, dass „sich Ökologie und zeitgenössische Physik interessanterweise konzeptionell ergänzen und in Richtung derselben metaphysischen Vorstellungen konvergieren" (59). Callicott fügt noch hinzu, dass somit derzeit ein konsolidierter metaphysischer Konsens somit aus der wissenschaftlichen Entwicklung des zwanzigsten Jahrhunderts heraus zu emergieren scheine (59). Eine ähnliche Ansicht wird von dem chinesischen Philosophen Wang Kun, einem Professor an der Schule für Marxismus der Zhejiang Normal University, geäußert. Er schreibt: „Chinas organizistisch-naturalistische Philosophie steht im Einklang mit den modernen Grundlagen neuartiger wissenschaftlicher Theoriebildung und Philosophie" (Wang 2014, 201, engl. Ausgangsübers. AG).

Diejenigen, die die moderne Physik als einen Schritt zu einer organizistischen Weltanschauung sehen, haben insofern recht, als der strikte Determinismus der klassischen Physik die Existenz von Leben ausschloss, während die Unbestimmtheit der Quantenphysik die Physik *kompatibel* mit der Biologie machte. Wang Kun hat recht: Die organizistische Philosophie ist in der Tat mit moderner Physik *vereinbar*. Aber eine solche Vereinigung moderner Physik mit organizistischem Denken erfordert etwas viel Wichtigeres, nämlich ein grundlegendes Prinzip der Biologie, welches das gesamte Universum der Biologie in dem Sinne erhellt, dass es *jenseits* des Bereichs der Quantenphysik existiert. Eine solch grundlegende Ergänzung der Naturwissenschaften erfordert die Basis eines universalen Lebensprinzips. Es wäre ein Fehler, anzunehmen, dass Relativität und

Quantenphysik auf einer organischen Auffassung des Universums basieren. Beide basieren auf dem Prinzip der kleinsten Wirkung, dem grundlegenden Prinzip der unbelebten Materie. Die essentielle Prämisse sowohl für eine wissenschaftlich fundierte, organizistische Kosmologie als auch Ökologie ist das Entstehen einer exakten Wissenschaft, die aus einem Lebensprinzip deduziert wird, welches den wissenschaftlichen Beweis liefert, dass das Universum ein lebendiges Ganzes ist.

Es ist kein Zufall, dass viele die wissenschaftliche Lösung des Problems, was der lebendigen Natur eigentlich einen intrinsischen Wert verleiht, als den „Heiligen Gral" der Umweltphilosophie betrachten (Callicott 2012, 767). Denn in einem leblosen Universum kann das, was wir mit dem Wort ‚Leben' bezeichnen, nicht vorhanden sein. Eine organizistische Kosmologie kann nicht als wissenschaftlich fundiert bezeichnet werden, wenn sie lediglich mit den physikalischen Gesetzen kompatibel ist, diese aber nicht transzendiert. *Dies kann nicht genug betont werden: Die Existenz eines biologischen Gesetzes, welches unabhängig von den physikalischen Gesetzen ist, ist eine Voraussetzung für das Leben.* Bauer drückt es folgendermaßen aus:

> Wir können sagen, dass die lebende Materie keine eigenen Bewegungsgesetze hat, und dass die Bewegungsgesetze der lebenden und unbelebten Materie im Wesentlichen identisch sind. In diesem Fall können wir, wenn wir konsequent sind, nicht von lebender Materie im Allgemeinen sprechen. In diesem Falle wird die Biologie jedoch nichts anderes als angewandte Physik und Chemie sein, d.h. die Anwendung physikalischer und chemischer Gesetze auf die komplexen Systeme, die wir als lebendige Dinge bezeichnen. (Bauer 1967, 18, engl. Ausgangsübers. AG)

Ohne Gesetze kann man nicht von theoretischer Wissenschaft sprechen. Es sind die allgemeinsten theoretischen Gesetze, die die Wissenschaft so potent machen. Nur das Leben mit seinen eigenen Gesetzen kann dem Universum einen intrinsischen Wert verleihen. Die Aufgabe, die Ökologie auf eine wissenschaftliche und kosmologische Grundlage zu stellen, erfordert, dass wir die führende Rolle eines biologischen Prinzips im Universum berücksichtigen.

Der kosmische Instinkt des Lebens zeigt den Weg zu einer gesunden ökologischen Zivilisation

Die derzeit prävalente Ansicht ist, dass *die Wissenschaft* – implizit mit der Physik identifiziert und auf die Physik beschränkt – eminente Relevanz besitzt, während Philosophie sekundär oder gar irrelevant sein soll. Es ist jedoch von großer Bedeutung, einzusehen, dass Wissenschaft und Philosophie auf unterschiedliche Weise wichtig sind. Während das effektivste Instrument der Wissenschaft durch ihre fundamentalen Prinzipien gegeben ist, so stellt das wirkungsvollste Instrument der Philosophie ihre Weltanschauung dar, deren bedeutendste Leistung wiederum in der Genese und Aufrechterhaltung von Zivilisationen besteht. Diese wird durch die Entwicklung und Implementierung vorherrschender Weltanschauungen in der Gesellschaft erreicht.

Der bedeutende deutsche Philosoph Ludwig Busse (1862–1907) interpretiert die gesamte Geschichte der Philosophie als eine Sequenz von Versuchen der Etablierung einer Weltanschauung (Busse 1917; zitiert in Péter 1939, 11). Aus dieser Sicht stellt das Erreichen einer realistischen, angemessenen Weltanschauung das ultimative Ziel und die Erfüllung der Philosophie dar. Wie David Naugle, Professor an der Dallas Baptist University, in seinem Werk zur Geschichte des Begriffes der Weltanschauung schreibt:

> Eine Welt-"Hypothese", so Freud, sollte in der Lage sein, alle Probleme zu lösen, alle Fragen zu beantworten und alles an seinen Platz zu stellen. Als ultimatives menschliches Ideal sollte eine Weltanschauung, auf die man vertraut, Seelenfrieden oder Sicherheit bieten, indem sie das summum bonum spezifiziert und angibt, wie man mit dem Leben auf praktische Weise umgeht. (Naugle 2002, 213)

Im sozialen Bereich ist die Weltanschauung wichtiger als die Wissenschaft, weil sie grundlegend die Wahrnehmung der Realität, die Denkweise, die Hauptrichtung der Lebenswege und den grundlegenden Typus der Entscheidungssysteme der Mehrheit der Menschen bestimmt. Diese erhellt der Möglichkeit nach wiederum am effektivsten vor dem Hintergrund einer universalen Ontologie.

Durch institutionalisierte Bildung wird die im grundlegenden Sinne fehlerhafte physikalistische Weltanschauung von Generation zu Generation immer tiefer verankert. Die Welt, die dem Physikalismus entspricht – welcher die Welt unbelebter Phänomene als exklusiv betrachtet – existiert lediglich in unseren Köpfen. Physikalistische Kosmologien beschreiben das beobachtbare Universum nur in einigen Aspekten und in groben Zügen. Kosmologische Modelle der Physik sind nicht in der Lage, die Existenz selbst eines so einfachen Gegenstandes wie einer Teekanne zu erklären. Die Komplexität solcher Details, die für dieses explanative Vermögen notwendig wäre, fällt durch ihr Raster. Doch gerade in der Fülle solcher Komplexitäten und feinen Details kann sich das Leben entfalten: Viele kleine Bäche fließen hier sozusagen zu großen Flüssen zusammen, besonders im kosmischen Maßstab.

Die physikalistische Weltanschauung ist „krank", weil sie grundlegend unvollständig ist. Dies ist ein fataler Umstand, weil diese fiktionale Weltanschauung das Hauptziel moderner Gesellschaften bestimmt. Es besteht darin, die materielle Macht und den Reichtum zu steigern, unabhängig von allen anderen Überlegungen. Es ist diese fiktive, einseitige Weltanschauung, die die Denkweise und die grundlegenden Einstellungen der Majorität gegenüber ihrem naturgegebenen Selbst, Mitmenschen und ihrer natürlichen Umwelt bestimmt. Es ist diese das Denken verengende, restriktive Weltanschauung, die das basale Wertesystem menschlicher Gesellschaften bestimmt. Die enormen – und dabei fast schon unbegreiflich anmutenden – sozialen Veränderungen, die sich seit dem Mittelalter vollzogen haben, wären ohne die gesellschaftliche Dominanz der neuen, physikfixierten Weltanschauung nicht möglich gewesen. In diesem Zusammenhang wird deutlich, dass Bauers theoretische Biologie die Basis für eine radikal neue Ära einer Zivilisation bereitstellt, die auf einer gesunden, umfassenden und dem Prinzip des Lebens entsprechenden Weltanschauung basiert (Budapest Centre for Long-term Sustainability 2021).

Im Zusammenhang mit dem Element biologischer Autonomie können die drei basalen Prinzipien als das Wesen des Universums bezeichnet werden. Das Erlernen und Verstehen ihrer Rollen im Sinne einer umfassenden Weltanschauung könnte die Grundlage für die Allgemeinbildung nachfolgender Generationen abgeben, die notwendig ist, um eine gesunde (planetare) Zivilisation aufzubauen. Da der grundlegende Typus der Weltanschauung den Grundtypus der sozial dominanten Entscheidungssysteme bestimmt, die wiederum den Grundtypus der Zivilisation diktieren, ermöglicht eine universale und gesunde Weltanschauung die Grundlegung einer im umfassenden Sinne gesunden Zivilisation.

Materie ist nur ein Instrument in den Händen der Menschheit, zur Realisierung eines glücklichen und sinnstiftenden Lebens. Dieses Ziel erfordert ein unaufhörliches, inneres Streben und kann nicht ohne die zielgerichtete Mobilisierung unserer besten Fähigkeiten und unter Berücksichtigung der universalen und kollektiven Natur des Lebens erreicht werden. Um unsere allgemeine Lebensqualität zu verbessern, sollten wir alle ein persönliches Interesse hegen, die Lebensqualität in unseren jeweiligen Gemeinschaften und in unserer Umwelt zu verbessern. Je harmonischer man mit dem kosmischen Lebensinstinkt koexistiert, desto näher kommt man der Fülle des Lebens, d.h. dem Ideal eines vollgültig lebenden Wesens, und dem Ziel, „ganz Mensch" zu werden. Und da der Lebensinstinkt das gesamte Universum durchzieht, bedeutet das Leben im Einklang mit diesem Lebensinstinkt eine gesunde Beziehung zur Natur. Der ultimative Sinn des Lebens resultiert aus dem Verständnis der lebendigen und vernünftigen Natur des Universums sowie der Entwicklung einer Haltung, die eine gute Beziehung zur Natur herstellt. Dies erfordert eine kontinuierliche emotionale und intellektuelle Entwicklung.

Die Anerkennung der kollektiven bzw. sozialen und kosmischen Natur unserer Lebensqualität verbindet unser Schicksal mit der Frage der Nachhaltigkeit. Soziale Nachhaltigkeit erfordert eine umfassende bzw. alles einbegreifende Weltanschauung, die den Wert des Lebens über den Wert der Materie stellt, während sie zugleich den Wert der Materie und der Vernunft anerkennt (Budapest Centre for Long-term Sustainability 2021). Gelingende Nachhaltigkeit erfordert eine Generation, die in einer Kultur aufwächst, die die Harmonie zwischen individuellen, gemeinschaftlichen und kosmischen Werten des Lebens über „Profit um jeden Preis" stellt.

Die größten Veränderungen in der Wissenschaft seit Kopernikus haben alle Paradigmenwechsel innerhalb der physikbasierten oder vielmehr der physikalistischen Weltanschauung gebracht. Die Arbeit von Ervin Bauer und die Verallgemeinerung des Bauer-Prinzips hinsichtlich natürlicher Motive des Lebens stellen die ersten Versuche dar, über diese veraltete Weltanschauung hinauszugehen. Es geht darum, *eine tiefere, biologische Weltanschauung zu etablieren und damit einen bedeutenden Fortschritt hinsichtlich unseres Verständnisses der Struktur und Natur des Universums zu realisieren, der sogar größer und bedeutsamer ist als die Kopernikanische Wende.*

Der Lebensinstinkt ist ein wesentlicher Ratgeber für alle Aspekte des Lebens

Das kosmische Lebensprinzip durchdringt alle Lebewesen. Dieses Lebensprinzip kann, aus der Perspektive persönlichen Selbstbezugs betrachtet, als *Lebensinstinkt* bezeichnet werden. Dieser Instinkt des Lebens ermöglicht erst das Leben der Lebewesen. Er ist so grundlegend für alle Aspekte des Lebens, dass er immer eine grundlegende Rolle in allen Gesellschaften gespielt hat. Nur in der westlichen Zivilisation ist er in den Hintergrund gedrängt worden, während aber seine unzähligen sozialen Rollen unter verschiedenen Namen und Reinterpretationen doch bewahrt wurden.

Der Inhalt der wissenschaftlichen Formulierung des Lebensprinzips macht deutlich, dass der Lebensinstinkt nicht auf bloßes Überleben ausgerichtet ist, sondern den Aspekt des *Wohlbefindens und der Verbesserung der umfassenden Lebensqualität* in all ihren Aspekten mit einschließt.

Durch das hier dargestellte Konzept des Lebensprinzips können wir das Wesen des Lebens als den motivierenden „Drang“ oder als „Intuition“, „Hinweis“ bzw. „inneren Impuls“ sehen, der jedes Lebewesen in jedem Moment antreibt, alles Mögliche zu tun, um sein Leben zu verbessern. Diese Funktion des Lebensprinzips entspricht dem alten Konzept der *Lebenskraft*. Diese manifestiert sich in der Kraft, die unsere Wunden *heilt*, die die *Entwicklung* unseres Organismus seit unserer Empfängnis antreibt, und unseren Organismus *regeneriert*. Die Lebenskraft ist die Kraft der Natur, die, in unserem Organismus wirkend, uns zu tiefem und wahrem Glück inspiriert und uns motiviert, unsere physischen, mentalen und spirituellen Potentiale zu *erfüllen* und zu *entfalten*, um das wunderbarste Leben zu kreieren, das wir können.

Im wahrsten Sinne des Wortes leben wir nur, wenn wir mit unserer Lebenskraft leben. Soll heißen, wir leben nur in dem Maße ein vollständiges Leben, in dem wir mit unserer *vollen Lebenskraft* leben. Jeder Grashalm hat die Fähigkeit, von morgens bis abends, Tag für Tag, sein ganzes Leben lang mit maximaler Vitalität zu leben. Wenn wir nicht hinter Gräsern zurückstehen wollen, müssen wir dasselbe tun.

Das Lebensprinzip verbindet uns mit dem *lebendigen Universum*. In verschiedenen Kulturen und Epochen kann es unterschiedliche Namen haben, wie die kosmische Lebenskraft, Mutter Natur, *Dao*, *qi*, *rta*, *dharma*, Großer Geist, Höchstes Wesen oder Gott im Sinne der natürlichen Religion. Einige Kulturen, wie z.B. die chinesische, legen Wert auf das Lebensprinzip; andere betonen den Aspekt der Entscheidungsfindung oder der biologischen Autonomie, wie es die westliche Zivilisation tut. In voller Anerkennung der Realität kann die primäre Rolle dem Lebensprinzip zugeschrieben werden, da es die alles bestimmende Kraft des lebendigen Universums repräsentiert. Das Wissen um das Lebensprinzip und die Beachtung seines Primats ermöglichen es uns in ermutigender Weise, diese Verbindung zu pflegen. Diese Rolle des Lebensprinzips ist dieselbe wie die jener Religionen, deren Essenz darin besteht, die Beziehung zwischen Mensch und Gott zu pflegen. Seine Rolle als höchster Wert, Kompass und Wegweiser entspricht dem altchinesischen Bedeutungshorizont des *dao*, des „Weges“. Das Lebensprinzip ist der *Lebensweg*, wie er von Natur gegeben ist.

Das Lebensprinzip verbindet uns mit „supraindividuellen", gemeinschaftlichen und kosmischen Organisationsebenen des Lebens. Es entspricht der Rolle der *Spiritualität.*

Der Lebensinstinkt ist das stärkste *Band*, das uns an unser Leben bindet. Unsere tiefsten Emotionen stammen aus dem Lebensinstinkt. Die Gefühle, die unser Sein am tiefsten mit dem Leben verbinden, können als wahre *Lebensliebe* bezeichnet werden. Der Lebensinstinkt ist die Quelle, die wahre Grundlage unserer tiefsten Gefühle für unsere Familie, für unser Land, für die Menschheit als Familie aller Nationen, für die Natur und letztlich für das Universum, das einheitliche Ganze von allem, was existiert – die Realität.

Postnatal reagiert jeder Mensch zumindest eine Zeit lang in totaler Resonanz mit dem Lebensinstinkt auf alles, was ihm widerfährt. Natürlich zu leben bedeutet, nach den Werten des Lebensinstinkts zu leben. Es ist der Lebensinstinkt, der die primären Ziele für unsere persönliche Entwicklung setzt, um unsere Lebensqualität in all ihren Aspekten zu erhöhen. Der Lebensinstinkt ist die wahre Grundlage unserer natürlichen *Selbstidentität.* Unser wahres, reales Selbst bedeutet in letzter Instanz die Einheit von Lebensprinzip und biologischer Autonomie.

Der Lebensinstinkt ist in allen Lebewesen derselbe. Im Sinne unserer tiefsten und wesentlichsten Selbstidentität sind wir identisch miteinander. Wir alle werden instinktiv inspiriert, unser Leben gemäß dem kosmischen Lebensprinzip zu gestalten, um das Leben auf diesem Planeten so gut wie möglich zu machen. Dies ist die Grundlage jedweder natürlichen *Moral*, welche besagt, dass wir zum Wohle aller Lebewesen handeln müssen. Das Leben erreicht seine maximale Schönheit in der umfassenden Harmonie allen Lebens.

Die kosmische Spannweite des Lebensinstinkts ist die Quelle des Respekts vor allem Leben sowie der Liebe, Wertschätzung und des Respekts vor der Natur. Dies ist die Grundlage der *ökologischen* Weltanschauung.

Die Psyche und die Vernunft sind unsere von der Natur gegebenen Schätze, die uns dazu anregen, die vom Lebensinstinkt vermittelten, irdischen Ziele zu erreichen. Die Welt bietet die Möglichkeiten zur Verwirklichung des Lebensinstinkts. Da der Lebensinstinkt auf die Verbesserung, das Glück, die Erfüllung und die Schönheit eines maximal sich verwirklichenden Lebens gerichtet ist, besteht die natürliche Aufgabe von Seele und Vernunft darin, die besten Möglichkeiten zur Verwirklichung dieser Ziele zu entdecken und zur Geltung zu bringen. Diese natürliche Bestrebung ist die Quelle des Wunsches, das Leben und die Welt zu erkennen, und dabei das Leben und die Welt so vollständig wie möglich zu entdecken. Sie ist die Quelle der angeborenen Neugier, des *Wissensdrangs*. Der Lebensinstinkt ist die Quelle, die treibende Kraft und der Kompass für das Verständnis von Leben und Welt. Er ist das Movens, welches uns antreibt, Philosophie und Wissenschaft so zu entwickeln, dass beide vollständig, einfach und transparent werden.

Das kosmische Leben bringt sich selbst hervor; seine Autopoiesis ist die Quelle der *Kreativität.* Kreativität in der *Kunst* ist nicht ohne den leitenden Einfluss des Lebensinstinkts. Es hat immer Komponisten, Dichter und Schriftsteller gegeben – und wird sie immer geben – die die schönsten Kunstwerke schaffen wollen, und Wissenschaftler und Philosophen, die bestrebt sind, die beste Theorie zu entwickeln.

Das sich selbst schaffende, sich selbst verwirklichende und sich selbst vervollkommnende Streben des Lebens, dieses „positive Feedback" des Lebens, ist die Grundlage der selbstreflexiven Natur des *menschlichen Bewusstseins* – nicht nur des Wissens, sondern des Wissens, dass wir wissen.

Letztlich hängt *die Qualität unseres Lebens* von uns selbst ab, von unserer Mentalität, von unserer Einstellung, von unserer Sichtweise. Wir können die Qualität unseres Lebens am grundlegendsten verbessern, wenn wir eine korrekte, tiefe und umfassende Weltanschauung haben, die unser basales *Entscheidungssystem* leitet.

Es ist die natürliche Aufgabe unserer Psyche, d.h. unserer einheitlichen und organisierten Gefühlswelt, die auf unserem Lebensinstinkt basiert, den Lebensinstinkt so getreu und vollständig wie möglich zu erfassen. Unsere Psyche kann den Lebensinstinkt auf authentische Weise erfassen, wenn sie rein, unversehrt und im Zustand ihrer natürlichen Integrität verbleibt. Es ist die natürliche Aufgabe der menschlichen Vernunft, die Welt so klar und vollständig wie möglich zu begreifen. Es ist die natürliche Aufgabe des Selbst, auf der Grundlage unserer Psyche und unserer rationalen Fähigkeiten die von der Welt gebotenen Möglichkeiten zu erkennen, die am besten den Werten des Lebensinstinkts entsprechen, und so jeweils *bestmögliche Entscheidungen* zu treffen und zu verwirklichen.

Diese Liste ist bei Weitem nicht vollständig. Es ist natürlich, dass in allen Lebensbereichen, selbst in der modernen Gesellschaft, der leitende Einfluss des Lebensprinzips spürbar ist. Aber es ist unnatürlich, wenn der Mainstream der Gesellschaft, der Medien, der Wissenschaft, der Philosophie und der Kultur sich von den Werten des Lebensprinzips abwendet und die führende Rolle stattdessen im Ganzen dem Prinzip der Materialität überlässt. Heute sind die Bedingungen reif für das Entstehen eines universalen Ansatzes, der auf dem kosmischen Prinzip des Lebens basiert. Das Verständnis eines gesunden, lebens-, gemeinschafts- und naturzentrierten Weltbildes ist dank der Weiterentwicklung der Wissenschaft auf dem höheren Niveau universaler Wissenschaft nun für alle prinzipiell zugänglich.

Die praktische Relevanz all dieser Überlegungen wird weiter unterstrichen durch die Tatsache, dass in der heutigen Welt Bildung und das „neuronale Netz" der Gesellschaft, nämlich die Massenmedien, zunehmend die Führung in der Kindeserziehung übernommen haben. In den letzten Jahrzehnten haben das westliche Schulsystem und westliche Medien eine zunehmend wichtige Rolle im Leben nahezu jedes Landes gespielt. Dies konsolidierte aber nur die dominante Rolle der einseitig der Materie verhafteten Lebensform. Bisher scheint es an Bewusstsein dafür zu ermangeln, dass diese Praxis zunehmend eine physikalistische, materialistische und nihilistische Weltanschauung in die gegenwärtigen und zukünftigen Generationen gleichsam einprägt. Wenn dieser Trend umgekehrt werden soll – um damit zur Entwicklung einer gesunden Zivilisation beizutragen –, ist es unerlässlich, dass auch die öffentliche Bildung und insbesondere der „Geist" der Massenmedien auf einer gesunden Weltanschauung basieren.

Notizen

1. Der Begriff des kosmischen Gesetzes bezeichnet das Prinzip oder die Menge von Prinzipien, die als die allgemeinste Natur der Ordnung der Dinge im Universum angesehen werden. Das Vertrauen in die Existenz eines Ordnungsprinzips im Universum spiegelt sich wiederum in dem weit verbreiteten Glauben wider, dass einzelne Ereignisse innerhalb der Gesellschaft keine zufälligen (und daher bedeutungslosen) Vorkommnisse sind, sondern Teile größerer, bedeutsamer Muster, die sich über die Zeit erstrecken. Darüber hinaus ist es dieses Vertrauen – dass das gesamte Universum auf einem Prinzip der natürlichen und moralischen Ordnung basiert und von diesem regiert wird –, das es den Menschen ermöglicht, sowohl individuell als auch kollektiv, effektiv mit intellektuellen, moralischen und spirituellen Lebenskrisen umzugehen (Long 1995, 88).
2. Dies wird auch durch die Tatsache indiziert, dass das gesamte hinduistische Religionssystem auf der Idee des *dharma* basiert, wörtlich: die Große Ordnung, das ewige Gesetz der Welt. Dieses Naturgesetz ist die Richtlinie des menschlichen Rechts und der Gerechtigkeit, das spirituelle Prinzip hinter der sichtbaren, materiellen Welt, welches das gesamte Universum, zusammen mit dem kosmischen Raum, mit Leben erfüllt. Es wird angenommen, dass *dharma* universell ist und die Grundlage aller Naturgesetze bildet. Es ist das Prinzip der Anziehung und Abstoßung, die Kontrolle chemischer Prozesse sowie das Gesetz von Ursache und Wirkung und logischem Denken. Vom Stoffwechsel der einfachsten Lebewesen bis zum Schlagen des menschlichen Herzens ist *dharma* die Kontrollinstanz der Lebensprozesse. Ebenso ist in der alten chinesischen Philosophie *qi* 氣, das Lebensprinzip, „die ultimative Grundlage für die Existenz des Universums" und die „ontologische Quelle des Universums" (Zeng 2011, 100). Eines der ältesten chinesischen Bücher, das *Yijing* 易經, das *Buch der Wandlungen*, besagt, dass das Universum auf dem Lebensprinzip basiere (Li 2008, 270).
3. Eine Prämisse ist eine vorhergehende Aussage oder Proposition, aus der eine andere Aussage als Schlussfolgerung abgeleitet wird (*Oxford English Dictionary*).
4. Physikalismus ist gleichbedeutend mit der Behauptung, dass nur physikalische Ursachen existieren. Diese Behauptung lehnt die Existenz biologischer und mentaler Ursachen ab (Kim 1993). Sie steht im Gegensatz zu unserer alltäglichen Erfahrung, dass wir nach unserem Willen handeln können. Zur Widerlegung dieser Weltanschauung vgl. auch Griffin (1998).
5. Die moderne, dominante Form des Materialismus lässt sich als Physikalismus spezifizieren; er wird grundlegend durch die Annahme definiert, die „den kausalen Abschluss des physikalischen Bereichs" behauptet (Kim 1993, 280) – nämlichin Übereinstimmung mit „der Behauptung, dass die Welt grundlegend eine physikalische Welt ist, die von physikalischen Gesetzen regiert wird" (Kim 1993, xv). Ich verwende ‚materialistisch' im Sinne von ‚materie-prinzipiiert', d.h. in Bezug auf die irrige Ansicht, die Physik, die Wissenschaft der unbelebten Materie, sei die einzige Fundamentalwissenschaft der Natur. Der Grundstein dieser physikalistischen

Weltanschauung besteht in der Annahme, dass im Universum nur eine Art von Ursachen existiert, nämlich physikalische.

6. Idealistische Weltanschauungen gehen davon aus, dass die Realität im Wesentlichen bewusstseinsbasiert ist.

Literatur

J.D. Barrow, F.J. Tipler, *The Anthropic Cosmological Principle* (Oxford University Press, Oxford, 1986)

E. Bauer, *Elméleti biológia* [*Theoretische Biologie*; Erstpublikation auf Russisch 1935] (Akadémiai Kiadó, Budapest, 1967)

M.E. Bauer, М.Э. Бауэр, *Воспоминания обыкновенново человека* [*Erinnerungen eines gewöhnlichen Mannes*] (Асспин, Петергоф, 2003)

R.F. Baumeister, Self-control – the moral muscle. The Psychologist **25**(2), 112–115 (2012)

B.S. Bhante, *A sintoizmus* [*Der Shinto*]. A világ nagy vallásai (Gondolat, Budapest, 1990)

Budapest Centre for Long-term Sustainability (BC4LS) (ed.), 95 theses for long-term sustainability: long-term sustainable, comprehensive and life-centred world order (Global Debates 4) (2021), https://bc4ls.com/95-theses-for-long-term-sustainability/. Aufgerufen am 1. Januar 2023

J.B. Callicott, The metaphysical implications of ecology, in *Nature in Asian Traditions of Thought: Essays in Environmental Philosophy*, ed. by J.B. Callicott, R.T. Ames, 51–64 (SUNY, New York, 1989)

J.B. Callicott, Intrinsic and instrumental value, in *Encyclopedia of Applied Ethics,* ed. by R. Chadwick (Elsevier, Amsterdam, 2012), S. 760–768

J.J. Clarke, *Nature in Question: An Anthology of Ideas and Arguments* (Earthscan, London, 1993)

J. Coopersmith, *The Lazy Universe: An Introduction to the Principle of Least Action* (Oxford University Press, New York, 2017)

P. Couderc, *A csillagászat története* [*Die Geschichte der Astronomie*] (Gondolat Könyvkiadó, Budapest, 1964)

V. Csányi, *Az emberi természet* [*Die menschliche Natur*] (Vince Kiadó, Budapest, 1994/1999)

P. Davies, *Superforce: The Search for a Grand Unified Theory of Nature* (Touchstone, New York, 1984)

P. Davies, *The Fifth Miracle: The Search for the Origin of Life* (Penguin Books, London, 1998)

P. Davies, When time began. New Sci. (published Oct 9) **2468**, 4–7 (2004), https://www.newscientist.com/article/mg18424684-700-when-time-began/. Aufgerufen am 5. Februar 2023

A. Einstein, L. Infeld, *The Evolution of Physics* (The Scientific Book Club, London, 1938)

A. Grandpierre, Biological extension of the action principle: endpoint determination beyond the quantum level and the ultimate physical roots of consciousness. Neuroquantology **5**(4), 346–362 (2007). https://doi.org/10.14704/nq.2007.5.4.143

A. Grandpierre, Genuine biological autonomy: how can the spooky finger of mind play on the physical keyboard of the brain? in *ATINER's Conference Paper Series*, article PHI2012–0197 (2012). http://www.atiner.gr/papers/PHI2012-0197.pdf. Aufgerufen am 24. November 2022

A. Grandpierre, The origin of cellular life and biosemiotics. Biosemiotics **6**(3), 421–435 (2013). https://doi.org/10.1007/s12304-013-9173-9

A. Grandpierre, Biologically organized quantum vacuum and the cosmic origin of cellular life, in *Phenomenology of Space and Time: The Forces of the Cosmos and the Ontopoietic Genesis of Life: Book One*, ed. by A-T. Tymieniecka. Analecta Husserliana, vol. 116 (Springer, Cham, 2014), S. 107–133.https://doi.org/10.1007/978-3-319-02015-0

A. Grandpierre, *Héliosz: a Nap és az élet új nézőpontból* [*Helios: Die Sonne und das Leben aus einer neuen Perspektive*] (Titokfejtő Könyvkiadó, Budapest, 2015)

A. Grandpierre, The fundamental biological activity of the universe, in *Eco-Phenomenology: Life, Human Life, Post-Human Life in the Harmony of the Cosmos*, vol. 121, ed. by W.S. Smith, J.S. Smith, D. Verducci. Analecta Husserliana (Springer, Cham, 2018), S. 115–140

A. Grandpierre, *The Ancient History of the Silk Road: The Role of Hungarians in Eurasia* (Titokfejtő Publishers, Budapest, 2021a)

A. Grandpierre, *Az Élet könyve. Az átfogó életfilozófia alapjai* [*Das Buch des Lebens: Grundlagen einer umfassenden Philosophie des Lebens*] (Titokfejtő Könyvkiadó, Budapest, 2021b)

A. Grandpierre, D. Chopra, M. Kafatos, The universal principle of biology: determinism, quantum physics and spontaneity. Neuroquantology **12**(3), 364–373 (2014). https://doi.org/10.14704/nq.2014.12.3.747

A. Grandpierre, M. Kafatos, Biological autonomy. Philos. Study **2**(9), 631–649 (2012), https://digitalcommons.chapman.edu/cgi/viewcontent.cgi?article=1171&context=scs_articles. Aufgerufen am 19. Dezember 2022

D.R. Griffin, *Unsnarling the World-Knot: Consciousness, Freedom, and the Mind-Body Problem* (University of California Press, Oakland, CA, 1998)

L.J. Henderson, *The Fitness of the Environment: An Inquiry Into the Biological Significance of the Properties of Matter* (The Macmillan Company, New York, 1913)

B. Hepburn, H. Andersen, Scientific method. The Stanford Encyclopedia of Philosophy Archive (2021), https://plato.stanford.edu/archives/sum2021/entries/scientific-method/. Aufgerufen am 22. November 2022

P.E.B. Jourdain, Maupertuis and the principle of least action. Monist **22**, 414–459 (1912). https://doi.org/10.5840/monist191222331

B.E. Kártyikné, *Lélegzünk és létezünk: Egyedi jóga a mindennapokban* [*Wir atmen und wir sind: Individuelles Yoga im Alltagsleben*] (Magyar Természetgyógyászok Tudományos Egyesülete – Sanitas Egészségkultúra Központ – Sanitas Természetgyógyászati Alapítvány, Kiskunfélegyháza, 1989)

J. Kim, *Supervenience and Mind: Selected Philosophical Essays* (Cambridge University Press, Cambridge, 1993)

F. Lenormant, *Chaldean Magic: Its Origin and Development* (Samuel Weiser, York Beach, ME, 1999)

D. Lewis, *Philosophical Papers*, vol. 2 (Oxford University Press, Oxford, 1986)

C. Li, Fang Dongmei: philosophy of life, creativity, and inclusiveness, in *Contemporary Chinese Philosophy,* ed. by C.-Y. Cheng, N. Bunnin (Blackwell, Malden, MA, 2008), S. 263–280

J. Lips, *A dolgok eredete* [*Der Ursprung der Dinge*] (Gondolat, Budapest, 1962)

B.J. Long, Cosmic law, in *The Encyclopedia of Religions*, vol. 4, ed. by M. Eliade et al. (Macmillan, New York, 1987), S. 88–94

J. Lovelock, *Gaia: A New Look at Life on Earth* (Oxford University Press, Oxford, 1987)

A.C. MacIntyre, *First Principles, Final Ends and Contemporary Philosophical Issues*. Aquinas Lecture (Marquette University Press, Milwaukee, WI, 1990)

D. Naugle, *Worldview: The History of a Concept* (W. B. Eerdmans, Grand Rapids, MI, 2002)

J. Needham, *Science and Civilisation in China*, vol. 2: *History of Scientific Thought* (Cambridge University Press, Cambridge, 1956)

F.S.C. Northrop, *Science and First Principles* (Macmillan, New York, 1931)

A.I. Oparin, *Life: Its Nature, Origin and Development.* Translated from the Russian by Ann Synge (Oliver and Boyd, Edinburgh, 1960)

J. Patterson, Respecting nature: a maori perspective. Worldviews Glob. Relig. Cult. Ecol. **2**(1), 69–78 (1998). https://doi.org/10.1163/156853598X00064

Z. Péter, *Világnézettani alapvetés* [*Grundlagen für eine Wissenschaft der Weltanschauung*] (Szerző kiadása, Debrecen, 1939)

C. Riviere, Soul, in *Encyclopedia of Religions*, vol. 13, ed. by M. Eliade et al. (Macmillan, New York, 1987), S. 426–427

R. Rosen, *Optimality Principles in Biology* (Springer, New York, 1967)

G.G. Simpson, Biology and the nature of science. Science **139**(3550), 81–88 (1963). https://doi.org/10.1126/science.139.3550.81

M. Stöltzner, The principle of least action as the logical empiricist's *Shibboleth*. Stud. Hist. Philos. Mod. Phys. **34**(2), 285–318 (2003). https://doi.org/10.1016/S1355-2198(03)00002-9

D. Sturm, Natural law, in *The Encyclopedia of Religion*, vol. 10, ed. by M. Eliade et al. (Macmillan, New York, 1987), S. 318–324

A. Szent-Györgyi, *Egy biológus gondolatai* [*Gedanken eines Biologen*] (Gondolat, Budapest, 1970)

B.P. Tokin, *Az elméleti biológia és Bauer Ervin munkássága* [*Theoretische Biologie und das Werk Ervin Bauers*] (Akadémiai Kiadó, Budapest, 1965)

P. Tompa, G.D. Rose, The Levinthal paradox of the interactome. Protein Sci. **20**(12), 2074–2079 (2011). https://doi.org/10.1002/pro.747

K. Wang, 王锟, 《怀特海与中国哲学的第一次握手》 [*Whiteheads erster Handschlag mit chinesischer Philosophie*] (北京大学出版社, 北京, 2014)

S. Weinberg, Reductionism redux. The New York Review, published 5 Oct (1995), https://www.nybooks.com/articles/1995/10/05/reductionism-redux/. Aufgerufen am 18. Januar 2023

W. Yourgrau, S. Mandelstam, *Variational Principles in Dynamics and Quantum Theory* (Sir Isaac Pitman and Sons, London, 1955)

A. Zee, *Fearful Symmetry: The Search for Beauty in Modern Physics* (MacMillan, New York, 1986)

Z. Zeng, Semantic criticism: the 'Westernization' of the concepts in ancient Chinese philosophy: a discussion of Yan Fu's theory of Qi. J. Artic. Front. Philos. China **6**(1), 100–113 (2011). https://doi.org/10.1007/s11466-011-0127-5

Attila Grandpierre (Ungarn) ist ein international renommierter Solarastronom, Quantenphysiker, Biologe, Kulturhistoriker, Musiker und Dichter. Er war viele Jahrzehnte lang Senior Research Fellow am Konkoly-Observatorium. Derzeit fungiert er als Direktor des Hungarian Ecological Civilization Institute, als Forschungspräsident des Budapest Centre for Long-Term Sustainability (BC4LS) in Budapest und arbeitet als Professor am Center for Economic Geography and Settlement Marketing, welches sich ebenfalls in Budapest befindet und zur John von Neumann Universität in Kecskemét, Ungarn, gehört.

Holographische Philosophie als Grundlage der Theorie des kosmischen Lebens

Chunyou Yan

Zusammenfassung

Das Grundkonzept der holographischen Philosophie wurde erstmals in den 1980er Jahren in China eingeführt. Sie wurde zunächst als Theorie der kosmischen Holographie bezeichnet und später in Theorie der kosmischen holographischen Einheit umbenannt. Die Hauptaussage der holographischen Philosophie ist, dass Teile alle Informationen des Ganzen enthalten. Im ersten Abschnitt dieses Kapitels wird der allgemeine Prozess des Aufkommens der holographischen Philosophie im modernen chinesischen Diskurs beschrieben. Der zweite Hauptabschnitt bietet eine Analyse der grundlegenden Prinzipien der holographischen Philosophie und diskutiert die Frage ihrer Beweisbarkeit. Die unvermeidliche Schlussfolgerung der holographischen Philosophie ist, dass das Universum ein unermessliches, lebendes Wesen ist und jedes seiner Teile ebenfalls Leben enthält. Der dritte Abschnitt liefert weitere Erläuterungen zum Prinzip der holographischen Philosophie. Aus dieser Sicht sind alle Dinge als Aspekte des kosmischen Lebens in verschiedenen Entwicklungsstadien zu betrachten, die sich alle immerfort zu höheren Lebenszuständen des Ganzen weiterentwickeln. Im vierten und letzten Abschnitt wird die hohe Bedeutung der holographischen Theorie ausführlicher und im Hinblick auf die Beziehung von Teil und Ganzem erörtert.

Chunyou Yan—Englische Ausgangsversion aus dem Chinesischen übersetzt von Bin Yang und David Bartosch.

C. Yan (✉)
Qifang College of Education, Xi'an International University, Xi'an, China
E-Mail: 86167@bnu.edu.cn

C. Yan
School of Philosophy, Beijing Normal University, Beijing, China

D. Bartosch et al. (Hrsg.), *Auf dem Weg zu einer Philosophie des kosmischen Lebens*,
https://doi.org/10.1007/978-981-97-9987-9_5

Schlüsselbegriffe

Holographie · Holographische Philosophie · Teile und Ganzes

Überblick zur chinesischen holographischen Philosophie

Der erste chinesische Artikel zur holographischen Philosophie war „Die holographische Theorie des Universums" („Yuzhou quanxi lun 宇宙全息论") von Wang und Yan (1985). In dieser Veröffentlichung schlugen wir das Konzept eines ‚kosmischen holographischen Prinzips' vor. Es wurde definiert in dem Sinne, dass ‚jeder Teil des Universums alle Informationen des Universums als Ganzes enthält'. In „Die holographische Theorie des Geistes" („Jingshen quanxi lun 精神全息论") (Wang und Yan 1986) wandten wir das holographische Prinzip an, um die Struktur des menschlichen Geistes zu analysieren. In dem Artikel „Das kosmische Gesetz der holographischen Wiederholung" („Yuzhou quanxi chongyan lü 宇宙全息重演律") (Wang und Yan 1987a) postulierten wir, dass der Entwicklungsprozess eines jeden Subsystems des Universums eine holographische Wiederholung des Prozesses der Systemerzeugung ist. In „Das geistige Gesetz der holographischen Wiederholung" („Jingshen quanxi chongyan lü 精神全息重演律") wird das Phänomen der holographischen Wiederholung in Bezug auf den menschlichen Geist (Wang und Yan 1987b) diskutiert. In dem Aufsatz „Die Theorie der kosmischen holographischen Einheit" („Yuzhou quanxi tongyi lun 宇宙全息统一论") (Wang und Yan 1987c) wurde die Theorie der kosmischen Holographie in ‚Theorie der kosmischen holographischen Einheit' umbenannt.

Im Jahre 1988 wurden zwei Bücher veröffentlicht: *Die Theorie der kosmischen holographischen Einheit* (*Yuzhou Quanxi Tongyi Lun* 《宇宙全息统一论》) (Wang und Yan 1988a) und *Die Wissenschaft der kosmischen Einheit* (*Yuzhou Tongyi Kexue* 《宇宙统一科学》) (Wang und Yan 1988b). Hiermit erkundeten die Autoren systematisch und auf tiefgreifende Weise die Hauptfragen und Inhalte der holographischen Philosophie. Die Monographie *Die Theorie der kosmischen holographischen Einheit* wurde in den Jahren 1990, 1992, 1995 und 1998 neu aufgelegt. Im Jahre 1991 wurde *Die Theorie der kulturellen Holographie* (*Wenhua Quanxi Lun* 《文化全息论》) veröffentlicht (Yan und Yan 1991). In dem Werk wird die holographische Philosophie auf das Studium kultureller Phänomene angewandt. *Das Geheimnis des Geistes: Holographische Noologie* (*Jingshen Zhi Mi: Quanxi Jingshenxue* 《精神之谜——全息精神学》) beinhaltet eine Analyse der menschlichen Geistesstruktur aus der Perspektive der holographischen Philosophie (Yan 1991).

Im Jahre 1996 wurde „Umriss der holographischen Philosophie" („Quanxi zhexue lungang 全息哲学论纲") veröffentlicht (Yan 1996). In diesem Werk wird die Verwandtschaft verschiedener philosophischer Systeme mit dem holographischen Prinzip diskutiert. Der Artikel „Der Vorteil der holographischen Theorie im Vergleich zu Systemtheorie und Reduktionismus" („Quanxi lun dui xitong lun yu huanyuan lun de chaoyue

全息论对系统论与还原论的超越“) befasst sich mit der Beziehung von holographischer Theorie, Systemtheorie und Reduktionismus (Yan 2008a). Der Autor veröffentlichte zudem auch den Aufsatz „Einführung in die holographische Philosophie“ („Quanxi zhexue yinlun 全息哲学引论“) (Yan 2008b), in dem der Entwicklungsprozess der holographischen Philosophie analysiert wird.

Beweis des grundlegenden Satzes der holographischen Philosophie

Das einzige grundlegende Prinzip der holographischen Philosophie ist, dass Teile alle Informationen des Ganzen enthalten. Tatsächlich ist diese Ansicht nicht neu. Sie existiert seit der Antike, sowohl in China als auch im Westen.

Zum Beispiel ist die Traditionelle Chinesische Medizin (TCM), die sich seit zweitausend Jahren entwickelt hat, in zweierlei Hinsicht mit diesem Standpunkt verbunden. Erstens wird in der TCM jeder Teil des menschlichen Körpers als Abbild des gesamten menschlichen Körpers betrachtet. Zum Beispiel entsprechen die Akupunkturpunkte auf dem Ohr dem gesamten menschlichen Körper, und jeder Akupunkturpunkt auf dem Ohr entspricht einem Organ des Körpers. Das Ohr ähnelt einem auf den Kopf gestellten Fötus, etc. Zweitens sind die Menschen und alle Wesen und Dinge zwischen Himmel und Erde eins. Dies wird als „Einheit von Himmel und Mensch“ (*tian ren he yi* 天人合一) bezeichnet: Der Himmel und die Menschen entsprechen einander, und der Mensch ist ein Mikrokosmos von Himmel und Erde.

Es gibt eine ähnliche Auffassung im Buddhismus, die insbesondere im *Avatamsaka Sutra* (*Huayanjing* 华严经) ihren Ausdruck fand. Der Mahayana-Buddhismus beschreibt das gesamte Universum als ein kosmisches Netzwerk miteinander verbundener Aspekte. Entsprechend der Allegorie von Indras Netz im *Avatamsaka Sutra*, wird dieses als ein unermessliches, mit Edelsteinen besetztes Netz vorgestellt, welches im Palast des Gottes Indra hängt. In jedem Edelstein werden dabei alle anderen Edelsteine des Netzes reflektiert. Jedes Objekt in der Welt ist genau so: Sie sind, was sie sind, indem sie alle anderen Objekte jeweils implizit enthalten und tatsächlich alle anderen Objekte sind. „Unzählige Buddhas erscheinen in jedem Staubkorn.“ „Indras Netz“, welches das gesamte Universum durchdringt, symbolisiert die unendliche Verbindung von allem mit allem im bzw. als Universum. Seine Horizontale durchquert den Raum, und seine Vertikale durchläuft die Zeit und schafft dabei permanent jedes Wesen an beider Überschneidung. Diese Wesen sind Körner, d.h. unendliche „transparente“ Objekte. Das Licht des „Göttlichen“ beleuchtet und durchdringt jedes Korn, und der Geist der Information reflektiert und erreicht jedes Objekt. Jedes Körnchen reflektiert nicht nur das Licht jedes anderen Körnchens, sondern auch das Licht, welches vom gesamten Universum reflektiert wird. Im Wesentlichen reflektiert jedes Objekt nicht nur die Informationen eines jeden Objekts, sondern auch die Informationen, die vom gesamten Universum widergespiegelt werden.

Die Theorie der Realität oder *paramattha* im Tiantai-Buddhismus betont „dreitausend Reiche in einem einzigen Moment des Lebens" (*yi nian san qian* 一念三千), was bedeutet, dass selbst eine sehr kurze Periode gedanklicher Aktivität das gesamte Universum enthält. In einem einzigen Moment aller Lebewesen sind alle Phänomene und alle Bereiche (des Ganzen) verbunden. Und alle Phänomene und Bereiche sind in jedem einzigen Moment inhärent. Mit jedem einzelnen Ding im Universum verhält es sich genau so. Es besteht keine Notwendigkeit, dass sie sich auf andere Dinge verlassen. Daher sind jedes einzelne Ding und alle Lebewesen je an und für sich bereits harmonisch und autark, oder mit anderen Worten, sie sind in keiner Weise eingeschränkt.

Im späten 6. und frühen 5. Jahrhundert v. Chr. glaubte Alkmaion, ein pythagoreischer Philosoph und medizinischer Schriftsteller des antiken Griechenland, dass der Mensch ein kleines Universum bzw. ein Mikrokosmos sei. Der menschliche Körper ist demnach ein Spiegelbild der Struktur der Welt. Der italienische Renaissancephilosoph Giordano Bruno (1548–1600) glaubte, dass jeder Bruchteil der Materie andere Bruchteile enthalte, sodass er letztlich die ganze Welt einschließe, und daher jeder Bruchteil der Materie die Weltseele in sich trage. Gottfried Wilhelm Leibniz (1646–1716) entwickelte das berühmte Verständnis der Monadologie. Es besagt, dass jede Monade das ganze Universum reflektiert – nicht nur das gegenwärtige Universum, sondern auch die Vergangenheit und Zukunft des Universums – und dass jede Monade Empfindungen hat.

Daher bedeutet die Ansicht des vorliegenden Autors auch eine Art zusammenfassender Revision ähnlicher Anschauungen von der Antike bis zur Neuzeit. Hieraus ergibt sich die wiederum die Frage: Was sind die Unterschiede zwischen der hier vorliegenden Perspektive und den früheren?

Zunächst einmal verstehe ich diese Art von gegenseitiger Inklusivität aus der Perspektive der Information, d.h., was in jedem Teil der Materie oder der Welt enthalten ist, sind nicht die Substanzen von Dingen oder die realen Dinge, sondern deren Informationen. Mit anderen Worten, es handelt sich um virtuelle und keine tatsächlichen Existenzen. Viele der vorhergehenden Standpunkte mündeten in Mystizismus. Der Grund dafür ist, dass sie nicht der Informationsperspektive folgten. Zweitens wurde diese neue Ansicht erst im Rahmen der holographischen Philosophie zum ersten Mal systematisch und grundlegend aus der kombinierten Perspektive von Information und Holografie dargelegt. Drittens ist meiner Ansicht nach das grundlegendste Charakteristikum der Holographie in ihren intrinsischen Eigenschaften zu suchen. Mit anderen Worten, jeder Teil des Universums oder der Materie enthält alle Informationen des Universums oder der Materie, nicht nur, wie in der Vergangenheit oft angenommen, die gegenseitige Reflexion und Interaktion zwischen den Dingen. Auf diese Weise kann sich jeder Teil des Universums, wenn er sich weiterentwickelt, zu einem kleinen Universum entfalten.

Wie sollte man nun diesen Vorschlag verstehen und beweisen? Zunächst einmal müssen wir das Konzept der Information verstehen. Es gibt unterschiedliche Bedeutungsweisen von ‚Information', die je nach Fachdisziplin stark variieren können. Mit ‚Information' meine ich hier die Summe aller Attribute des Seins selbst. Diese Attribute umfassen die Modalität, Form, Struktur, Natur, Fähigkeit und alle Eigenschaften des Objekts. Offensichtlich entstammt diese Definition der Perspektive der Ontologie und ist auf die ontologische Information der Dinge bezogen.

Gleichzeitig wird der Begriff aber auch aus der Perspektive der Erkenntnistheorie bestimmt. Da Information ‚alle' Attribute umfasst, muss sie auch die Attribute enthalten, die wir nicht kennen. Daher bedeutet ‚Information' die Summe jeder bekannten und unbekannten Information. Und der Vorschlag, dass Teile jede Information des Ganzen enthalten, bedeutet, dass alle Teile jeweils jede bekannte und unbekannte Information des Ganzen enthalten. Dies repräsentiert jedoch, wie gesagt, ein Informationsverständnis aus der Perspektive des Bereichs der menschlichen Erkenntnis. Hinsichtlich der Dinge an und für sich selbst lässt sich hingegen kein Unterschied zwischen bekannter und unbekannter Information feststellen.

Dieser Vorschlag kann im Sinne der These erweitert werden, dass alles im Universum die gesamte Information des Universums enthält. Das Universum ist das größte Ganze, das wir beschreiben können, und alles andere ist ein Teil davon. Diese Proposition wiederum weist sowohl den Aspekt der Beweisbarkeit als auch den der Unbeweisbarkeit auf.

Beginnen wir mit ihrer Unbeweisbarkeit: Alle Propositionen haben ihren Anwendungsbereich und ihre Grenzen der Beweisbarkeit, d.h., sie weisen alle auch das Merkmal der Unbeweisbarkeit auf, und so auch diese Annahme. Da sie das gesamte Universum betrifft, kann sie als absolute Proposition angesehen werden. Da sie absolut ist, ist sie schwer zu beweisen. Sie kann jedoch als sich selbst erklärende Proposition aufgefasst werden – wobei aber eine Wahrheit qua ‚Selbstevidenz' zu „beweisen" einen letzten Ausweg darstellt, denn die menschliche Erkenntnis erfordert immer eine endlose Kette von Beweisen. Da es jedoch unmöglich ist, *ad infinitum* immer weiter beweisen zu wollen, müssen wir auf ‚Selbstevidenz' zurückgreifen, um die Beweiskette zu beenden. Die ultimative Proposition aller Theorien entspricht genau dem – sie eröffnet deren Nicht-Beweisbarkeit. Ihre Nicht-Beweisbarkeit muss erwiesen werden. Nur auf dieser Basis kann eine Proposition vollständig bewiesen werden.

In welchem Sinne ist unsere Annahme nun unbeweisbar? Gibt es nicht viele wissenschaftliche Beispiele, um sie zu beweisen? Es gibt in der Tat viele Menschen, die in der Lage waren, viele praktische und wissenschaftliche Beispiele der Holographie zu enthüllen, wie holographische Fotografie oder biologische Holographie. Diese betreffen jedoch endliche Bereiche. Sie können lediglich die Anwendung des Prinzips der Holographie in einigen Bereichen belegen, nicht jedoch deren Gültigkeit in Bezug auf einen unendlichen Bereich. Mit anderen Worten, sie können die Gültigkeit der Holographie im philosophischen Sinne nicht erweisen. Jene Ebene wissenschaftlicher Beweise kann philosophische Beweisführung nicht ersetzen.

Die Schwierigkeit, die vorliegende Proposition zu beweisen, liegt also im Bereich des ‚Ganzen'. Wenn die These in ‚Teile enthalten Teile oder begrenzte Informationen des Ganzen' abgewandelt wird, kann sie erhärtet werden, indem gezeigt wird, dass Teile eine Art von Information des Ganzen enthalten. Das ‚Ganze' kann jedoch nicht bewiesen werden, es sei denn, das ‚Ganze' wäre als ein endliches Ganzes gedacht. Wenn alle Informationen des Universums endlich sind, sollte diese Proposition früher oder später wissenschaftlich bestätigt werden können. Ein endliches Universum ist jedoch unvorstellbar. Wie sollen wir uns überhaupt vorstellen können, dass das Universum einen Anfang und ein Ende hat? Und was wäre vor dem Anfang und nach dem Ende? Wäre dies auch das Universum? Ebenso ist es nicht möglich, sich etwas „jenseits" des Universums vorzustellen, da es immer noch einen Teil des Universums darstellen würde. Daher kann das Universum nicht endlich sein. Ein unendliches Universum ist jedoch ebenfalls unvorstellbar. Wir können uns nicht vorstellen, dass es keinen Anfang, keine Grenze und kein Ende des Universums gibt, und es ist sicherlich ziemlich einschüchternd, darüber nachzudenken. Tatsächlich ist das Universum in unserem Geist immer selbstzentriert. Mit anderen Worten, das Universum in unserem Geist ist immer noch ein endliches Universum, wie es durch die beiden chinesischen Zeichen *yu* 宇 (Raum) und *zhou* 宙 (Zeit) angezeigt wird.

Da das Universum nur unendlich sein kann, so wird unsere Proposition darauf hinauslaufen, dass die Teile unendliche Informationen enthalten. Das unendliche Universum muss unendliche Information(en) enthalten. Es ergäbe keinen Sinn, zu sagen, dass ein unendliches Universum endliche Informationen enthielte. Auf der anderen Seite kann die Annahme, dass Teile alle Informationen des Ganzen enthalten, niemals empirisch bewiesen werden. Wenn Teile des Universums tatsächlich alle Informationen des Universums enthalten, könnten wir niemals alle Informationen identifizieren, die in einem solchen endlichen Teil enthalten sind.

Wenn wir diese wichtige Proposition zur ultimativen Grundlage einer Theorie machen, aber diese Proposition nicht beweisen können – ist das dann nicht absurd? Worin bestünde in diesem Fall der Sinn, diese Proposition zur Grundlage weiterer Deduktionen zu machen? Leider ist nicht nur die vorliegende Theorie absurd, sondern alle anderen auch. Die absolute Grundlage jeder Theorie kann nicht bewiesen werden. In dieser Hinsicht wird das höchste bzw. letzte Prinzip, wie Oswald Spengler (1880–1936) einmal bemerkte, zu einer Angelegenheit des Glaubens (Spengler 1988). Ein solcher „Glaube" ist sicherlich niemals unbegründet. Unbegründeter Glaube ist gar kein Glaube, sondern bloßes Wunschdenken. Die meisten jener glaubensbasierten Haltungen basieren auf Erlebnissen und ineffablen oder nicht vermittelbaren Zuständen jenseits der Empirie, die ästhetische Gefühle, Ehrfurcht sowie mystische Einsichten und Gefühle auslösen, die die Grundlage besagter höchster oder letzter Prinzipien und damit verbundener „Glaubenssätze" zum Ausdruck bringen, soll heißen, die die ultimative Quelle dieser Prinzipien widerspiegeln. Aristoteles' unbewegter Beweger, der christliche Gott, Hegels absoluter Idealismus, Spinozas Substanzbegriff, Leibniz' prästabilierte Harmonie, Kants freier Wille, Schopenhauers Willensmetaphysik, Heideggers Existenzphilosophie usw. repräsentieren alle jeweils solche absoluten Propositionen mit glaubensbezogener Bedeutung.

Andererseits liegt unserer Proposition eine gewisse Beweisbarkeit zugrunde. Aus einem relativen Standpunkt heraus kann sie bewiesen werden:

(1) Sie kann aus einem indirekten oder negativen Standpunkt heraus bewiesen werden. Es ist wichtig zu beachten, dass, wenn das Universum nicht holographisch wäre, es dann auch unverständlich sein müsste. Da wir das Universum in einem gewissen Sinne verstehen können, so deutet dies darauf hin, dass es dem holographischen Prinzip folgt. Wenn das Universum diesem Prinzip nicht folgen würde, so würde dies bedeuten, dass das Universum ‚hier' absolut anders wäre als das Universum ‚dort'. Auf diese Weise könnte unser Verständnis des Universums ‚hier' nicht auf ‚dieses' Universum angewendet werden und das Universum ‚dort' wäre unbekannt. Wenn dies der Fall wäre, so wäre jedwede Erkenntnis unmöglich, da keine Einsicht allgemein übertragbar wäre und jeweils nur eine aktuelle, einzigartige Erfahrung widerspiegeln würde. Auf dieser Basis hätte sich niemals irgendeine Form von menschlichem Wissen gebildet haben können. Dies ist offensichtlich nicht der Fall, und das Gegenteil ist wahr. Dies beweist, dass das Universum ‚dort' mit dem Universum ‚hier' vereint ist, d.h., es enthält dieselbe Information.

(2) Auch im Blick auf das Universum selbst lässt sich ein negativer Beweis erbringen, dass das Universum selbst ebenfalls holographisch sein muss. Denn wenn dies nicht der Fall wäre, so gäbe es keine Ordnung und Gesetzmäßigkeit. Wenn das Universum nicht holographisch wäre, so wäre es überall anders. Wenn es überall anders wäre, so wiese es keine Einheit, geschweige denn jene Gesetzmäßigkeiten und Ordnungsmuster auf, welche die wesentliche Bedingung der Einheit erfordern. Das bestehende Universum repräsentiert strikte Gesetzmäßigkeit und Ordnung, was somit im Ganzen auf seinen holographischen Charakter hinweist, der von holographischen Zwängen und der holographischen Einbeziehung von Informationen zwischen verschiedenen Teilen des Universums sowie Teilen und Universum geprägt ist.

(3) Unsere Proposition kann im Blick auf menschliche Erkenntnis bewiesen werden. Menschliche Erkenntnis folgt ebenfalls dem holographischen Prinzip. Genauer gesagt, schließt sie immer vom Teil auf das Ganze und leitet das Unbekannte aus dem bereits Bekannten ab. Dies weist darauf hin, dass das Ganze (der Erkenntnis) im Teil und das Unbekannte im Bekannten bereits implizit angelegt ist. Andernfalls wäre eine solche Art von Schlussfolgerung und Erkenntnis nicht möglich. Newton hat nicht das gesamte Universum gemessen, um das allgemeine Gesetz der Gravitation zu entdecken. Tatsächlich hat er auf Basis der Datenlage, die aus einem sehr kleinen Bereich hier auf der Erde resultierte (welcher nur einen „Punkt" im Universum repräsentiert), diese auf das gesamte Universum übertragen. Alle menschliche Erkenntnis funktioniert so. Sie schreitet von bestehendem Wissen zu noch unbekanntem Wissen voran und erweitert begrenztes Wissen *ad infinitum*. Dieses holographische Prinzip der Erkenntnis ist die ultimative Voraussetzung aller kognitiven Aktivitäten. Andernfalls könnte es keine Erkenntnis geben.

(4) In diesem Zusammenhang können wir einen positiven Beweis erhalten, der tatsächlich die Selbstevidenz des holographischen Prinzips betrifft. Wenn es Holographie im Universum gibt, dann können wir, solange es ein holographisches Phänomen im Universum gibt, die holographische Natur des Universums zeigen, da alles im Uni-

> versum alle Informationen des Universums enthalten soll. Daher können nun, aus dieser Sicht, sowohl physikalische Holographie als auch biologische Holographie die Existenz der kosmischen Holographie belegen, da es vor dem Hintergrund des Gesagten keine absolut isolierten Phänomene im Universum geben kann. Das Vorhandensein dieser holographischen Phänomene muss dann eine universelle Grundlage haben. Die Natur jeder besonderen Sache stellt eine Manifestation der Universalität des Universums dar.

Daher ist Erfahrung selbst kein besonderes Etwas, sondern hat Universalität. Erfahrung, insbesondere das Lernen durch persönliche Erfahrung, stellt einen sehr besonderen Aspekt dar. Es gibt jedoch immer noch universelle Eigenschaften in den konkretesten Fakten. Und das ist der Grund, warum universelles Wissen aus Erfahrung entstehen kann.

‚Erfahrung' bedeutet hier nicht gewöhnliche Erfahrung. Gewöhnliche Erfahrung repräsentiert die Aktivitäten der Sinnesorgane, wie Sehen, Hören, Schmecken und Berühren. Diese Aktivitäten haben sicherlich ihre Universalität. Nur Menschen mit einem sensiblen, klaren und auf Weisheit ausgerichteten Geist – anstelle eines stumpfen – können sich jedoch eine unermessliche Welt aus diesen oberflächlichen Empfindungen erschließen. Dies ist mit einem anderen Thema der holographischen Theorie verbunden, nämlich der Innerlichkeit der Holographie. Menschen, die fragen, warum sie nicht feststellen können, dass alles jeweils die Information des gesamten Universums enthält, übersehen, dass der Grund gerade darin zu suchen ist, dass sie das Universum lediglich mit ihren bloßen Augen betrachten und nicht mit ihrem Geist. Der bloße Augensinn bleibt ohne philosophischen Scharfsinn in einem sehr eingeschränkten Zustand.

Die primäre Bedeutung der Holographie ist nicht die einer universellen Verbindung, wie manche sagen. Wenn es so wäre, gäbe es nichts Neues. Die Innerlichkeit der Holographie bedeutet, dass das Innere jeder Sache selbst und das Innere jedes Teils des Universums die Information des gesamten Universums enthält. Genauer gesagt, alles enthält die Informationen aller Eigenschaften der Materie. Dies bedeutet, dass die inhärenten Informationen von allem und jedem Teil des Universums dem Universum entsprechen. Wenn allem unbegrenzte Entwicklung zugestanden wäre, so könnte alles im Universum aus allem oder aus jedem Teil davon entwickelt werden, was zur Entstehung eines neuen Universums führen würde. In diesem Sinne ist jede Sache oder jeder Teil ein kleines Universum, ein Universum aller Informationen.

Daher ist kein Teil des Universums tot, sondern jeder ist lebendig, und jeder Teil enthält alle Informationen des Lebens. Das Universum selbst ist ein ewiges Leben, und alles und jedes ist ein integraler Bestandteil dieses ewigen Lebens. Was wir für gewöhnlich ‚Leben' nennen, ist nur eine Phase, eine Form und ein Moment dieses allgewaltigen Lebens. Alle Dinge repräsentieren nur verschiedene Ausprägungen dieses (kosmischen) Lebens in verschiedenen evolutionären Stadien, und sie entwickeln sich alle in allem fortwährend zu höheren Zuständen dieses einen Lebens.

Das Wort ‚Leben' wird hier nicht im Sinne einer Metapher gebraucht. Das Universum ist tatsächlich das Leben (Selbst). Das Universum selbst existiert und bewegt sich für immer. Seine Energie ist so immens und unvorstellbar, wie seine Vitalität übermächtig ist. Da wir uns kein sogenanntes „Leben" im herkömmlichen, eingegrenzten Sinne vorstellen können, welches damit vergleichbar wäre, wie könnte es dann kein Leben sein? Im Prozess der ewigen Bewegung ändert das Universum ständig seine bestehenden Formen und verwandelt sich fortwährend von einer neuen Sache zur anderen. Welcher Aspekt des sogenannten „Lebens" hätte eine so starke Vitalität vorzuweisen? Und welcher hätte eine so große Fähigkeit zur Veränderung? Solange es eine solche Fähigkeit gibt, alles unter allen Dingen zu verändern und zu transformieren, kann diese Ewigkeit abbilden. Das Universum repräsentiert ein solches ewiges Leben. Es wird ständig aus dem Tod aller einzelnen Dinge neu geboren. Der Tod der Dinge ist nur eine Brücke für das Universum, um von einem Leben zum anderen überzugehen. Das Universum wird für immer aus diesem ewigen Tod heraus neu geboren.

Es versteht sich von selbst, dass die Informationen des kleinen Universums bzw. anderer Dinge, die in allen Teilen enthalten sind, nur unter bestimmten Bedingungen hervortreten können. Ein Stein kann niemals direkt zu einem Schwein werden. Unter bestimmten Bedingungen könnte er es jedoch. Um jedoch zu einem echten Universum zu werden, würde es unendliche Voraussetzungen erfordern, und es würde unendliche Informationen erfordern, die unendlich in Zeit und Raum erscheinen müssten. Dies ist unmöglich, da das Universum bereits diese unendliche Voraussetzung aufweist. Daher können einzelne Dinge oder Teile nur endliche Voraussetzungen haben.

Aus diesem Grund können endliche Dinge oder Teile nur eine begrenzte Menge an Information(en) offenbaren. Jedes Ding ist bestrebt, mehr intrinsische Informationen von sich aus zu manifestieren, aber diese Fähigkeit wird zugleich durch seine Voraussetzungen begrenzt. Daher können die Dinge nur als spezifische Dinge offenbart werden. Wenn verschiedene Arten von Dingen angeordnet werden, wird jedes zu einem Glied in der gesamten kosmischen Kette, zu einem Element, das sich „vorwärts" bewegt und versucht, ein Ding auf einem höheren Niveau zu werden; jedes und alles versucht, ein Ganzes und ein Universum zu werden. Dies bedingt eine Reihe von unzähligen Niveaus, von niedrigen bis hohen. Die unteren Ebenen sind durch die höheren begrenzt, können aber nicht zu einer höheren Ebene werden. Alle Ebenen sind durch das Universum als Ganzes eingeschränkt. Betrachtet man es als Prozess, kann es im Sinne einer Theorie der kosmischen Evolution expliziert werden.

In diesem Sinne kommt jedem Wesen Unendlichkeit zu, und alles und jedes enthält unendliche Informationen. Diese Unendlichkeit ist jedoch im kleinen Universum potentiell, d.h., jedes Wesen ist nur eine potentielle Unendlichkeit und nicht eine reale. Es kann kein echtes Universum werden, aber es erbt die Möglichkeit unendlicher Entwicklung, bzw. diese Unendlichkeit ist ein Potential im endlichen Ding. Daher ist jedes Wesen nur ein potentielles Universum, d.h., eine potentielle Unendlichkeit. Die unendliche Information, die es enthält, ist ähnlich wie potentielle Informationen zu betrachten, die nicht enthüllt werden.

Da jedes Ding alle Informationen des Universums enthält, warum kann dann keines von ihnen alle Informationen darstellen? Dies ist nicht schwer zu erklären. Endliche Information kann nur in (endlichen) zeitlichen und räumlichen Verhältnissen dargestellt werden, und die Informationen auf einer bestimmten Ebene können nur auf dieser Ebene repräsentiert werden. Da es notwendig ist, ein Ganzes zu bilden, begrenzt darüber hinaus ein hemmender Effekt des Ganzen die Darstellung aller in den Teilen enthaltenen Informationen. Das ist wie bei unserem Körper. Obwohl jedes Organ und sogar jede Zelle alle Informationen des gesamten Körpers enthält, müssen diese als Teile des Körpers innerhalb des jeweiligen Rahmens einer bestimmten Form existieren und können sich nicht unbegrenzt entwickeln. Andernfalls würden sie, anstatt einen ganzen Körper zu bilden, in einen Prozess kontinuierlicher Auflösung eintreten. Dasselbe gilt für die menschliche Gesellschaft. Jeder hat das Recht, Präsident zu werden, aber nicht jeder kann diese Position erreichen. Andernfalls würde die Gesellschaft zerfallen, und jeder wäre ein „Land" für sich. Daher kann jeder Teil nur einige spezifische Informationen repräsentieren und nicht alle Informationen, die in jedem implizit vorliegen. Wenn jeder Teil nicht bereit wäre, ein Teil des Ganzen zu werden, würden schließlich alle Teile gemeinsam zugrunde gehen. Wenn ein Teil kein Teil eines Ganzen wäre, so würde er zugrunde gehen. Und er könnte letztlich gar nicht als ein „Teil" bezeichnet werden, weil jeder echte Teil notwendigerweise zu einem Ganzen gehört.

Dieser interne oder intrinsische Aspekt der Holographie kann nicht vollständig qua Erfahrung verifiziert werden. Die in allem enthaltenen Informationen sind unendlich, was empirisch nicht bewiesen werden kann. Aber wir können das Beweisverfahren durch theoretische Deduktion fortsetzen:

Erstens wird allgemein akzeptiert, dass die Transformationen, die sich im Bereich des Dinglichen vollziehen, sowohl erfahrbar als auch universell sind. Solche Transformationen wären unmöglich, wenn die transformierten Dinge nicht in gewisser Weise in den ursprünglichen bzw. vorhergehenden Dingen und Zuständen implizit enthalten wären. Andernfalls würde keine Transformation stattfinden. Einige Leute erkennen dies nicht und sagen, dass die Erscheinung eines neuen Dinges eine wesentliche Veränderung bedeutet, und dass dieses Novum nicht in einem vorhergehenden „ursprünglichen" Ding implizit sein kann. Wenn ein neues Ding ursprünglich nicht in anderen Dingen enthalten wäre, würde dies bedeuten, dass es nicht aus einem ursprünglichen Ding abgeleitet würde. Woher würde es dann aber kommen? Die einzige Möglichkeit wäre, dass es von überall und von allem herkommen könnte, und dass alles zu allem werden könnte. Tatsächlich können sich jedoch bestimmte Dinge nur in spezifische neue Dinge verwandeln. Dies zeigt, dass diese Transformativität aller Dinglichkeit ihre eigene, intrinsische „Logik" impliziert und dass jede neue Sache oder Entität logisch gesehen in einem (vorhergehenden) ursprünglichen Ding verborgen bzw. angelegt gewesen sein muss. Andernfalls würde eine solche Transformation ja nicht stattfinden können. Wahrscheinlich wird jeder zugeben, dass dieser allgemeine Transformationsprozess nicht enden wird, d.h. unendlich bzw. unbegrenzt sein sollte. Alles hat das Potential, unendliche Transformationshorizonte zu manifestieren, was darauf hinweist, dass es unendlich(e) konvertierbare Information(en) enthält.

Zweitens zeichnet sich das Universum durch Ganzheitlichkeit aus, d.h., alles im Universum bildet ein ko-integriertes Ganzes, in dem alle Teile bzw. alle Dinge wechselseitig reguliert werden. Ohne diese wechselseitige Regulation würde das Universum keine solche strikte Gesetzmäßigkeit zeigen. Durch wechselseitig implementierte Regulation ist jedes Ding oder Wesen bzw. jeder Teil mit dem gesamten Universum integrativ verbunden. Jeder Teil steht in allseitiger Relation zum gesamten Universum. Durch diese wechselseitige Regulation wird die Information aller Dinge im Universum zwischen den verschiedenen dinglichen Zentren ausgetauscht. Mit anderen Worten, jede Entität empfängt die Informationen anderer Wesen und Sachen. Das Universum als Ganzes reguliert alles. Diese Selbstregulation leitet Information, die dem Universum als Ganzem inhäriert, in jedes Ding und in jeden Teil (dieses lebendigen Ganzen). Ohne diesen Input von Informationen wäre es unmöglich, etwas zu regulieren und zu beschränken. Das Universum ist jedoch unendlich. Wie reguliert das unendliche Universum ein endliches Ding? Wir können nur auf diese Weise antworten: Das unendliche Universum reguliert unendliche Dinge mit unendlicher Macht und unendlicher Methodenvielfalt auf unendliche Weise. Diese (universale) Form der Regulation geht weit über unser Erkenntnisvermögen hinaus, denn unabhängig davon, wie klein ein Teil des Ganzen ist, man denke zum Beispiel an ein Sandkorn oder Partikel, jeder Teil unterliegt jener unendlichen Regulation.

Es versteht sich von selbst, dass dies nur unser Verständnis bzw. eine Konjektur repräsentiert. Es wird keine endgültige Antwort darauf geben, wie diese holographische Natur tatsächlich entsteht. Die holographische Natur ist unendlich. Es kann keine endgültige Antwort auf etwas geben, das unendlich ist.

Aus dem Vorstehenden ergibt sich, dass jedes Ding oder jeder Teil unendliche Informationen enthält, jedes/jeder enthält die gesamte Information und nicht nur endliche Informationen. Wenn jedes Ding nur endliche Informationen enthalten würde, so wäre es nicht holographisch. Viele Leute argumentieren, dass die Holographie unvollständig sei, weil wir nicht alle Informationen über das Ganze aus den Teilen erhalten können. Da wir nur endliche Informationen wahrnehmen können, bestünde ihrer Ansicht nach das Wesen der Holographie in „Ähnlichkeit“. Wenn dies wahr wäre, so wäre das Konzept der Holographie bedeutungslos. Die Holographie muss total sein, und die Informationen, die sie enthält, müssen unendlich sein, d.h., (universelle) Holographie ist absolut.

Warum ist sie absolut? Warum und wie enthalten endliche Dinge unendliche Information, oder besser gesagt, unendliche kosmische Information? Dies liegt von Natur aus jenseits unserer Auffassungsgabe. Aber was hier ‚unvollständig‘ bedeutet, ist nicht das Sein an sich, sondern unser Erkenntnisvermögen. Der Faktor ‚holographischer Unvollständigkeit‘ wird durch unsere begrenzten kognitiven Fähigkeiten verursacht, nicht durch das Sein selbst. Die angebliche Unvollständigkeit der Holographie ist auf unsere begrenzte Erkenntnisfähigkeit zurückzuführen.

In Bezug auf die Dinge selbst wird die (vermeintliche) „Unvollständigkeit“ durch die besagte Hemmung verursacht, die das gesamte Universum und alle anderen Dinge auf ein konkretes Ding oder einen Teil ausüben. Die Hemmung oder Beschränkung führt zur

Darstellung bestimmter, endlicher Informationen oder einiger spezifischer Informationen, während andere Informationen nur potentiell existieren. Da die unendlichen Informationen unendlich potentiell sind, haben wir keine Chance, sie als solche zu empfangen. Was wir wahrnehmen, ist nur eine oberflächliche oder flachere Ebene perzeptibler Informationen. Tatsächlich hat jedes Ding oder jeder Teil die Fähigkeit, ein Universum zu werden. Wenn ihm unendliche Zeit und Raum gegeben würden, könnte es, wie gesagt, unendliche Information manifestieren. Jedes Ding ist potentiell unendlich und impliziert daher eine unbeschränkte Welt.

Die in jedem Teil enthaltenen Informationen sind nicht dem Bereich des Unbelebten, sondern dem des Lebens zuzurechnen. Sie sind nur inaktiv, in einem Ruhezustand, aber nicht „tot". Sobald, um im Gleichnis zu reden, der Tag hell heranbricht, werden sie erwachen. Die verborgenen Informationen sind jederzeit bereit, eine unendliche Reise anzutreten.

(5) Unsere Position kann im Hinblick auf die Quelle aller Information bewiesen werden. Das grundlegende Prinzip, das von der holographischen Philosophie aufgestellt wurde, ist, dass Information nicht aus dem Nichts kommen kann, sondern nur aus dem Sein. Und dieses Prinzip selbst validiert die holographische Philosophie in einem sehr grundlegenden Sinne.

Wir können über die folgenden Fragen nachdenken: Woher kommen die Dinge im Universum? Woher kommen neue Dinge? Sind sie absolut neu? Mit anderen Worten, erscheinen sie plötzlich, ohne jemals zuvor in irgendeiner Form existiert zu haben? Der Kern dieser Fragen zielt darauf ab, ob es im Universum eine absolute Schöpfung gibt, oder ob neue Dinge bereits in anderen Formen existierten und die sogenannten „neuen Dinge" nur eine Manifestation davon sind. Ich denke, nur Letzteres macht hier Sinn, während die erste Annahme unvorstellbar ist.

Woher kommt die neue Information in einem System? Einige Leute glauben, dass sie von außerhalb des Systems kommt. Mit anderen Worten, das Auftreten neuer Dinge liegt in der Hinzufügung neuer Informationen von außerhalb des Systems. Wir können dies zum Zwecke der weiteren Argumentation einmal weiterverfolgen: Dieser Logik zufolge müssten wir jedoch zu dem absurden Schluss kommen, dass Dinge im Universum nur von außerhalb des Universums kommen können. Das Universum ist das größte System, das wir uns vorstellen können. Wenn das Auftreten neuer Dinge von Informationen außerhalb eines Systems abhängen würde, könnten wir nur sagen, dass das Auftreten von Dingen im Universum auf eine Hinzufügung neuer Informationen von außerhalb des Universums zurückzuführen wäre. Dies wäre jedoch absurd, da das (unendliche) Universum keinen „Außenraum" haben kann.

Dies kann veranschaulicht werden, indem man ein kleines System – die Erde – als Beispiel nimmt. Woher kommen die Organismen auf der Erde? Nach der oben genannten Ansicht müssten sie aus dem Zusammenspiel verschiedener Faktoren außerhalb der Erde ableitbar sein, ohne die keine Organismen auf der Erde möglich wären. Wenn unser Planet ein geschlossenes System wäre, könnte kein Leben auf der Erde entstanden sein. Wir können dies akzeptieren. Die Tatsache, dass bis jetzt kein Leben außerhalb der Erde definitiv gefunden wurde, lässt sich so deuten bzw. widerspricht nicht der Annahme, dass (im biologisch-organischen Sinne) unbelebte Faktoren außerhalb der Erde bereits die Informationen des organischen Lebens enthalten und diese nur auf der Erde aktiviert werden. Im Mindesten muss angenommen werden, dass eine (im biologisch-organischen Sinne) unbelebte Erde selbst und entsprechende Faktoren, die auf ihr wirken, bereits die Informationen des Lebens enthalten. Wenn in diesen Faktoren keine impliziten Lebensinformationen enthalten wären, könnte kein Leben entstehen, ganz gleich, wie viele Faktoren von außerhalb des Systems hinzugefügt oder wie viele Interaktionen stattfinden würden.

Diese niedrigeren Ebenen des Materiellen enthalten implizit bereits verschiedene höherstufige materielle Formen oder Attribute. Andernfalls wäre es unmöglich, dass höherstufige materielle Formen aus diesen niedrigeren Ebenen der Materie emergieren könnten. Der entwicklungsgeschichtliche Prozess von einem unbelebten Planeten zum irdischen Leben zeigt, dass das Leben in diesen unbelebten Formen der Materie intrinsisch vorhanden sein muss. Wenn keine Lebensinformation implizit darin enthalten wäre, so wäre es absolut unmöglich, dass sich das Leben entfaltet, unabhängig davon, wie geeignet die Bedingungen dafür wären.

Im Sinne einer logischen Erweiterung dieses Punktes kann jede Information des Universums nur vom Universum selbst ausgehen. Dinge existierten bereits in Form von Informationen im Universum, bevor sie ins Dasein traten. Die Erzeugung sogenannter neuer Dinge ist also nur eine Manifestation, keine Schöpfung im eigentlichen Sinne (bzw. aus dem Nichts). Es gibt keine absolute Schöpfung im Universum, und alles hat immer auf irgendeine Weise existiert. Da die existierenden Dinge in der Vergangenheit in irgendeiner Weise existiert haben, müssen alle zukünftigen Dinge in der Gegenwart in irgendeiner Weise bereits existieren. Da unsere Erde – die sozusagen als „riesiger Felsbrocken" angefangen hat – in der Lage war, Leben zu entwickeln, zeigt dies, dass die Information des Lebens bereits in diesem „Felsbrocken" enthalten gewesen sein muss. Andernfalls wäre es unmöglich gewesen, dass sich organisches Leben auf der Erde hätte entwickeln können. Da sich die „Felsen" auf der Erde zu dem bekannten organischen Leben entfaltet haben, müssen andere „Felsbrocken" überall im Universum unter den richtigen Bedingungen ebenfalls in der Lage sein, organisches Leben hervorzubringen bzw. zu entfalten.

Im Gegenteil, wenn wir annehmen, dass es eine absolute Schöpfung im Universum gibt und neue Dinge in keiner Form jemals existiert haben, könnte das Auftreten dieser Dinge nur als Wunder betrachtet werden. Wir müssten fragen: Woher kämen sie? In diesem Fall gäbe es keine Quelle für die Informationen, die sie zeigen – was wiederum unvorstellbar ist.

Daher ist die sogenannte Entwicklung der Dinge im Wesentlichen ein Prozess des Entfaltens, während das sogenannte Verschwinden im Wesentlichen als ein Prozess der Konvergenz bestimmt werden kann. Jedes Ding enthält jetzt nicht nur die gesamte

Geschichte seiner eigenen Evolution, sondern auch den gesamten Prozess der Zukunft, und sogar die Geschichte und den Verlauf des gesamten Universums. Es gibt keine wirkliche Schöpfung oder kein wirkliches Verschwinden im Universum. Der Fluss des gesamten Universums repräsentiert einen Prozess kontinuierlicher Zirkulation verschiedener Modalitäten und Formen.

Da Informationen nur aus (diesem Prozess des) Seins stammen können, und da alles bereits in irgendeiner Weise existiert hat und existiert, sind alle zukünftigen Dinge in jedem Aspekt der Materie enthalten, genauso wie alle gegenwärtigen Dinge in jeder Materie der Vergangenheit enthalten waren.

Diese menschliche Logik führt jedoch zu folgender Proposition: Alles im Universum ist unvermeidlich, und es gibt keine Zufälligkeit. Mit anderen Worten, alle Dinge und ihre bestehenden Zustände und Bahnen sind prädeterminiert. Dies stellt ein Problem dar, auf das Zhaoqiang Wang[1] seinerzeit bereits hingewiesen hat, und es beinhaltet die mächtigste und tiefgründigste Frage, der ich bisher begegnet bin. Da der Entwicklungsprozess aller Dinge im Universum nur die Darstellung potentieller Informationen repräsentieren soll, so kann es keine Zufälligkeit im Universum geben, und alles muss dann eigentlich determiniert sein. Im Hinblick darauf stellte Zhaoqiang Wang seine Frage: Gibt es im ursprünglichen Punkt der Singularität des Universums bereits einen winzigen Cunzhen Wang und einen Chunyou Yan? (Wang 1989) Dies mag seltsam klingen, aber im Sinne der Logik des holographischen Prinzips sollte es sich so verhalten.

Tatsächlich ergibt sich diese Frage nicht nur in der holographischen Philosophie, sondern sie stellt sich auch in unserem allgemeinen Denken. Wir geben zu, dass das Universum sich selbst reguliert, und wir akzeptieren, dass die damit verbundene Gesetzmäßigkeit von unausweichlicher Notwendigkeit sein müsse. Was auf diese Weise ist, muss notwendigerweise so sein, und keine Abweichung ist möglich. Ebenso können wir eine weitere Frage stellen. Wird der nächste Prozess nach dem Kollaps des (im Sinne seiner zeitlichen Entfaltung) endlichen Universums genau derselbe sein wie der vorherige? Wenn er genau derselbe ist, wird es im nachfolgenden Prozess genau dieselben Menschen und Dinge geben wie im vorhergehenden Prozess? Zum Beispiel, ist es möglich, dass es immer noch die Menschen namens Zhaoqiang Wang, Cunzhen Wang und Chunyou Yan gibt? Und wird dieser Zhaoqiang Wang immer noch Cunzhen Wang und Chunyou Yan dieselbe Frage stellen? Wenn ja, würde es absurd erscheinen, aber wenn nicht, wie könnte man dann sagen, dass der zweite Prozess derselben Gesetzmäßigkeit folgte wie der vorhergehende? Welche Ordnung gäbe es dann zu besprechen?

Natürlich kann man Ansätze zur Lösung des Problems finden. Zum Beispiel könnte man sagen, dass die Gesetzmäßigkeit nur qualitativ, nicht quantitativ sei, oder nur kategorisch, nicht aber individuell. Die von Zhaoqiang Wang gestellte Frage könnte auf dieselbe Weise beantwortet werden. In holographischen Beziehungen bezieht sich die gesamte, in allen Teilen enthaltene Information auf kategorische oder wesentliche Informationen, nicht auf individuelle oder quantifizierbare Informationen.

Auf diese Weise mag es wahr sein, dass der obigen Frage eine Antwort zukommen wird. Wir werden jedoch ein neues Problem haben. Wenn man die Gesetzmäßigkeit (des Universums) so denkt, ist sie vage, unklar und allgemein gedacht. Die durch sie erzeugten Dinge sollten dann aber ebenfalls vage oder unterdeterminiert ausfallen. Dies ist jedoch gerade nicht der Fall. Jedes Ding ist viel präziser, als unser menschlicher Verstand es sich denken kann. Wissenschaft und Technologie zeigen, dass hier nichts ungenau sein darf, wie beispielsweise im Falle des Space Shuttles. Viele weitere Beispiele ließen sich anführen. Wenn es eine leichte Ungenauigkeit im Ausdruck menschlicher Gene gäbe, so wären die Individuen deformiert. Unser Körper, unsere Lebensspanne, jedes Haar, jede Zelle und deren Modus Operandi sowie ihre Beziehung zu anderen Zellen sind vorbestimmt und es kann und darf keine Fehler oder Vagheiten geben. Jedes unserer Organe und deren jeweilige Funktion sind ebenfalls vorher festgelegt bzw. prädeterminiert, und es kann keine Verwirrung geben. Wie im Ganzen alles vorbestimmt ist und wie die Natur eine solche überlegene Weisheit zeigen kann, übersteigt die Möglichkeiten unserer Verstehensprozesse.

Jener obige – vermeintliche – Lösungsansatz beinhaltet zudem auch weitere inhärente Probleme, da er dem Sinn des Konzepts der Holographie selbst widerspricht. Er impliziert, dass jedes Wesen oder Ding nicht alle Informationen, sondern nur einen Teil aller Informationen enthalten sollte. Ein Ding kann aber nicht nur mit kategorischen und wesentlichen oder universellen, regulatorischen Informationen erzeugt werden. Es kann nur mit *allen* spezifischen Informationen (des Universums) gebildet werden, um es jeweils zu „diesem einen", einzigartigen Teil des Ganzen zu machen.

In dieser Hinsicht enthält jedes einzelne Ding tatsächlich alle universellen Informationen, aber diese universellen Informationen werden in jedem Individuum spezifizierend manifestiert und werden zu „diesem einen". Abstrakt betrachtet, bestehen alle Dinge aus Atomen. Diese Atome repräsentieren aber in verschiedenen Wesen oder Dingen unterschiedliche Eigenschaften. Das Atom in meinem Körper unterscheidet sich nicht von dem im Körper eines Schweins, aber das gleiche Atom repräsentiert eine „Schweinenatur" im Schwein und in mir einen Menschen. In Wirklichkeit ist nichts absolut gleich; eine solche abstrakte Universalität ist lediglich ein Produkt unseres abstrakten Denkens. Die sogenannten Atome mit identischen Eigenschaften sind bloß isoliert, d.h. abstrahierend gedachte Atome, die lediglich als Konzepte existieren, sozusagen. In Wirklichkeit sind keine zwei existierenden Atome gleich. Sie unterliegen dem Ganzen, von dem sie abhängen, und zeigen die Eigenschaften des entsprechenden Ganzen, als Komponenten eines (übergeordneten) Ganzen.

Es gibt ein weiteres Problem mit dem obigen Lösungsansatz. Man könnte sagen, dass, wenn jeder Prozess des Universums holographisch ist, die Informationen endlich wären. Mit anderen Worten, jeder Zyklus zeigt dieselben Informationen und beginnt dann nach der Darstellung von Neuem, was den Informationsgehalt definitiv endlich macht. Wie oben erwähnt, kann man jedoch argumentieren, dass das Universum unendlich ist, womit sein Informationsgehalt auch unendlich sein sollte. In Bezug auf derlei Fragen, wie auch die absolute Unvermeidlichkeit des Universums, die zuvor erwähnt wurde, können wir keine endgültigen Antworten geben, da diese nicht letztgültig entschieden werden können. Dies liegt daran, dass wir in das Reich des Unendlichen eintreten, und es ist uns nicht möglich, in diesem Reich auf Basis endlicher Begriffe wahr von falsch zu unterscheiden. Es fällt in die Kategorie des (philosophischen) Glaubens und es kann nur in dieser Richtung reflektiert werden. Es ist unmöglich, die Frage aus der Perspektive endlichen Wissens zu beantworten, da wir Menschen keine Möglichkeit besitzen, Fragen, die den Bereich der Unendlichkeit betreffen, qua unserer endlichen Modi der Erkenntnis zu ergründen.

Die obigen Grundprinzipien der holographischen Philosophie bieten eine neue Perspektive zur Lösung der von früheren Philosophien aufgeworfenen Probleme. Gleichzeitig eröffnen sie auch neue Felder der philosophischen Forschung. In den folgenden beiden Hauptabschnitten möchte ich das holographische Prinzip sowie die Korrelation zwischen holographischer Theorie, Reduktionismus und Systemtheorie – insbesondere hinsichtlich der Beziehung von Teil und Ganzem – weiter erläutern.

Weitere Erläuterung des holographischen Prinzips

Norbert Wiener (1894–1964) zufolge ist Information weder Energie noch Substanz. Dies bedeutet definitiv nicht, dass Information ohne Substanz und Energie existieren kann. Tatsächlich kann sie nur durch die Abhängigkeit von Substanz und Energie existieren. Information, Substanz und Energie sind als Ganzes voneinander abhängig. Sie sind nur der Ausdruck desselben Dinges auf verschiedenen Ebenen und in verschiedenerlei Hinsicht. Mit anderen Worten, sie sind unterschiedliche Manifestationen derselben Realität.

Daher kann Information als ein Attribut oder als eine Existenzweise von Materie, Energie und Geist definiert werden. Sie repräsentiert die materiell-raumzeitliche Ordnung von Energie und Geist. (‚Ordnung' umfasst hier sowohl die Bedeutungen der Geordnetheit als auch die der Nicht-Geordnetheit bzw. des Chaos. Information sollte nicht nur als Ordnung der Dinge verstanden werden, da Ungeordnetheit (in einem übergeordneten Sinne) auch eine Art von Ordnung repräsentiert und daher auch eine Art von Information. Information ist die Summe von Geordnetheit und Chaos.) Das bedeutet, dass Information die Summe aller Eigenschaften der Materie ist. Die Bedeutung von ‚alle Eigenschaften' umfasst sowohl bekannte als auch unbekannte.

Die grundlegendste Natur der Information liegt in ihrer Holographie. Das Konzept der Holographie stammt ursprünglich aus der holographischen Fotografie. Später übertrug Yingqing Zhang, ein chinesischer Biologe, es auf die Biologie und entdeckte das Gesetz der biologischen Holographie. Kann das holographische Gesetz also als philosophisches Konzept herangezogen werden, um das universelle holographische Phänomen im Universum zusammenzufassen? Die knappe Antwort lautet: Ja. Die Grenzen der Philosophie sind unscharf. Es gibt keine absolut klare Grenze zwischen dem Konzept der Philosophie und den Konzepten jeder spezifischen Wissenschaft, und die Philosophie sollte sich nicht mit einem eisernen Zaun abschotten.

Das holographische Prinzip kann sowohl im Sinne wissenschaftlicher als auch in Form von philosophischen Begriffen definiert werden. Das Konzept der Holographie im vorliegenden Text besagt, dass dieselbe Information in allen Teilen (Subsystemen) enthalten ist, genauso wie dieselbe Information in diesen Teilen dem Ganzen inhärent ist, und dass somit alle Teile alle Informationen des Ganzen enthalten. Als grundlegender Satz und Grundsatz der Theorie der kosmischen holographischen Einheit offenbart das holographische Prinzip die Ganzheit und Unteilbarkeit der Information sowie der Welt oder die Einheit und Identität des Universums im Sinne von Information.

Es kann gesagt werden, dass die holographische Theorie eine notwendige Folge des philosophischen Prinzips universeller Interkonnektivität darstellt, und dass sie eine eingehende Untersuchung des Letzteren bedeutet. In Bezug auf seine Manifestationen bedeutet das Universum eine universelle (unbegrenzte) Verbindung, und alle Dinge stehen somit umfassend in Relation zu einander, sind interaktiv und schränken sich dabei gegenseitig ein. Dies führt dazu, dass jedes Ding und jeder Ort des Universums alle Informationen jedweder Interaktion, Verbindung und wechselseitiger Einschränkung jedes Punktes im Universum enthält. Daher repräsentiert jedes Ding einen Informationsmikrokosmos des Universums.

Auf diese Weise „diffundiert" jedes Subsystem seine eigenen Informationen in alle Richtungen, um auf alle anderen Subsysteme und Systeme einzuwirken. Jedes Subsystem ist mit allen anderen Subsystemen und mit dem gesamten (unendlichen) System verbunden. Gleichzeitig weist es auch interne, kohäsive Beziehungen auf. Wir nennen diese kohäsiven Beziehungen der Subsysteme holographische Elemente, und das gesamte System ist das holographische System. Alle Informationen des gesamten Systems sind innerhalb des holographischen Elements akkumuliert. Seine explizite Struktur zeigt die Internalisierung oder interne Manifestation seiner Korrelation und Interaktion mit anderen Subsystemen und Systemen. Mit anderen Worten, seine Eigenschaften sind nur die Bestätigung und Manifestation der Eigenschaften aller holographischen Elemente und ihrer Beziehungen.

Solche internen und externen Beziehungen sind im Wesentlichen homogen und isomorph. Sie unterscheiden sich nur in der Form: Extrinsische Beziehungen sind latent und intrinsische Beziehungen sind manifest. Jedes holographische Element sei eine holographische Menge Q. Jede Beziehung hat ein entsprechendes Element in Q. Da die Holographie diese Beziehung jedes Dings unendlich macht, ist die Anzahl der Elemente in Q n... (unendlich), wodurch eine holographische Menge (unendliche Menge) entsteht:

$$Q = \{n \ldots\}$$

Jedes Ding und System ist eine holographische Menge, die Q entspricht. Durch diese Beziehungen steht jedes holographische Element in einem allumfassenden Informationsaustausch mit allen anderen Dingen und Systemen als Ganzes. Die obige Erklärung der Holographie ist nur extern und explizit. Dies bezieht sich nur auf die externe Holographie, aber die grundlegende Realität ist die interne Holographie. Interne Holographie ist von ontologischer Bedeutung. Konkret enthalten Dinge von Natur aus die wesentlichen Informationen anderer Dinge, was die Grundlage dafür ist, dass ein Ding in andere Dinge umgewandelt werden kann. Andernfalls wäre die Umwandlung nicht möglich. Der

Unterschied der Dinge ist nur scheinbar, weil es einen Unterschied in der Manifestation impliziter Informationen gibt. Im latenten Zustand jedoch enthalten alle Dinge dieselben Informationen oder Attribute.

In diesem Sinne gibt es kein unabhängiges oder unveränderliches endliches Wesen im Universum, und es gibt keine absoluten Grenzen zwischen allen Systemen, weil alle Wesen nur in kohäsiven und durchdringenden Beziehungen existieren, und Dinge nur eine Ansammlung von Beziehungen sind, d.h. ein Netzwerk von Netzwerken. Sobald diese Beziehungen unterbrochen werden, wird das jeweilige spezifische System zerfallen. Dies repräsentiert die Nicht-Lokalität oder Globalität der holographischen Elemente. Holographie ist die Wurzel der Unschärfe der Dinge, weil Holographie zeigt, dass Dinge dies und das sein können, oder das und dieses, und sie sind ineinander enthalten. Darüber hinaus zeigt die holographische Theorie, dass Dinge nur eine Ansammlung von Beziehungen sind, die sich ständig ändern, und zumindest in diesem Sinne doch auch unscharf sind.

Vor diesem Hintergrund können wir uns ein erstaunliches kosmisches Hologramm vorstellen, in dem alle Systeme, alle Dinge und alle Ebenen des Universums sich endlos durchdringen, enthalten, transformieren, bedecken, absorbieren und reflektieren. Das große Universum enthält kleinere Universen, das große System enthält alle kleineren Systeme, und die höhere Ebene enthält unzählige niedrigere Ebenen. Da letztere Sinnbilder der ersteren sind, nennen wir diese Struktur, die im übertragenen Sinne des Bildes ineinander schachtelbarer chinesischer Schachteln vorzustellen sind, eine rekursive holographische Struktur.

All diese Systeme hängen voneinander ab. Ein Ding hängt von allen Dingen ab, und alle Dinge hängen auch von jedem einzelnen Ding ab. Man könnte es auch so formulieren, dass ein Ding aus allen Dingen besteht und dass es auch alle Dinge konstituiert. Alle Dinge im Universum interagieren miteinander und stehen in dynamischer holographischer Verbindung. Die intrinsische Information wird ständig ausgetauscht und bildet somit die Basis einer einheitlichen kosmischen Harmonie.

Man könnte sich fragen, warum sich die Dinge, da ja jeder Teil des Universums alle Informationen des gesamten Universums und nun bereits auch die Informationen der Zukunft enthält, überhaupt noch immerfort entwickeln und entfalten. Ist das, was neu sein wird, bereits inhärent oder überhaupt ‚neu' im strengen Sinne des Wortes? Sollten neue Informationen nicht in der Entwicklung entstehen? Wenn es Dinge *gibt*, die in der Zukunft entstehen *werden*, können wir dann sagen, dass sich die Welt entwickelt? Tatsächlich haben diejenigen, die diese Fragen stellen, nur einen Teil des Universums im Sinn, nicht das Ganze. Mit anderen Worten, sie berücksichtigen nur das manifeste Universum.

Das Universum existiert auf zwei Arten: das manifeste Universum und das potentielle. Dementsprechend existiert Information in zwei Formen: manifeste Information und latente Information. Die Welt der latenten Information ist unendlich, während die Welt der manifesten Information den begrenzten Ausdruck der latenten Information repräsentiert.

Latente Information ist Information, die in hochkonzentrierter Form „verborgen" ist, nämlich in dem Sinne, dass sie als verbindende Instanz fungiert, aber noch nicht durch materielle oder energetische Träger ausgedrückt wurde. Manifeste Information befindet sich im gegenteiligen Zustand. Zum Beispiel ist der Samen einer Pflanze ein reiner Informationsknoten oder holographisches Set latenter Information. Alle Informationen der zukünftigen Entwicklung der gesamten Pflanze liegen im Samen verborgen. Später wird die Information, die sich im gesamten Wachstumsprozess der Pflanze ausfaltet, zu manifesten Informationen. Während des gesamten Entwicklungsprozesses liegen jedoch alle Informationen, die im ursprünglichen Samen enthalten sind, die ganze Zeit in jedem Teil der Pflanze (in allen Zellen) vor. Dasselbe gilt (analog) für das gesamte Universum. Alle latenten Informationen in der „Singularität" des Universums existieren zu jedem Zeitpunkt und an jedem Punkt im Universum. Obwohl sie unendlich latent sind und wir sie als solche schwerlich finden könnten, kann dieselbe Wahrheit ausgehend von der Tatsache abgeleitet werden, dass die ursprünglich im Universum gebildeten Grundpartikel immer noch im gegenwärtigen Universum existieren und die Grundlage aller Dinge bilden.

Daher zeigt der Entwicklungsprozess aller Dinge nicht, dass Dinge einfach aus dem Nichts entstehen oder dass neue Dinge die bestehenden negieren. Im Gegenteil, er ist als eine vollständige Bestätigung latenter Informationen zu lesen. Mit anderen Worten, *es handelt sich um einen Prozess*, in dem latente Informationen unter dem aktiven Einfluss äußerer Dinge in manifeste Informationen umgewandelt werden. Nur aus dieser Perspektive können wir verstehen, wie der Entwicklungsprozess der Dinge gleichzeitig sowohl Negation als auch Affirmation kenntlich machen kann: Alles ist die Summe aus latenten Informationen und manifesten Informationen, und jener Entwicklungsprozess ist der Prozess der Manifestation latenter Informationen. In Bezug auf die Kombination dieser potentiellen und tatsächlichen Zustände bedeutet dieser Prozess sowohl die Bestätigung latenter Informationen als auch die Negation manifestierter Informationen. Jede neu sich manifestierende Information verdrängt dabei die zuvor manifestierte Stufe und macht sie damit latent.

Aus dieser Sicht ist der gesamte Entwicklungsprozess oder Manifestationsprozess der Dinge durch ein Anwachsen der Ordnung sowie eine Steigerung der Komplexität dieser Ordnung gekennzeichnet, wie der Entwicklungsprozess von anorganischer Materie zu organischer Materie und schließlich zu organischen Lebewesen und der Wachstumsprozess von Samen zu Pflanzen. Mit anderen Worten, die Manifestation der Dinge wird immer komplexer. Aus der Perspektive der Einheit von latenten und manifesten Zuständen hat sich die Informationsmenge jedoch weder verringert noch erhöht, da der individuelle Rückgang der Dinge nicht das Verschwinden von Informationen bedeutet, sondern nur den Prozess der Übertragung von Informationen vom manifesten Zustand in den potentiellen Zustand, d.h. den Prozess der Latentwerdung von Information. Wenn wir den Entwicklungsprozess eines Dings als G setzen, seinen Manifestationsprozess (bzw. seine manifestierte Information) als +G und seinen Prozess der Latentwerdung (bzw. seine latente Information) als −G, so ergibt sich folgendes Set:

$$G = \{+G, -G\}$$

Da die Summe $G = 0$ ist, so hat sich die Informationsmenge im Prozess weder erhöht noch verringert.

Wenn jede Position bzw. jedes Ding ein holographisches Set ist, warum kann dann jede/s nur eine begrenzte Menge an Informationen empfangen? Der Grund liegt in der hierarchischen Natur der Informationen. Der holographische Ausdruck von Informationen ist reguliert, und der Mechanismus, der den Ausdruck von Informationen steuert, kann als holographische Ordnung bezeichnet werden. Die manifesten Dinge befinden sich alle in Raum und Zeit, und die determinierte Raumzeit ist immer begrenzt. Auf dieser begrenzten Bühne können nur begrenzte Aktionen ausgeführt werden. Diese Begrenzung ist die Voraussetzung für den geordneten Ausdruck der holographischen Ordnung. Was wäre es für ein Drama, wenn alle Schauspieler gleichzeitig auf der Bühne erscheinen würden! Informationen können nur Schicht für Schicht und in einer bestimmten Reihenfolge präsentiert werden. Daher kann die latente Information, unter der Kontrolle und gesteuert durch die holographische Sequenzierung, nur sukzessive auf der Bühne begrenzter Zeit und endlicher räumlicher Ausdehnung aufgeführt werden, und nur einige Informationen können jeweils ausgedrückt werden – ganz so, wie wir bezüglich der unverzüglichen Augenblicke von Raum und Zeit nur an eine begrenzte Anzahl von Dingen denken können.

Die holographische Ordnung spezifiziert die Länge des „Frequenzbandes“ der Information, die von jedem Ding ausgedrückt wird, d.h., den Grenzbereich seiner Manifestation. Sobald der Prozess der Manifestation der Information eines Dings eine (im Sinne der holographischen Ordnung) festliegende Schwelle erreicht, wird er „nach oben“ (Manifestation) oder „nach unten“ (Latenz) springen, um in einem anderen Zustand zu erscheinen. Diese Schwelle wird als holographische Schwelle bezeichnet.

Aufgrund des Unterschieds zwischen dem manifesten Zustand und dem latenten Zustand ist der Grad der holographischen Konvergenz zwischen Dingen im manifesten Zustand unterschiedlich, was als ‚holographischer Grad‘ bezeichnet wird. Je ähnlicher die Dinge sind, desto höher ist der holographische Grad und umgekehrt. Der holographische Grad bezieht sich nur auf den expliziten Ausdruck der holographischen Ordnung. Aus der Perspektive der allgemeinen Einheit der manifesten und latenten Zustände ist der holographische Grad absolut, oder vielmehr, es gibt keinerlei Unterschiede bezüglich holographischer Grade.

In diesem Sinne kommt die Information, die Dinge holographisch macht, nicht von außerhalb der Dinge, sondern von den Dingen bzw. durch diese selbst. Alle Dinge enthalten dieselbe Information, die der Information des Universums als Ganzes entspricht. Die latente Information kann jedoch nur allmählich durch die Interaktion und Verbindung mit anderen Dingen und Aktivitäten im Ganzen manifestiert werden, und hierin liegt der Sinn der Interaktion und Verbindung aller Dinge.

Dinge auf jeder Ebene (das Konzept ‚Ebene‘ schließt hier zeitliche Ebenen mit ein) sind der Ausdruck bestimmter Ebenen oder „Frequenzbereiche“ der ursprünglichen Information des Universums. Die langfristige und kurzfristige Aufrechterhaltung dieser spezifischen Information zeigt das Leben der Dinge an, nämlich die Phase, in der ein

Ding ein bestimmtes, stabiles Muster aufweist. Nach dem erfolgten Ausdruck der Information auf dieser Ebene wird das Ding oder Wesen auf dieser Ebene aufgelöst und transformiert, d.h., es wechselt über zu anderen Ebenen und Zuständen.

Hier stellt sich eine weitere Frage: Wie existiert die gesamte Information des Universums in jedem holographischen Element? Wie in der biologischen Evolution wird auch die kosmische Evolution durch „Vererbung“ realisiert. Obwohl der Mechanismus der kosmischen Evolution nicht klar ist, besteht kein Zweifel daran, dass die grundlegendste Ebene des Universums in jeder „Generation“ und jedem Teil erhalten bleibt, so wie die ursprüngliche Form der biologischen Zelle in jedem organischen Lebewesen erhalten bleibt. Jedes höherstufige Ding muss sich auf die Dinge der niedrigeren Ebenen stützen, und es muss all diese Ebenen umfassen, ohne welche eine Evolution nicht möglich wäre. Alle Dinge sind homolog in Bezug auf dieselbe Grundlage, und sie sind alle auf der Basis des ursprünglichen Universums aufgebaut. Daher kann im übertragenen Sinne gesagt werden, dass es auf der niedrigsten (bzw. basalsten) Ebene aller Dinge kosmische „Gene“ gibt und alle Dinge nur die Erweiterung kosmischer „Gene“ sind.

Kurz gesagt, das Universum kann nicht aus dem Nichts erschaffen werden. Der Prozess der Evolution der Dinge ist in sich vorbestimmt, und das Wesen dieses Prozesses ist die Erweiterung der internen Informationen oder latenten Informationen der Dinge. Obwohl diese Erweiterung untrennbar mit der Interaktion mit äußeren Bedingungen verbunden ist, hat der äußere Effekt keinerlei Einfluss auf die grundlegende Natur der Dinge, sondern nur in Bezug auf die Quantität der Dinge.

Holographische Theorie, Systemtheorie und Reduktionismus: Eine neue Perspektive zum Verständnis der Beziehung von Teil und Ganzem

Wie bereits erwähnt, basiert die philosophische Holographie auf der Idee, dass ‚Teile alle Informationen des Ganzen enthalten‘. Diese These bringt eine neue Perspektive zum Verständnis der Beziehung zwischen Teil und Ganzem ins Spiel, d.h., der Teil hat Ganzheit, und das Ganze weist auch Partialität oder Lokalität auf. Aus der Perspektive der holographischen Theorie kann auch gesagt werden, dass der Teil dasselbe ist wie das Ganze, weil jeder Teil des Ganzen alle Informationen des Ganzen enthält, nämlich in dem Sinne, dass der Teil ein potentielles Ganzes ist, welches (implizit) Ganzheit hat. Mit anderen Worten, jeder Teil ist ein kleines Ganzes im Übergang zum (absoluten) Ganzen. Im Vergleich dazu weisen Systemtheorie und Reduktionismus geteilte Einschränkungen auf, denn sie sind beide reduktionistisch. Die Systemtheorie ist dabei lediglich die „Umkehrung“ des Reduktionismus, da sie die Natur des Teils dem Ganzen zuschreibt, während der Reduktionismus die Natur des Ganzen dem Teil zuschreibt. Es ist unmöglich, das Problem der Ganzheit zu betrachten, solange das sogenannte „Ganze“ nur (unreflektiert) als „Ganzes“ aus menschlicher Sicht verfolgt wird. Hierbei wird nämlich übersehen, dass jedes menschliche Verständnis *nicht* ‚vollständig‘ sein kann. Daher ist das lediglich so bezeichnete „Ganze" im Wesentlichen nur ein „Teil" möglichen (höherstufigen) Verstehens. Ein *vollständiges* Verstehen muss das ‚Unbekannte' mit einschließen; andernfalls wäre es nicht „allwissend". Keine bekannte, positive Erkenntnis ist allumfassend, da jede immer begrenztes, partielles („lokalisiertes") Wissen darstellt. Dieses unvollständige Verständnis mit vollständigem Wissen zu verwechseln – welches notwendigerweise immer das Unbekannte mit einzuschließen hat – bedeutet, das Ganze (unwissentlich) mit dem Teil zu verwechseln.

Neue Interpretation der Beziehung von Teil und Ganzem

Historisch gesehen sind zwei Hauptansichten bezüglich der Beziehung zwischen Teil und Ganzem hervorzuheben: die des Reduktionismus und die der Systemtheorie. Der Reduktionismus schreibt die Natur des Ganzen der Natur der Teile oder niedrigeren Ebenen zu. Die Systemtheorie vermeint hingegen, dass das Ganze mehr sei als die Summe der Teile, und dass die Natur des Ganzen nicht den Teilen zugeschrieben werden kann. Die Perspektive der holographischen Philosophie bietet ein neues Verständnis von Ganzheit. Im Sinne der holographischen Philosophie ist Ganzheit komplexer zu fassen, wohingegen irgendeine Beschreibungsweise, die nur eine Sichtweise bezüglich der Relation von Teil und Ganzem beinhaltet, jene Komplexität wird kaum erfassen können.

Aus der Sicht holographischer Theorie bietet sich hingegen die Möglichkeit, die Beziehung zwischen Teil und Ganzem im Sinne von ‚größer als' und ‚kleiner als' mindestens hinsichtlich dreier Aspekte unterschiedlich zu reflektieren. Hierbei wird das Problem der Ganzheit angemessener erfasst:

Erstens ist das Ganze größer als die Teile oder die Summe seiner Teile. Jede Aussage hat ihre Prämisse, und sie ist nicht in jedem Sinne wahr. Die Prämisse dieser Aussage ist, dass das Ganze in Qualität und Quantität größer ist als jeder Teil, was aus der Perspektive der Sinneswahrnehmung offensichtlich und verständlich ist. Daher hat die Aussage, wenn sie auf dieser (erfahrungsbasierten) Perspektive basiert, jedoch keinen *theoretischen* Wert, denn hierbei handelt es sich um die Bedeutung von ‚das Ganze ist größer als der Teil' im Sinne einer „mechanischen Summe", wie sie von der Systemtheorie kritisiert wird. Die systemtheoretische Aussage, dass das Ganze größer sei als die Summe der Teile, ist nur aus der Perspektive seiner Funktion gültig, d.h., die Funktion des Ganzen ist immer größer und umfassender als die eines jeden Teiles, und auch umfassender als die mechanische Summe eines jeden seiner Teile. Zudem kommen auch einige Funktionen des Ganzen nicht immer auch dessen Teilen zu. Der Standpunkt der Systemtheorie ist ausschließlich aus dieser Perspektive heraus gültig.

Außerhalb jener beiden Perspektiven wäre die Aussage, dass das Ganze größer sei als die Summe der Teile, schwerlich zu begründen. Dies kann hinsichtlich der beiden folgenden Aspekte demonstriert werden:

Aus entwicklungstheoretischer und evolutionärer Perspektive kann ein Teil auch größer sein als ein Ganzes, denn kein Teil wird passiv durch ein Ganzes eingeschränkt und bestimmt, um immer im ursprünglichen Zustand zu verbleiben. Im Gegenteil, Teile versuchen immer, sich vom Ganzen zu lösen und sich zu unabhängigen Individuen weiterzuentwickeln, d.h., ein neues Ganzes zu werden. Dies ist es, was als Entwicklung und Evolution bezeichnet wird. Im Verlaufe eines solchen Prozesses kann ein ursprünglicher Teil seine ursprüngliche Ganzheit quantitativ und qualitativ oder kräftemäßig weit übertreffen, während das ursprüngliche Ganze im Prozess allmählich seine „Vitalität" verlieren oder sogar verschwinden kann. Zum Beispiel kann ein Baum unzählige neue Bäume hervorbringen und eine Person kann viele Kinder haben. Da dies alles offensichtliche Tatsachen sind, haben sie freilich wenig theoretischen Wert. Sie werden hier nur aufgeführt, um die Komplexität und Vielfalt der Beziehung zwischen Teil und Ganzem zu veranschaulichen und dass es hier mehr als eine Beziehung zwischen ihnen zu berücksichtigen gilt.

Aus der Informationsperspektive ist der Teil gleich dem Ganzen, d.h., der Teil hat auch die Ganzheit des Ganzen. Ganzheit bedeutet hier, dass der Teil auch alle Informationen des Ganzen hat und dass er selbst auch ein kleines Ganzes ist. Obwohl ein Finger nicht die Funktion des Magens haben kann, enthält er die Information des Magens. Es sollte beachtet werden, dass der Teil die Information eines Ganzen enthält, nicht das tatsächliche Ganze oder das funktionale Ganze, sondern die Ganzheit der Information. Jeder Teil der Information ist die Information als Ganzes.

Wenn nun die Ganzheit eines Teils nicht auf funktionale Weise gültig ist, in welcher Weise existiert sie dann? Wie bereits erwähnt, existiert sie auf latente oder verborgene Weise, und sie kann auch als latente Information bezeichnet werden. Im Blick auf die Dinge selbst ist die latente Information die virtuelle Information, die noch nicht manifest geworden ist. Zum Beispiel sind die Informationen in Samen latente Informationen in Bezug auf Bäume. Aus menschlicher Bewusstseinsperspektive bezieht sich der Begriff der latenten Information auch auf die Informationen, die bisher noch nicht erkannt bzw. entdeckt wurden.

Einige Leser mögen sich fragen, wie latente Information erkannt werden kann. Und andere mögen eventuell sogar argumentieren, dass latente Dinge nicht Gegenstand der Wissenschaft sind. Dies würde jedoch einen sonderbaren Standpunkt bedeuten. Untersucht die Wissenschaft etwa nur sichtbare Dinge? Worin bestünde dann der Sinn, derlei Dinge zu untersuchen? Schließlich geht es in der Wissenschaft doch immer darum, das Unbekannte, die latente Information, zu erforschen, weil das Latente das noch Unbekannte möglicher menschlicher Erkenntnis repräsentiert. Das Unbekannte zu erforschen bedeutet, latente Information zu enthüllen. Darüber hinaus ist es notwendig zu demonstrieren, wie man die Existenz latenter Information erkennen kann. Gibt es Informationen eines Steins, die nicht manifest wurden? Die Natur des ‚Steins' ist nur eine Art von Information, die offenbar wurde, erschienen ist. Was hier erscheint, ist nur ein „Samen", aber im „Samen" gibt es unzählige Aspekte von Informationen, die noch nicht entfaltet wurden, und diese Informationen sind latente Informationen. Die Entwicklung und Evolution der Dinge ist der Prozess der Erscheinung von Informationen. Wenn alle Informationen manifest würden, so könnten sich keine Dinge mehr entwickeln und evolvieren, weil es dann schlichtweg keine Informationen gäbe, die erscheinen könnten. Solange sich etwas noch entwickelt, sind noch Informationen vorhanden, die noch nicht aktualisiert wurden.

Was die holographische Theorie daher aufzeigt, ist maximale Ganzheit. Mit anderen Worten, sie zeigt, dass nicht nur das Ganze selbst Ganzheit hat, sondern auch alle seine Teile Ganzheit haben. Dies repräsentiert die vollständigste (denkbare) Ganzheit. Im Allgemeinen wird Ganzheit definiert, indem die Abhängigkeit des Teils vom Ganzen oder die Einschränkung, die das Ganze seinen Teilen auferlegt, betont wird. In der holographischen Theorie wird ‚Ganzheit' hingegen im Sinne einer totalen Ganzheit aufgefasst, d.h., in einem Ganzen hat nicht nur das Ganze Ganzheit, sondern auch jeder Teil hat Ganzheit. Dies bedeutet, dass in jedem Ganzen eine absolute Ganzheit oder Einheit aufrechterhalten wird. Diese (absolute) Einheit oder Ganzheit ist eine informationsbasierte Einheit. Was zwischen den Teilen und dem Ganzen zirkuliert, ist Information, die wechselseitig ist, und die Übertragung der Information hat Träger, die im Sinne von ‚Energie', ‚Material' usw. beschrieben werden können.

Diese Art von Ganzheit zeigt, dass die Teile nicht vom Ganzen her determiniert sind und dass jeder Teil seine Autonomie hat, die aus seiner Ganzheit resultiert. Autonomie bedeutet, dass jeder Teil die Information und die inhärente Kraft hat, ein Ganzes zu werden, zu versuchen, ein sich selbst leitendes Ganzes zu werden.

Warum kann also ein kleiner Teil ein neues Ganzes werden? Warum hat er dieses Potential? Warum kann der Teil die Kraft haben, voranzukommen und sich zu entwickeln? All dies liegt in seiner Ganzheit und in der Ganzheit der Information. Ganzheit befähigt ihn, sich auszudehnen und zu entwickeln. Da der Teil Ganzheit impliziert, versucht er, vollständig zu sein. Nur ein vollständiges Ding hat Autonomie, Unabhängigkeit und die Kraft, sich auszudehnen. Mit anderen Worten, nur das Ganze hat Macht. Da der kleine Teil ein Ganzes impliziert, muss dieses Ganze sich manifestieren; andernfalls wäre es kein Ganzes.

Wenn der Teil nur Fragmente einiger Informationen oder Fragmente des Ganzen, ohne jegliche Ganzheit, in sich enthalten würde, wäre er bar solcher Kraft. Wenn er keine inhärente Ganzheit besäße, hätte er kein Ziel. Was könnte ein bloßes Fragment werden? Es hat nichts an oder in sich, zu dem es werden könnte. Da es bereits Fragment ist, hat es keinen Bedarf, sich zu entwickeln. Dies erklärt, warum ein bloßes Fragment keine Kraft hat, sich zu entwickeln. Selbst wenn ein solches Fragment die „Absicht" hätte, ein Ganzes zu werden, so würde ihm die Kraft dazu ermangeln. Wie könnte ein einzelnes Fragment die Kraft erzeugen, sich selbst voranzutreiben? Ein bloßes Fragment kann nur „angeschoben" werden, hat aber keine intrinsische Fähigkeit, sich unabhängig, d.h. aus eigenem Antrieb heraus, zu bewegen. Der Teil, der die Ganzheit enthält, manifestiert sich als organisches Wesen aufgrund der Existenz dieser Ganzheit. Alles, was organisch ist, stammt aus der Ganzheit. Nur als organisches Ganzes kann es die Kraft autarker Entwicklung erzeugen. Dies ist vielleicht das, was oft mittels des Wortes ‚Organisation' bezeichnet wird. Organisation emergiert aus der Ganzheit, oder anders gesagt, Organisation ist Ganzheit. Ohne Ganzheit gibt es keine Fähigkeit zur Organisation, und Dinge ohne die Fähigkeit zur Organisation können nur Fragmente sein.

Auf diese Weise ist die latente Information der Dinge weder passiv noch ist sie dauerhaft als Latentes in der Natur eingeschlossen. Im Gegenteil, sie durchdringt immer die „Bestimmungen" des Ganzen in Bezug auf sich selbst, wird manifest in der Entwicklungstrebung vom Status eines Teils zu dem eines (weiter entwickelten) Ganzen.

Jedes Ding und jeder Teil ist ein unendliches Ganzes – ein Teil des Universums. Daher enthält jedes Ding und jeder Teil unendliche Information. Aber dieser unendliche Informationsgehalt kann nur stückweise, in begrenzten räumlichen und zeitlichen Kontexten, zur Darstellung gebracht werden, während alle anderen Informationen verborgen bleiben. Daher gerät aus dieser Sicht alles gleichsam zu einem Ozean unendlicher, latenter Information(en), und die Informationen, die im Augenblick manifest werden, sind gleichsam nichts mehr als ein kleiner Sprühnebel aus diesem Ozean (unendlicher) Potentialität. Gleichzeitig ist jeder Teil oder jedes Ding ein potentielles Ganzes, welches auf dem Weg ist, ein höheres bzw. weiter entwickeltes Ganzes zu werden.

Da nun alle Teile Ganzheit besitzen, was sind die Unterschiede zwischen dem Ganzen und dem Teil? Es gibt immer noch einige Unterschiede. Ein Teil ist ein latentes Ganzes, während ein (endliches) Ganzes ein sich manifestiert habender Teil ist. Der Unterschied zwischen beiden ist im Hinblick auf ihre jeweilige Existenzweise aufzusuchen. Andererseits gibt es aber keinen wesentlichen Unterschied in Bezug auf die Information. Abgesehen vom Universum in seiner Ganzheit ist jedes darin enthaltene Ganze nicht immer einfach nur da, sondern bildet sich allmählich. Zu Beginn seines Hervorgangs ist es Teil eines „parentalen Körpers." *Daher repräsentiert das Ganze nur eine Entwicklungsstufe des Teils, genauso wie der Teil auch eine Entwicklungsstufe des Ganzen ist.*

Es wird ersichtlich, dass Teil und Ganzes nicht isoliert sind. Sie repräsentieren verschiedene Zustände derselben (prozessualen) Existenz. Selbst als spezifische Teile und Ganzheiten ist ihre Natur nicht getrennt, sondern *wechselseitig konstitutiv*. Nur in einem solchen Ganzen hat der Teil eine solche Natur und enthält eine solche Ganzheit. Ebenso wird es, da es solche Teile gibt, auch solche Ganzheiten geben, und die Ganzheiten werden einen solchen Zustand der Existenz aufweisen. Streng genommen ist es sinnlos, die Beziehung zwischen Ganzem und Teil dahingehend zu diskutieren, welche der beiden Seiten welche Seite begründet. Wenn wir hier überhaupt etwas sagen können, dann dass Ganzheiten und Teile sich einfach wechselseitig regulieren und konstituieren.

Wenn die Beziehung von Teil und Ganzem auf diese Weise bedacht wird, können wir nicht einfach sagen, dass das Ganze aus Teilen besteht – obwohl das oft als offensichtlich betont wird. Wir sollten auch zugeben, dass auch der Teil aus dem Ganzen besteht. Der Teil ist tatsächlich die Manifestation des Ganzen in einer bestimmten Region und zu einer bestimmten Zeit. Er enthält alle Informationen des Ganzen, das im Teil als konstitutives Informationselement des Teils implizit ist. Das Ganze konstituiert einen Teil, genauso wie der Teil das Ganze konstituiert. Da alles ein Teil des Universums ist, kann man sagen, dass alles aus dem gesamten Universum besteht.

Auf diese Weise löst sich die Grenze zwischen Teil und Ganzem – zumindest aus der Perspektive der Existenz selbst – auf. In Bezug auf die Existenz an und für sich ist keine deutliche Grenzbestimmung zwischen Teil und Ganzem möglich. In welchem Ding ließe sich realiter die Grenze zwischen Teil und Ganzem aufweisen? Sie lässt sich nicht ermitteln. Die Existenz selbst ist weder durch „Teile" noch „Ganzheiten" bestimmt, und alles existiert eben einfach auf diese Weise. Die Unterscheidung von ‚Teil' und ‚Ganzem' wird hauptsächlich von menschlichen Beobachtern vollzogen. Wir ziehen eine „Linie" im Ganzen und sagen, dies sei das Ganze und jenes der Teil. Die ursprüngliche, immanente Beziehung zwischen Teil und Ganzem wird dabei jedoch „durchtrennt." Es ist auch noch hinzuzufügen, dass die Aufspaltung von Ganzem und Teil(en) hauptsächlich einer gewissen Bequemlichkeit in unseren Erkenntnisvollzügen sowie einem Ausdrucksbedürfnis geschuldet ist. Ohne jene „Linie" können wir den jeweiligen Daseinszustand der Dinge nicht beschreiben. Daher liegt der wahre Sinn von ‚Teil' und ‚Ganzem' aus menschlicher Sicht tatsächlich in den unterschiedlichen Perspektiven. Aus einem Blickwinkel ist etwas ein Ganzes, aus einem anderen Teil. Unterschiedliche Perspektiven bedingen unterschiedliche Resultate. Zum Beispiel ist aus der Perspektive der Systemtheorie etwas ein Teil, aber aus der Sicht der holographischen Theorie ein Ganzes. In diesem Sinne repräsentieren ‚Teil' und ‚Ganzes' lediglich zwei Begriffe, die wir erfunden und entwickelt haben.

Aus der Perspektive der Dinge selbst muss ein Teil immer Teil eines Ganzen sein und ein jeweiliges Ganzes muss auch das Ganze seiner Teile sein. Ein Ganzes ohne Teile und Teile ohne ein Ganzes könnten nicht mittels ‚Teil' bzw. ‚Ganzes' bezeichnet werden. Es ist das Ganze, das den Teil als Teil definiert, und es ist der Teil, der das Ganze als Ganzes definiert.

Holographische Theorie und Systemtheorie

Oberflächlich betrachtet, scheinen sich die Standpunkte der holographischen Theorie und der Systemtheorie gegenseitig auszuschließen. Nach der holographischen Theorie ist der Teil ein Ganzes. Der Systemtheorie zufolge ist ein Ganzes mehr als die Summe seiner Teile. Im Wesentlichen sind beide Ansätze jedoch konsistent. In gewissem Sinne könnte man auch sagen, dass die holographische Theorie eine unvermeidliche Folge der weiteren Deduktion des Prinzips der Systeme darstellt.

Dem Standpunkt der Systemtheorie zufolge werden die Teile eines Systems von seinem Ganzen her bestimmt. Daher ist es unvermeidlich, dass, wenn das gesamte System seine verschiedenen Teile bestimmt, es diese Information des Ganzen selbst in jeden Teil einfließen lässt. Die Teile werden vom Ganzen in Bezug auf Materie und Energie sowie Information bestimmt. Gleichzeitig wird im Prozess der Interaktion zwischen Ganzem und Teil die Information jedes Teils natürlich auf die Ebene des gesamten Systems zurückgeführt. So ist die Informationsabbildung und -übereinstimmung zwischen dem gesamten System und jedem Teil zu erklären, sowie dass jeder Teil die Information des gesamten Systems enthält, was zu der holographischen Beziehung zwischen beidem führt. Es kann auch gesagt werden, dass die holographische Theorie eine unvermeidliche Folge der Systemtheorie ist. Mit anderen Worten, eine vollständige Systemtheorie muss eine holographische Theorie sein, und die Weiterentwicklung der Systemtheorie führt zur holographischen Theorie.

Einige Leute beurteilen das holographische Prinzip aus der Sicht der Systemtheorie und glauben, dass beide Ansätze gegensätzlich sind. Diese Ansicht repräsentiert die enge Sichtweise eines traditionellen Monismus (der, meiner Ansicht nach, in Wirklichkeit eine Art Dogmatismus repräsentiert). Aus der Perspektive der holographischen Theorie widerspricht die Systemtheorie der holographischen Theorie nicht. Der Unterschied ist in den jeweiligen Perspektiven zu suchen. Die Systemtheorie befasst sich mit Operationen und Funktionen, während sich die holographische Theorie mit Information auseinandersetzt. Aus verschiedenen Blickwinkeln heraus werden die Dinge natürlich unterschiedlich gesehen. Man kann hier nicht sagen, welcher Blickwinkel der richtige oder der falsche sei, da unterschiedliche Perspektiven ihre eigene, inhärente Gültigkeit aufweisen und nicht austauschbar sind. Darüber hinaus muss betont werden, dass im Blick auf den theoretischen Gehalt an sich die Weiterentwicklung der Systemtheorie zur Perspektive der holographischen Theorie führt – obwohl die holographische Theorie tatsächlich nicht aus der Systemtheorie abgeleitet ist. Mit anderen Worten, die holographische Beziehung zwischen Teil und Ganzem ist letztlich eine unvermeidliche Schlussfolgerung, die aus der Systemtheorie gezogen werden kann, während andererseits der Standpunkt der Holographie den der Systemtheorie nicht ersetzen kann, genauso wie ebenso wenig der Standpunkt der Systemtheorie den der Holographie. Darüber muss man sich nicht weiter auseinandersetzen.

Ein weiterer Gesichtspunkt ist, dass der Systemtheorie zufolge alles aus der Perspektive des Ganzen betrachtet werden sollte, was in Wirklichkeit jedoch unmöglich ist. Ein Grund dafür ist, dass, wenn hier (im übertragenen Sinne) von „Betrachtung" die Rede ist, die Dinge natürlich immer aus einem bestimmten Blickwinkel „gesehen" werden. Daher werden die Dinge, über die wir nachdenken, nicht in ihrer Gesamtheit dargestellt. Wenn wir das Ganze „sehen" wollen, müssen wir es aus allen Blickwinkeln heraus berücksichtigen; andernfalls werden wir nicht das Ganze, sondern die Teile sehen. Darüber hinaus würde, selbst wenn die Dinge aus allen Blickwinkeln „angeschaut" werden könnten, dies nur die Erkenntnis betreffen, die man bereits hat, denn unsere Erkenntnis ist per se immer begrenzt. Daher wird, unabhängig davon, wie „vollständig" oder „ganzheitlich" das Wissen einer Person zu sein scheint, dieses immer nur das Wissen bezüglich einiger der Eigenschaften des Objekts (des möglichen Wissens) sein, d.h., es ist immer noch begrenzte Erkenntnis. Auf diese Weise kann (unsere) Erkenntnis weder die gesamte Natur eines Objekts noch die Ganzheit der Dinge (als solche) repräsentieren.

Ein weiterer Grund ist, dass jedem Ganzen eine unendliche Natur inhäriert, denn sonst wäre es kein Ganzes. Das Ganze muss vollständig sein, denn unvollständige Dinge können kein Ganzes sein. Auf diese Weise können wir, egal wie klein ein Ganzes in seiner Ganzheit ist, seine Grenze nicht finden, selbst im Hinblick auf ein Sandkorn wäre das unmöglich. Um die Ganzheit eines Sandkorns zu bedenken, wäre es notwendig, zu verstehen, wie dieses Sandkorn entstanden ist. Wir werden jedoch seinen ultimativen Ursprung nicht finden können, denn wenn wir dahingehend zurückschauen wollten, so müssten wir es bis zur Entstehung des Universums zurückverfolgen. Eine „vorausschauende" Perspektive wäre freilich auch keine Option, denn wie können wir wissen, zu was sich dieses Sandkorn einst entwickeln wird? Wir können das endgültige Telos seines Entwicklungswegs nicht wissen. Aus makroskopischer Sicht müssten wir, um alle Eigenschaften dieses Sandkorns zu verstehen, seine Beziehung zum Universum im Ganzen vollständig verstehen. Hinsichtlich der Mikroebene können wir nicht einmal seine mikroskopische Grenze nachverfolgen.

Die einzig gültige Schlussfolgerung, den wir hier ziehen können, kann nur sein, dass das, was wir das Ganze nennen, immer nur ein Teil ist, d.h. ein Teil der jeweiligen eigenen Erkenntnis und eines jemeinigen Verständnisses der Dinge.

Daher ist es im Grunde genommen unmöglich, ein Problem ganzheitlich zu betrachten. Was oft als ‚das Problem als Ganzes sehen' bezeichnet wird, ist tatsächlich die Perspektive des sogenannten „Ganzen", wie *jemand* es versteht. Wenn wir ein Problem aus einer solchen „ganzheitlichen" Perspektive betrachten, sehen wir es nur aus der Perspektive von jemandem. Im Wesentlichen bedeutet dies immer noch, ein Problem aus einem bestimmten Blickwinkel (d.h. im Sinne eines Teils) zu betrachten, der nicht das Ganze (als Ganzes) repräsentiert.

Aus den oben genannten Gründen kommt die holographische Theorie zu einer erkenntnistheoretischen Schlussfolgerung, die sich von konventionellen erkenntnistheoretischen Standpunkten unterscheidet. Im Sinne der holographischen Theorie muss vollständiges Wissen das Unbekannte in sich selbst einschließen, denn sonst könnte es nicht als „vollständig" betrachtet werden. Das Unbekannte ist ein grundlegender Bestandteil des Wissens. Dies ist nicht in dem Sinne zu verstehen, dass das Unbekannte eine Voraussetzung für Wissen ist. Vielmehr ist das Unbekannte selbst ein Bestandteil jedes Wissens. Wenn wir zugeben, dass die Welt unendlich ist, werden wir zu dieser Schlussfolgerung kommen. Wenn die Welt unendlich ist, dann ist die Natur jeder Sache in der Welt unendlich, weil sie auf unendliche Weise in der unendlichen Welt existieren kann, und weil sie eine unendliche Beziehung zum unendlichen Bereich der Dinge hat. Wir können einfach nicht alle ihre Eigenschaften verstehen. Wie Nicolaus Cusanus (1401–1464), ein deutscher Renaissancephilosoph, bemerkt hat: Da die Welt unendlich ist, sind die Teile, die wir kennen, immer begrenzt. Da wir die unendliche Welt nicht kennen, kennen wir die Natur der bekannten Welt überhaupt nicht. Ebenso wenig kennen wir die Beziehung zwischen dieser bekannten Welt und der unbekannten Welt sowie die Bedeutung jener bekannten Welt (unserer Erfahrung) im Rahmen der unbekannten Welt. Wir können die grundlegende Bedeutung der bekannten Welt im Sinne der unbekannten Welt nicht erfassen. In diesem Fall enthält alles, was wir wissen, das Unbekannte und unser Nichtwissen. Wenn wir das Unbekannte im Bekannten ausschließen, gelangen wir bloß zu einer sehr oberflächlichen Form bzw. zu einem sehr oberflächlichen Verständnis eines von daher gesehen unvollständigen Wissens.

Ein sehr charakteristisches Beispiel zur Veranschaulichung dieses Problems kann aus dem Kontext der Traditionellen Chinesischen Medizin (TCM) abgeleitet werden. Derzeit gibt es drei Hauptproduktionsmethoden für TCM-Arzneimittel: Dekokt, Pillen und westliche TCM (flüssig verabreicht oder in moderner Tablettenform usw.). Basierend auf den Erfahrungen und Forschungen des Autors, sind die Wirkungen dieser drei Formen der Verabreichung von Medizin in der Traditionellen Chinesischen Medizin sehr unterschiedlich. Ihre Heilwirkung ist in der oben genannten Reihenfolge. Dekokt ist am wirkungsvollsten, traditionelle Pillen stehen bezüglich der Heilwirkung an zweiter Stelle und „westliche" Formen der TCM sind am wenigsten wirksam. Zum Beispiel hat die Verabreichung der Kräutermedizin *shengmaiyin* 生脉饮 in Form eines Dekokts eine gute Heilwirkung, aber die westliche, moderne Art der vorgefertigten Flüssigkeit hat keine Wirkung. Warum gibt es hier einen so großen Unterschied? Es liegt meines Erachtens daran, dass die Produktionsmethode der westlichen Pharmakologie und Medizin nur Wissen repräsentiert, aber das Unbekannte ausschließt. Das Produkt wird extrahiert und verarbeitet, indem verschiedene Komponenten und Elemente in der TCM analysiert werden. Mit anderen Worten, es wird nach dem aktuell vorherrschenden (eigentlich szientistischen) Wissensniveau der Menschheit hergestellt. Nach dieser (vermeintlich „verbessernden") Anpassung werden die Elemente, die in der westlichen Medizin für nützlich erachtet werden, beibehalten. Alles, was als (scheinbar) nutzlos betrachtet wird, wird verworfen bzw. weggelassen. Im Zuge eines solchen analytischen „Reinigungsprozesses" werden das Unbekannte und Unwissbare „weggefiltert". Das derzeit aktuelle Wissen (der modernen Wissenschaft) erkennt nur ein gewisses Niveau und nur begrenzte Aspekte der Dinge an – es geht sicherlich nicht von einem Ganzen der Dinge aus. Die von Menschen extrahierten Elemente bedeuten nur einige Teile oder Aspekte dieser Dinge und freilich nicht alles, was diese Dinge beinhalten bzw. sind. Deshalb überrascht es nicht, dass die Heilwirkung dieser Produkte schlecht ist oder diese sogar unwirksam sind. In der TCM ist der Grund, warum die Verabreichung von Medizin in Form eines Dekokts hingegen so wirksam ist, dass es das Unbekannte enthält. Wir wissen nur aus Erfahrung, dass einige Medikamente bestimmte therapeutische Wirkungen haben werden, wenn sie kombiniert werden, aber wir *wissen nicht*, wie diese Medikamente wirken, welche Faktoren hier im Ganzen wirken und welche Beziehungen und Funktionen zwischen diesen Medikamenten insgesamt zu den entsprechenden therapeutischen Wirkungen führen. Die Elemente, die wir kennen, sind nur wenige, und sie reichen nicht aus, um alle Beziehungen zwischen ihnen und ihren Eigenschaften zusammenzufassen. *Die Wirkung der traditionellen chinesischen Arzneimittel, wenn sie in Form eines Dekokts verabreicht werden, wird tatsächlich durch das kombinierte Wirken dessen, was wir wissen, und dieser unbekannten Aspekte und Faktoren erzeugt.* Die westliche Extraktion und „Verfeinerung" negiert oder ignoriert diese unbekannten Faktoren. Auf diese Weise repräsentiert das so „Weiterentwickelte" nur einige Teile des ursprünglichen Ganzen, und die therapeutische Wirkung ist natürlich schlecht. Durch die Methode des Dekokts hat die TCM (implizit) eine vollständig wissende Methode realisiert, d.h., sie schließt das Unbekannte mit ein. Diese aufs Ganze gehende Wissensmethode schließt also Nichtwissen mit ein. Hierbei wird ersichtlich, dass das Unbekannte nicht nutzlos, sondern vielmehr von großer Bedeutung ist. Echtes Wissen oder höchstes Wissen muss das Unbekannte bewusst mit einbeziehen. Andernfalls kann es nicht als echtes oder vollständiges Wissen angesehen werden. Wie könnte im obigen Sinne unvollständiges Wissen echtes Wissen sein? Wie bereits Chuang Tzu (Zhuangzi 庄子, ca. 3. Jahrhundert v. Chr.) sagte, ist nur dasjenige Wissen, welches das Unbekannte mit enthält, echtes Wissen.

Daraus können wir die folgenden weiteren Schlussfolgerungen ziehen. Erstens muss, aus einer endlichen menschlichen Perspektive heraus, das Ganze als solches das Unbekannte enthalten, weil das Ganze unendlich ist. Es ist unendlich im Blick auf Zeit, Raum, Qualität und Quantität. Andererseits bezieht sich das, was oft als „Ganzes" bezeichnet wird, oft nur auf bekannte Teile und ist im Wesentlichen begrenzt. Dies bedeutet, dass das, was wir im letzteren Sinne als „Ganzes" bezeichnen, immer doch nur ein Teil ist, es repräsentiert nicht das Ganze der Dinge. Nur die Reflexion eines Ganzen, welche den Faktor des Unbekannten mit einschließt, kann zur berechtigten Zuschreibung von Ganzheit beitragen, oder, anders gesagt, nur das, was das Unbekannte einschließt, ist ein Ganzes. Zweitens ist jedes mögliche Wissen unvollkommen, weil es das Unbekannte enthält, und es gibt ein unendliches Feld unbekannter Aspekte hinter allem, was bekannt ist. Wenn also irgendein (explizites) Wissen als vollständig betrachtet wird, wird dies zwangsläufig zu einer sehr engen bzw. verengten Sichtweise führen.

Aus den oben skizzierten Punkten geht hervor, dass die Systemtheorie, einschließlich verwandter Formen des „Holismus", im Wesentlichen ein umgekehrter Reduktionismus ist, der die Natur aller Elemente im System dem Ganzen zuschreibt, während jedoch dieses „Ganze" nur die Aktualität der begrenzten menschlichen Erkenntnis repräsentiert. Hierbei ergibt sich ein ähnlicher Fehler wie im Falle des Reduktionismus, welcher die Natur der Dinge einfach einem bestimmten Niveau zuschreibt – jedoch nur in entgegengesetzter Richtung.

Holographische Theorie und Reduktionismus

Auf den ersten Blick mag das holographische Prinzip nicht anders erscheinen als der Reduktionismus, welcher besagt, dass der Teil das Ganze ist. Es ergibt sich jedoch im Blick auf die weiteren Implikationen beider Standpunkte ein wesentlicher Unterschied.

Die holographische Theorie versteht die Ganzheit, die im Teil enthalten ist, im Sinne der im Teil enthaltenen Information, d.h., die Identität von Teil und Ganzem liegt in der Selbigkeit ihrer Information. Es ist die Selbigkeit der in dem Objekt selbst enthaltenen Information, und nicht eine Gleichartigkeit des tatsächlichen Daseins auf einer bestimmten Ebene, welche hier die Ganzheit ausmacht.

Die Identität zwischen Teil und Ganzem, die der Reduktionismus postuliert, ist im Sinne tatsächlicher Existenz zu verstehen, d.h., sie reduziert immer die Natur des Ganzen auf eine bestimmte Ebene oder einen Teil des Ganzen. Zum Beispiel reduziert sie die Ganzheit von etwas auf die atomare Ebene oder auf chemische Prozesse und bezieht sich auf eine solche bestimmte Ebene oder einen solchen partikulären Blickwinkel, um die Natur des Ganzen zu erklären. Zum Beispiel wird argumentiert, dass die Welt aus Atomen besteht und daher alles auf verschiedene Weise als Ausdruck dieses atomaren Daseins funktioniert. Das Wesen des Reduktionismus besteht also darin, das Individuelle und Besondere in ein Universelles hinein aufzulösen oder das als universal zu setzen, was ursprünglich besondert ist. Obwohl diese Sichtweise die Gleichheit der Dinge in materieller Hinsicht sowie eine Art Universalität ihrer Zusammensetzung offenbart, hat sie ihre Grenzen. Sie kann den Ursprung von Individualität und Besonderheit nicht erklären. Sie kann auch nicht erklären, warum es so große Unterschiede zwischen verschiedenen Dingen gibt, die aus derselben Art von Atomen bestehen. Zum Beispiel kann aus reduktionistischer Sicht nicht dargelegt werden, warum Schweine und Menschen so unterschiedlich sind, obwohl beide doch aus Atomen bestehen. Das bedeutet, dass der Reduktionismus die Quelle der charakteristischen Information des Ganzen selbst nicht erklären kann.

Die holographische Theorie hingegen offenbart, dass *alles*, d.h. jeder Teil und jede Ebene, die Komplexität des Ganzen enthält, und diese Komplexität ist auch die Quelle der Individualität. Da diese Komplexität die gesamte Geschichte jedes Wesens selbst und all seine Beziehungen zu anderen Dingen enthält, existiert jedes Ding in einer speziellen, einzigartigen Raum-Zeit-Struktur, sodass alles von allem anderen unterschieden ist und durch nichts anderes ersetzt werden kann.

Obwohl alle Dinge in holographischen Beziehungen zueinander stehen und dieselbe Information enthalten, ist diese Information in der Manifestation jedes Dinges auf einzigartige Weise spezifiziert oder „individualisiert“. Dies ist es, was die besondere, einzigartige „Steinnatur“ in einem *bestimmten* Stein und den individuellen Ausdruck einer bestimmten „Schweinenatur“, nämlich eben dieses einen, konkreten Schweins, ausmacht. Ein Teil enthält alle Informationen des Ganzen, was bedeutet, dass Teile die gesamte Komplexität des Ganzen enthalten, d.h., ein Teil enthält alle Unterschiede. Unterschied ist Information. Ohne Unterschiede gibt es keine Information. Die Entstehung jedes Dings und sogar jede Aktivität der Dinge bedeuten kosmische Ereignisse und Manifestationen aller Gesetze des Universums. Würde auch nur eines dieser Gesetze des Universums nicht zum Ausdruck gebracht, so könnten die Dinge nicht so entstehen, und ihre Aktivitäten wären nicht auf diese Weise möglich, wie sie sind. Aus dieser Sicht erscheint es zunächst so, als ob jedes Ding und jede Aktivität eigentlich eine universelle Aktivität repräsentiert, die universelle Gesetze manifestiert und zur Geltung bringt. Tatsächlich ist dies aber nicht der Fall. In jedem Ding, in diesem Moment, ist das Ganze aller scheinbar universellen Gesetzmäßigkeiten in einzigartiger Weise individualisiert, und die universellste Sache wird zum speziellsten Aspekt im Individuum. Mit anderen Worten, die universellsten Aspekte werden immer ausgedrückt, bzw. existieren immer auf die allerspezifischste Weise, und alle Informationen werden in der speziellsten und individualisiertesten Richtung im Individuum rekonstruiert. Dieser (per se allgemeine) Umstand macht es zu einem einzigartigen, zu „diesem einen“ Ding. Die Natur von Atomen derselben Sorte ist in einem bestimmten, individuellen Atom anders repräsentiert als in anderen, weil es sich in einer anderen raumzeitlichen Umgebung befindet und dabei seine gesamte Raum-Zeit-Struktur individuell in sich trägt. In individuellen Dingen sind Universalität und Besonderheit integriert. Individualität enthält alle Universalität, und Universalität wird (bzw. manifestiert) Besonderheit. Die Existenz der Besonderheit basiert auf der Ganzheit der Universalität. Es gibt nichts, was nicht besonders ist, genauso wie es nichts gibt, was nicht (zur selben Zeit) universell wäre. Das universellste Ding existiert in Form von verschiedenen spezifischen Ereignissen unter bestimmten Umständen. Es gibt keine Universalität, die von Individualität getrennt wäre – abgesehen von jener „Universalität“, die lediglich der menschlichen Abstraktionsleistung geschuldet ist, niemals aber als real existierend angesehen werden dürfte.

Das Problem hierbei besteht darin, dass diese sogenannten universellen Faktoren in jedem Individuum die Natur dieses Individuums annehmen, weil die universellen Faktoren der individuellen Natur im Individuum untergeordnet sind und im Kern in Korrelation mit der Natur der Ebene, auf der sich das Individuum befindet, konstituiert sind. Zum Beispiel sind in Schweinen Atome der Natur der Schweine untergeordnet, und Atome sind in der Form der Natur des ganzen Schweins eingebettet, sodass sie die Natur des Schweins manifestieren. In einem bestimmten Stein zeigen dessen Atome die Natur des Steins, weil sie die Natur des Steins als Zentrum ihrer Konstruktion mit einbeziehen. Mit anderen Worten, in einem Individuum nimmt die Information, die auf der Ebene erscheint, die es in seiner Evolution erreicht hat, eine dominante Position ein, und alle Informationen, Materie und Energie, die es hat, können nur der dominanten Information untergeordnet sein. Daher nimmt alle Materie, welche jeweils ein Individuum konstituiert, die Natur dieses Individuums an.

Gemäß der reduktionistischen Interpretation bestehen sowohl Menschen als auch Schweine aus Atomen. Aber es ist, wie gesagt, unmöglich, auf atomarer Ebene Menschen von Schweinen zu unterscheiden. Es ist schwierig zu erklären, wie Dinge, die aus ein und derselben Art von Atomen bestehen, so unterschiedlich sein können. Was gesagt werden kann, ist, dass diese Unterschiede sicherlich auf die Gesamtbedingungen zurückzuführen sind. Die jeweiligen Informationen (Eigenschaften) kommen jedoch nicht von außen, sondern von dem Ding selbst. In gewissem Sinne kann gesagt werden, dass sie auch von den Atomen und jeder anderen Ebene des Dinges kommen, weil sie alle Informationen des Ganzen enthalten. Warum Atome derselben Art in Schweinen und Menschen so unterschiedliche Eigenschaften zeigen, liegt an den Bestimmungen und dem Einfluss des Ganzen. (Hierbei sollte beachtet werden, dass dieses Ganze alle Faktoren des gesamten Kontinuums von Raum und Zeit umfasst, die mit dem Ding in Verbindung stehen, einschließlich der Ebene des Atoms.) Dieses Ganze bestimmt auch die Richtung, den Grad und die Art der Manifestation der Information von Atomen in verschiedenen Individuen. In diesem Sinne kann man sagen, dass Atome auch „Individualität“ besitzen. Das Atom eines Schweins hat eine andere Natur als das Atom eines Menschen. Die Eigenschaften von Atomen in einem bestimmten Ding oder Wesen sind anders bestimmt als die Natur dieser Atome in allen anderen Dingen oder Wesen. Das verallgemeinerte Atom ist nur ein Produkt menschlicher Abstraktionsfähigkeiten.

Zusammenfassend gesagt, überwindet die holographische Theorie bzw. holographische Philosophie zwei Tendenzen: Die erste ist der Reduktionismus im traditionellen Sinne, der besagt, dass das Ganze auf eine grundlegendste Ebene reduziert werden kann, wie zum Beispiel Dinge auf Atome oder grundlegendere Partikel. Auch den Lebensprozess auf physikalische und chemische Prozesse zu reduzieren, stellt eine Form des Reduktionismus dar. Die andere Tendenz ist die zuvor erwähnte Form des „Holismus", die die Natur des Teils mit dem Ganzen verbindet. Diese Ansicht ist im Wesentlichen das Gegenteil des Reduktionismus. Beide Ansichten teilen eine Form der Einschränkung, nämlich, dass sie den Teil gegen das Ganze auszuspielen bestrebt sind, wodurch eine Entscheidung erforderlich wird, welche Seite die andere bestimmt. Tatsächlich wird der Zustand der Existenz eines Systems oder eines Dinges aber weder einseitig vom Ganzen oder vom Teil bestimmt, sondern durch die untrennbare Beziehung beider, d.h., durch die wechselseitige Integration und Interaktion zwischen Ganzem und Teil. Beide können sich nur wechselseitig im jeweils Anderen zur Wirklichkeit erheben.

Notizen

1. In diesem Text werden die Namen moderner chinesischer Autoren in der „westlichen" Reihenfolge (Vorname, gefolgt vom Familiennamen) geschrieben. In der Literaturliste werden die transliterierten Namen dieser chinesischen Autoren ebenfalls in dieser Form wiedergegeben. Da Vornamen, die aus mehr als einem chinesischen Zeichen bestehen, im Pinyin-System im Sinne eines durchgängigen Namens transliteriert werden, wird hier nur der erste Buchstabe der Transliteration des ersten Zeichens des Vornamens als Initiale gesetzt. Hinsichtlich der nachstehenden Wiedergabe der Namen in chinesischen Zeichen bleibt natürlich die ursprüngliche Reihenfolge (Familienname, gefolgt vom Rufnamen) erhalten.

Literatur

O. Spengler, 奥斯瓦尔德·斯宾格勒, 《西方的没落》 [*Der Untergang des Abendlandes*]. 陈晓林(译) (黑龙江教育出版社, 哈尔滨, 1988)

C. Wang, C. Yan, 王存臻、严春友, 宇宙全息论 [Die holographische Theorie des Universums]. 自然信息 (2/1), 1–5 (1985)

C. Wang, C. Yan, 王存臻、严春友, 精神全息论 [Die holographische Theorie des Geistes]. 现代哲学 (4), 27–28 (1986)

C. Wang, C. Yan, 王存臻、严春友, 宇宙全息重演律 [Das kosmische Gesetz der holographischen Wiederholung]. 福建论坛 (2), 74–77 (1987a)

C. Wang, C. Yan, 王存臻、严春友, 精神全息重演律 [Das geistige Gesetz der holographischen Wiederholung]. 北京师范大学学报 (3), 96–103 (1987b)

C. Wang, C. Yan, 王存臻、严春友, 宇宙全息统一论 [Die Theorie der kosmischen holographischen Einheit]. 自然信息 (6), 25–28 (1987c)

C. Wang, C. Yan, 王存臻、严春友, 《宇宙全息统一论》 [*Die Theorie der kosmischen holographischen Einheit*] (山东人民出版社, 济南, 1988a)
C. Wang, C. Yan, 王存臻、严春友, 《宇宙统一科学》 [*Die Wissenschaft der kosmischen Einheit*] (山东人民出版社, 济南, 1988b)
Z. Wang, 王兆强, 广义全息与全息不全——兼与《宇宙全息统一论》作者商榷 [Allgemeine Holographie und holographische Unvollständigkeit: Eine Diskussion mit dem Autor von *Die Theorie der kosmischen holographischen Einheit*]. 科学技术与辩证法 (6), 5–9 (1989)
C. Yan, C. Yan, 严春宝、严春友, 《文化全息论》 [*Die Theorie der kulturellen Holographie*] (山东人民出版社, 济南, 1991)
C. Yan, 严春友, 《精神之谜——全息精神学》 [*Das Mysterium des Geistes: Holographische Noologie*] (中国社会科学出版社, 北京, 1991)
C. Yan, 严春友, 全息哲学论纲 [Umriss der holographischen Philosophie]. 华中师范大学学报 (增刊), 1–10 (1996)
C. Yan, 严春友, 全息论对系统论与还原论的超越 [Der Vorteil der holographischen Theorie im Vergleich zu Systemtheorie und Reduktionismus]. 河北学刊 (6), 60–62 (2008a)
C. Yan, 严春友, 全息哲学引论 [Einführung in die holographische Philosophie]. 社会科学论坛 (12), 31–47 (2008b)

Chunyou Yan (China) ist ein führender Experte für zeitgenössische chinesische Naturphilosophie. In seinen Werken verbindet er verschiedene traditionelle chinesische Ansichten mit westlichen philosophischen Elementen und moderner holographischer Kosmologie. Er ist Professor am Qifang College of Education der Xi'an International University sowie an der School of Philosophy der Beijing Normal University in Beijing, China.

Der menschliche Körper als singendes Universum

Bei Peng

Zusammenfassung

Seit Jahrtausenden lebt in vielen Kulturen die grundlegende Idee fort, dass es eine universelle Ordnung gibt, die Mensch und Universum verbindet. Diese Ordnung wurde oft in geometrischen oder musikalisch-harmonikalen Begriffen ausgedrückt. Von Pythagoras bis Kepler waren Universalgelehrte fest davon überzeugt, dass diese Ordnung den ursprünglichen Code aller Dinge darstellt. Dieses Kapitel führt eine neue, interdisziplinäre Perspektive ein, die die Bereiche der Traditionellen Chinesischen Medizin (TCM), der Musiktheorie und der keplerschen astronomischen Erkenntnisse miteinander kombiniert. Mittels entsprechender mathematisch basierter Analysen wird gezeigt, dass die Energiemeridiane des menschlichen Körpers einer spezifischen musikalisch-harmonikalen Ordnung entsprechen, die wiederum untrennbar mit bestimmten Beziehungsaspekten der Himmelskörper unseres Sonnensystems verbunden ist. Die Studie stellt völlig neue Entdeckungen in Bezug auf diese universelle Verbindung dar. Dabei eröffnet sie auch neue Verständnisebenen und bietet neue Aspekte für die Weiterentwicklung des Konzeptes des kosmischen Lebens.

B. Peng (✉)
Institute of Advanced Studies in Humanities and Social Sciences, Beijing Normal University, Zhuhai 519087, China
E-Mail: bei.peng@bnu.edu.cn

B. Peng
Research Institute for Sustainability (RIFS), GFZ Helmholtz Centre for Geosciences, Potsdam, Germany

D. Bartosch et al. (Hrsg.), *Auf dem Weg zu einer Philosophie des kosmischen Lebens*,
https://doi.org/10.1007/978-981-97-9987-9_6

Schlüsselbegriffe

Kosmische Harmonie · Akupunkturpunkte · Planetenbewegung · Musiktherapie · Musiktheorie

Einführung

> Jeder Punkt im Universum ist eine Natur *en miniature*,
> nur hat der Künstler in jedem das Original von einer andern Seite kopiert.
> Johann Wilhelm Ritter
> Himmel und Erde entstehen mit mir zugleich, und alle Dinge sind eins mit mir.
> Zhuangzi

Im Laufe der Menschheitsgeschichte wurde das Konzept des Menschen als eines kosmischen Wesens durch religiöse und philosophische Traditionen in verschiedenen Zivilisationen ergründet und etabliert. Das Konzept des Menschen als kosmisches Wesen war schon immer Teil der menschlichen Identität. Diese Identität erinnert uns auch daran, dass wir trotz unserer Individualität alle Teil von etwas viel Größerem sind: einer universellen kosmischen Energie und Ordnung, die uns alle miteinander verbindet. Als Spezies haben wir eine gemeinsame Verantwortung, für eine bessere Welt zu arbeiten, und uns unserer kosmischen Verbundenheit bewusst zu sein. Auf diese Weise können wir alle danach streben, dem vollkommenen Menschen, der wir in unserem Inneren sind, immer ähnlicher zu werden. Dem Selbstverständnis des Menschen als kosmisches Wesen inhäriert die basale und eminente Einsicht, dass wir von Natur aus mit der harmonischen Ordnung des Universums ausgestattet sind und diese Ordnung sowohl sinnlich als auch rational erfassen können. Daraus haben verschiedene Kulturen Verhaltenskodizes für die menschliche Gesellschaft abgeleitet, um dieser harmonikalen Grundlage zu entsprechen. Die Ordnung des Universums wird somit zur grundlegenden Matrix unseres menschlichen Verständnisses einer Einheit von Makro- und Mikrokosmos, Geist und Materie sowie der Himmelsbewegungen und menschlicher Gemeinschaften.

Mythen und Legenden existieren seit Anbeginn der menschlichen Zivilisation. Von den alten Ägyptern bis zu den nordischen Göttern, von den Azteken bis zu den chinesischen Legenden, haben die Schöpfer antiker Zivilisationen versucht, dem Ursprung des Lebens und der kosmischen Ordnung in einer Vielzahl symbolischer Formen höchsten Tribut zu zollen. Hans Kayser weist in seiner Zusammenfassung der mythologischen Erzählungen verschiedener antiker Zivilisationen, wie zum Beispiel der altägyptischen, babylonischen, antiken chinesischen oder altindischen, auf auffällige Ähnlichkeiten zwischen den jeweiligen Schöpfungsmythen hin. Alle weisen auf eine direkte Verbindung zwischen Weltschöpfung, der Schöpfung des Lebens und „Klang" hin (Kayser 1950, XIII–XVI). Dieses Bild eines ursprünglichen, mystischen und jenseitigen, primordialen Klanges bezieht sich auf eine sehr alte Tradition der Beobachtung und Untersuchung akustischer

Phänomene in der Natur sowie auf damit korrelierende Reflexionen bezüglich einer Verbindung zwischen dem Ursprung des Lebens und Himmelsphänomenen.

Die enorme geistige Kraft mathematischen Denkens hat seit der Antike die Schlüssel zum Verständnis des Universums und der Ordnung des Lebens geliefert. Die Pythagoreer erkannten die enge Verbindung zwischen mathematischem Denken und der physischen Welt, und sie nutzten die Arithmetik und Geometrie ihrer Zeit, um die Welt qualitativ und quantitativ zu erklären, indem sie die grundlegende, harmonische Ordnung des Universums durch mathematische Muster aufschlüsselten. Sie stellten auch fest, dass Musik den Menschen auf hörbare und direkte Weise dieselbe kosmische Ordnung erkennen lässt, denn „der ganze Himmel ist Harmonie und Zahl" (Aristoteles 1989, 31 [986a]). Etwa zur gleichen Zeit glaubten die Weisen Chinas, dass die fünf Töne die fünf sichtbaren Planeten repräsentiere und die Harmonie und Einheit zwischen den Tönen direkt mit den Planeten zusammenhänge. Das absolute Maß für die Länge einer bestimmten Pfeife für den Grundton, d.h. für die sogenannte Gelbe Glocke, wurde im gesamten chinesischen Reich als grundlegender Standard zur Deduktion aller anderen Maßeinheiten und sogar auch als Hauptinstrument zur Festlegung sozialer Standards gebraucht (sogar noch bis zu Beginn des 20. Jahrhunderts) (Peng 2019, 138–142).

Diese ganzheitliche Denkweise, die sich durch die Geistesgeschichte sowohl der westlichen als auch der östlichen Kulturen sowie die Geschichte der Technik- und Kunstgeschichte zieht, basiert auf der Annahme, dass alle Teile des Universums untrennbar miteinander verbunden sind und alles Teil eines größeren Ganzen ist bzw. jeweils eine individuelle Realität dieses universellen Ganzen darstellt. Vor diesem Hintergrund versuche ich in diesem Kapitel, die Beziehung zwischen den Gesetzmäßigkeiten der universellen Harmonie, des Universums sowie des menschlichen Körpers aus einer neuen Perspektive heraus zu analysieren. Im Rahmen des thematischen Schwerpunkts des vorliegenden Buches, der auf der Entwicklung eines philosophischen Konzepts ‚kosmisches Lebens' liegt, wird damit im vorliegenden Kapitel versucht, eine neue transkulturelle Perspektive aus einem interdisziplinären Blickwinkel heraus zu formulieren. Dieser umgreift die Bereiche der Musiktheorie, der Traditionellen Chinesischen Medizin sowie Johannes Keplers Theorie der himmlischen Harmonie. Diese Perspektive basiert auf einigen Beobachtungen, die ich während meiner Forschungen in einem transkulturellen Kontext gemacht habe. Da ich Musikwissenschaftlerin bin, war der Ausgangspunkt meiner Forschung zu diesem transdisziplinären Thema von Anfang an die Musiktheorie. Hierbei ist es wichtig zu betonen, dass Musiktheorie an sich nicht direkt mit dem im Bereich musikalischer Praxis üblichen Studium der harmonischen, melodischen, rhythmischen und stilistischen Elemente bestimmter Musikkompositionen oder Musikstile usw. verwechselt werden darf. Vielmehr ist hier von einem für diese Bereiche grundlegenden, universellen System der Musik (im abgeleiteten Sinne des antiken griechischen Konzepts der *theoria* [θεωρία]) die Rede. Musiktheorie beinhaltet die wissenschaftliche Betrachtung von Musik in ihrer physikalisch-akustischen Phänomenalität. Sie beinhaltet prinzipielle mathematische Berechnungen sowie daraus abgeleitete Darstellungen. Da das Feld der Musiktheorie und ihrer Historie bereits ausreichend und umfassend untersucht worden ist, werde ich hier nicht eingehender erklärend auf Musiktheorie als solche eingehen, sondern nur bei Bedarf einige weitere Erläuterungen hinzufügen, die direkt mit dem vorliegenden Thema verbunden sind.

Ein weiterer wichtiger Ausgangspunkt für das vorliegende Kapitel ist die Theorie der Akupunkturpunkte in der Traditionellen Chinesischen Medizin (TCM). Dieses Medizinsystem wird heutzutage in Ostasien und auf weltweiter Basis praktiziert und repräsentiert ein Wissen über die Akupunkturpunkte des menschlichen Körpers, welches auf einer langen Geschichte therapeutischer Praxis basiert. Das Wissen über die Lage dieser Akupunkturpunkte ist seit Langem streng vorgegeben und wird zu therapeutischen Zwecken verwendet. Es wird unterstützt durch eine spezifische Fachterminologie. Im vorliegenden Kapitel wird eine erweiterte Perspektive eingeführt. Sie führt die neuen Hypothesen ein, dass es (1) implizite numerische oder proportionale Beziehungen zwischen Akupunkturpunkten gibt, sowie dass (2) diese mathematischen Beziehungen analog sind zu den numerischen Werten von Intervallen in der Musiktheorie. *Dies wirft die Frage auf, ob die Prinzipien der musikalischen Harmonie auch mit den Prinzipien der Harmonie für den Menschen im Sinne eines gesunden Lebewesens zusammenhängen. Dies führt zu einer neuen Perspektive bezüglich des Verständnisses des Prinzips der Konstitution und inneren Selbstregulation menschlicher Lebensenergie.*

Die dritte Perspektive dieses Kapitels ist auf Johannes Keplers Theorie der kosmischen Harmonie des Sonnensystems bezogen. Kepler argumentierte, dass die Bewegungen der Planeten im Sonnensystem nicht zufällig seien, und vielmehr noch eine musikalische Harmonie repräsentierten. Kepler glaubte, dass das Prinzip dieser musikalischen Harmonie identisch sei mit dem Prinzip des Universums selbst, d.h., wie er es seinerzeit auffasste. In den Arbeiten Hartmut Warms wird Keplers Theorie der Harmonie der Planetenbewegungen heute auf Basis aktueller Datensätze bestätigt und erweitert. Auf der Grundlage der Erkenntnisse und Ergebnisse Warms ist es möglich, eine Analogie aufzuzeigen zwischen den geometrischen Beziehungen der Akupunkturpunkte des Körpers einerseits sowie den geometrischen Beziehungen der Planetenbewegungen in Keplers Weltharmonik auf der anderen Seite. Dies wirft wiederum die weitere Frage auf, ob dieses Prinzip einer musikalisch-harmonikalen Ordnung des menschlichen Körpers auch direkt mit dem Prinzip der kosmischen Harmonie, sozusagen, „kompatibel“ ist. Die Betrachtung einer solchen verborgenen solarsystemischen „Grammatik“ des Lebens könnte ein neues Verständnis auf der Suche nach einem adäquaten Begriff kosmischen Lebens eröffnen.

Musikalische Harmonie im menschlichen Körper

Im Rahmen der Theorie der Traditionellen Chinesischen Medizin steht die Vorstellung des energetischen Systems des menschlichen Lebens im Mittelpunkt. Innerhalb dieses Wissenssystems wird der lebendige menschliche Körper selbst als sich selbst regulierender Mikrokosmos betrachtet. Im Daoismus gilt der menschliche Leib als ein ‚kleiner

Himmel und Erde‘ (*xiao tiandi* 小天地), der mit dem ‚großen Himmel und Erde‘ (*da tiandi* 大天地) koexistiert, was dann wiederum auch bedeutet, dass „Himmel und Erde, Raum und Zeit einem menschlichen Leib entsprechen“ (*tiandi yuzhou yi ren zhi shen ye* 天地宇宙一人之身也) (*Huainanzi*, n.d., „Benjingxun“ [§] 3, engl. Ausgangsübers. BP). „Die Öffnungen und Glieder des Menschen sind mit dem Himmel verbunden“ (*kong qiao zhi ti jie tong yu tian* 孔竅肢體皆通於天) ([§] 21, engl. Ausgangsübers. BP). Diese Theorie der Einheit von Himmel und Mensch geht davon aus, dass das menschliche Leben sowie Himmel und Erde denselben Ursprung haben, denselben Gesetzen folgen und sogar dieselbe prozessuale Struktur repräsentieren. Daher wird angenommen, dass sie auf energetischer Ebene miteinander korrespondieren und miteinander harmonieren. „Der Mensch entfaltet sich seiner Erscheinung nach in eine Vielheit von Individuen, in deren jedem die zentrale Eins als Lebensprinzip eingeschlossen ist“ (Wilhelm und Jung 1994, 76).

Was die wirkliche Umsetzung des *dao* 道 im Sinne dieses Lebensprinzips im Mikro- und Makrokosmos ermöglicht, wird *qi* 氣 genannt. Diese *qi*- Lebensenergie fließt in geordneten Bahnen durch den menschlichen Körper entlang bestimmter biologischer Energiepfade, die als Meridiane (*jingluo* 經絡) bezeichnet werden. Aus der Perspektive der TCM können diese Meridiane als Kanäle der Lebensenergie einer Person verstanden werden, in denen *qi* kontinuierlich zirkuliert und übertragen wird, solange die Person lebt. Es dient der Funktion, die grundlegenden Funktionen der inneren Organe zu erhalten und zu regulieren, die den Körper als organische Ganzheit konstituieren. Entlang der Meridiane gibt es kleine Stellen, an denen sich die *qi*-Energie besonders konzentriert. Sie werden Akupunkturpunkte genannt. Diese alte Theorie ist auch für Forscher im Bereich der modernen Medizin und Biologie von großem Interesse. Naturwissenschaftler haben daran gearbeitet, die Existenz von Akupunkturpunkten im Kontext der modernen Medizin zu beweisen und zu messen. Sie haben einige Beweise dafür erbracht. Zum Beispiel haben einige Wissenschaftler in den letzten Jahren entdeckt, dass bioelektrische Ströme in der Zytoplasmamatrix des Bindegewebes im gesamten Körper eines lebenden Menschen aktiv sind und die Stimulation dieser Akupunkturpunkte, wie in der chinesischen Medizin dargelegt, entzündungshemmende oder entzündungsfördernde Wirkungen haben kann (Langevin und Yandow 2002; Ahn et al. 2005; Langevin et al. 2007; Langevin 2014; Liu et al. 2020, 2021; Ulloa 2021). Dies belegt die Beziehung zwischen Akupunkturpunkten und Meridianen und dem Bindegewebe. Die Ergebnisse dieser modernen medizinischen Experimente sind mit dem theoretischen System der Traditionellen Chinesischen Medizin vereinbar.

Ich möchte hier eine ganz neue Sichtweise vorstellen, die zugleich mit der aktuellen Theorie der Akupunkturpunkte im modernen Kontext der Anwendung der Traditionellen Chinesischen Medizin kompatibel ist: Die räumliche Anordnung der einzelnen Akupunkturpunkte entlang der Meridiane auf den Oberflächenschichten des menschlichen Körpers ist nicht zufällig oder willkürlich. Die hier von mir zum ersten Mal vorgetragene Perspektive geht weit über die bisherige, eher elementare und weit verbreitete Ansicht hinaus, wonach die Meridiane symmetrisch um eine zentrale Achse organisiert sind, die den Körper symmetrisch in eine linke und rechte Hälfte teilt und dabei „Spiegelbilder" jedes der zwölf Hauptmeridiane auf beiden Seiten aufweist.

Meiner Ansicht nach ist die Verteilung der einzelnen Akupunkturpunkte entlang dieser Meridiane selbst in komplexen, proportionalen Beziehungen organisiert, die eine viel komplexere geometrische Struktur bilden. Betrachtet man diese Proportionen und geometrischen Strukturen in übertragender Weise im Hinblick auf den Kontext der harmonikalen Ordnung der Musiktheorie, so wird deutlich, dass die Abstände zwischen diesen Akupunkturpunkten genau den mathematischen Proportionen musikalischer Intervalle entsprechen. Das bedeutet, dass die Verteilung der Akupunkturpunkte die Ordnung und Harmonie der Energien des Körpers aus einer bisher unerkannten Dimension heraus anzeigt. *Aus diesem Blickwinkel kann der menschliche Körper im übertragenen Sinne in seiner energetischen Dimension als ein fein abgestimmtes, empfängliches „Musikinstrument" betrachtet werden, welches das Lied des Lebens spielt.*

Für diejenigen Leserinnen und Leser, die mit der Theorie der Traditionellen Chinesischen Medizin (TCM) noch nicht vertraut sind, möchte ich zunächst eine kurze Einführung in die Grundlagen des Systems der Akupunkturpunkte geben. In der TCM geht man heute davon aus, dass es ungefähr 720 Akupunkturpunkte im Bereich des umgebenden Gewebes des menschlichen Körpers (unter der Hautoberfläche) gibt.1 Das theoretische Wissen über Akupunkturpunkte in der chinesischen Medizin wurde im Laufe von Jahrtausenden durch Erfahrung, Forschung und Praxis allmählich angesammelt. Der chinesische Terminus für ‚Akupunkturpunkt(e)' ist *shuxue* 腧穴, was manchmal alternativ auch als ‚Akupunkt(e)' übersetzt wird (weitere Informationen zur Übersetzung dieses Begriffs finden sich bei Xu und Zhang [2005]). Im westlichen Kontext angewandter TCM wird auch die lateinische Bezeichnung *foramen* verwendet (Hempen 2009, 67). Das Wort *shu* 腧 bedeutet im Chinesischen ein energetisches „Tor" des lebendigen Körpers, während *xue* 穴 sinnverwandt auf eine Öffnung, eine Höhlung oder Vertiefung, auf einen Zugang oder „Eingang" anspielt. *Shuxue* sind die „Punkte" auf der Oberflächenebene des Leibes, an denen *qi* von den Meridianen und den inneren Organen her bzw. in diese hinein „ein- und austritt", sich sammelt und übertragen wird. Diese energetischen Schwerpunkte, die im Sinne von kleinen punktuellen Zonen auf der Körperoberfläche als kleinstflächige, punktuelle Bereiche theorisiert werden, sind in drei Kategorien unterteilt: reguläre, extra-meridiane und *ashi* 阿是-Akupunkturpunkte (Liu und Liu 2009, 11–12). Sie befinden sich in verschiedenen Bereichen des menschlichen Körpers und bilden ein stabiles energetisches Netz. Laut traditionellem chinesischen Medizinwissen können diese Akupunkturpunkte durch verschiedene therapeutische Mittel stimuliert werden, um Krankheiten vorzubeugen oder zu behandeln.

Eine praktische Methode zur Identifizierung von Akupunkturpunkten, die auf der Grundlage jahrtausendelanger Erfahrung entwickelt wurde, wird *shuxue dingwei fa* 腧穴定位法, d.h. „Akupunkturpunkt-Lokalisierung" (Sui und Meng 2013, 1–4), genannt. Demnach hat jeder Akupunkturpunkt einen Namen und eine feste Lage. Das Ziel der unterliegenden Lehre ist es, die genauen Positionen der Akupunkturpunkte auf der

Körperoberfläche zu markieren, damit der Arzt lernen kann, sie exakt zu pressen oder mit einer Akupunkturnadel zu treffen. Im frühesten medizinischen Kompendium, *Huangdi Neijing* 黃帝內經 (2. Jh. n. Chr.), werden in mehreren Kapiteln 160 wichtige Akupunkturpunkte und deren therapeutische Wirkungen detailliert beschrieben (Unschuld 2003). Im 16. und 17. Jahrhundert wurden umfangreiche Forschungen zu früheren Entwicklungen in der chinesischen Medizin unternommen. Im Jahre 1601 veröffentlichte der chinesische Arzt Yang Jizhou 杨继洲 (1522–1620) *Das vollständige Lehrbuch der Akupunktur und Moxibustion* (*Zhenjiu Dacheng* 針灸大成) – ein zehnbändiges Werk, welches das Wissen über Akupunkturpunkte vollumfänglich zusammenfasst und als das wichtigste chinesische Medizinhandbuch über Akupunkturpunkte gilt. Die im modernen Sinne wissenschaftlich durchreflektierte Form der TCM, die heute an speziellen medizinischen Universitäten in China gelehrt wird, basiert in letzter Instanz auf solchen vormodernen Grundlagen.

Obwohl Akupunkturpunkte laut TCM als systematisch definierte Punkte auf der Körperoberfläche zu betrachten sind, ist jeder menschliche Körper ein wenig anders. Daher wurde im Rahmen der Traditionellen Chinesischen Medizin eine einzigartige Methode des Maßnehmens entwickelt. Diese Methode verwendet eine grundlegend andere Form des Maßnehmens als die standardisierten Einheiten, die wir heute im Alltag verwenden, wie Zentimeter, Zoll und so weiter. Die Grundeinheit zur Messung der Position von Akupunkturpunkten ist keine absolut feststehende Länge, *sondern eine relativ-proportionale Längeneinheit oder, anders gesagt, eine variable proportionale Maßeinheit*. Die entsprechende Methode des Maßnehmens, die daher auch *tongshen cun* 同身寸 (wörtliche Übersetzung: ‚das dem (jeweiligen individuellen) Körper entsprechende Zoll') genannt wird, wurde über Jahrtausende hinweg entwickelt und systematisiert.

Im Folgenden werden einige grundlegende relative Längen dieser Methode des Maßnehmens kurz beschrieben, damit die nachfolgenden Analysen besser nachvollzogen werden können und interessierte Leserinnen und Leser die Methode an ihren eigenen Körpern ausprobieren können. Grundsätzlich gibt es dabei in der chinesischen Medizin zwei Hauptlängeneinheiten: (a) das Daumenmaß, d.h., die Breite des mittleren Knöchels des Daumens der Person, von der maßgenommen werden soll, wird als 1 horizontaler *cun* (*heng cun* 横寸) genommen, und (b) das Mittelfingermaß, welches bedeutet, dass der relative Abstand zwischen den Beugefalten des zweiten und dritten Fingergelenks der zu messenden Person, wenn der Mittelfinger gebeugt ist, als 1 vertikaler *cun* (*shu cun*竖寸) genommen wird. Die Länge des körpereigenen horizontalen *cun* wird verwendet, um die Lage jedes Akupunkturpunktes in horizontaler Richtung auf Gesicht, Brust und unterem Teil des Rückens zu bestimmen; der vertikale *cun* wird verwendet, um jeden Akupunkturpunkt in vertikaler Richtung auf Kopf, Brust und Bauch sowie die vertikalen Abstände an den unteren Teilen der oberen Extremitäten zu messen (Liu und Liu 2009, 16–17). Es sollte zudem beachtet werden, dass in der TCM diese beiden grundlegenden Längen nicht ausschließlich zur Bestimmung der Lage aller Akupunkturpunkte verwendet werden. Einige müssen in Verbindung mit der genauen Position bestimmter Knochenmerkmale der jeweiligen Person sowie deren Proportionen ermittelt werden – was auch als ‚Methode des

Maßnehmens anhand der Knochen' (*gudu fa* 骨度法) bekannt ist (Sui und Meng 2013, 2–4). Diese personalisierte Methode proportionaler Messung, die im Sinne jeweiliger Grundlängen auf Teillängen der Körperproportionen einer jeweiligen Person basiert, ermöglicht zweifellos eine maximale individuelle Variabilität in Bezug auf Körpermaße. Dabei wird zum Beispiel die Breite jeder Rippe mit etwa 1,6 *cun* veranschlagt, der Abstand von der Stirn bis zum Stirnhaaransatz als 3 *cun*, usw. Drittens gibt es auch weitere anatomische Orientierungspunkte, die in der Praxis zur genauen Lokalisierung von Akupunkturpunkten verwendet werden (Liu und Liu 2009, 17).

Um verschiedene Akupunkturpunkte an verschiedenen Körperstellen schnell und genau zu lokalisieren, werden diese drei Methoden des Maßnehmens oft in Kombination verwendet. Hierbei ist zu beachten, dass die in diesem Artikel durchgeführte Datenanalyse ausschließlich auf Proportionalmessungen basiert, die aus dem erstgenannten Ansatz des Maßnehmens herrühren. Insbesondere beziehe ich mich hierbei auf die entsprechende offizielle nationale Norm (Chinesische nationale Norm GB/T12346-2006 „Namen und Positionen der Akupunkturpunkte", 国家标准代码 GB/T12346-2006 《腧穴名称与定位》), die modernen Anwendungen der TCM zugrunde liegt (Sui und Meng 2013).

Es ist erwähnenswert, dass sich die überwiegende Mehrheit der Texte zu diesem Thema, d.h., sowohl vormoderne als auch moderne Arbeiten, auf einzelne Akupunkturpunkte oder auf die spezifische Lage eines Punktes und dessen Funktionen konzentriert. – Was wäre jedoch, wenn sich hier eine völlig neue Perspektive aus der Sicht der Musiktheorie aufschlüsseln ließe? Meiner Ansicht nach repräsentiert, wie gesagt, die Struktur der Verteilung der menschlichen Akupunkturpunkte auf der Oberflächenstruktur des menschlichen Körpers ein mathematisches Beziehungsnetz von (musiktheoretisch reflektierbaren) Intervallen, und die Häufigkeit, mit der einige dieser Intervalle auftreten, ergibt eine gewisse Regelmäßigkeit. Aus Platzgründen habe ich die vorliegende Perspektive auf zwei Verhältnismuster beschränkt. Die folgenden Tab. 2, 3, 4 und 5 enthalten repräsentative Listen benachbart liegender Akupunkturpunkte. Diese bilden Dreierpaare,

Tab. 1 Meridionale Intervalle und deren Entsprechung in musiktheoretischer Terminologie

Verhältnis	Frequenzverhältnis	Name des entsprechenden musikalischen Intervalls[2]
1:1	1:1	reine Prime
1:2	2:1	Oktave
2:3	3:2	reine Quinte
3:4	4:3	reine Quarte
3:5	5:3	große Sexte
4:5	5:4	große Terz
5:6	6:5	kleine Terz
5:8	8:5	kleine Sexte
5:9	9:5	kleine Sekunde
8:9	9:8	große Sekunde

Tab. 2 Beispiele für die Proportionen der Akupunkturpunkte an den Armen (siehe auch Abb. 2)

Meridian	Akupunkturpunkte*	Proportionaler Wert der Intervallabstände	Musikalische Intervalle
Lungenmeridian des Hand-Taiyin	LU3-LU5: LU4-LU5	6:5	kleine Terz
	LU4-LU6: LU5-LU6	1:1	reine Prime
	LU5-LU6: LU6-LU8	5:6	kleine Terz
Dickdarmmeridian des Hand-Yangming	LI5-LI6: LI5-LI7	3:5	große Sexte
	LI8-LI10: LI9-LI10	2:1	Oktave
	LI9-LI11: LI10-LI11	3:2	reine Quinte
San Jiao Meridian des Hand-Shaoyang	TE11-TE13: TE12-TE13	2:1	Oktave
	EC†-TE11: TE10-TE11	2:1	Oktave
	EC-TE8: EC-TE9	8:5	kleine Sexte
	WL‡-TE8: TE8-TE9	4:3	reine Quarte

* Alle Daten zu den Positionen der Akupunkturpunkte in diesem Kapitel stammen aus Sui und Meng (2013). † Ellenbogenfalte. ‡Handgelenkslinie

Tab. 3 Beispiele für die Proportionen der Akupunkturpunkte an den Beinen (siehe auch Abb. 3)

Meridian	Akupunkturpunkte	Proportionaler Wert der Intervallabstände	Musikalische Intervalle
Magenmeridian des Fuß-Yangming	ST31-PTE*: ST31-ST32	3:2	reine Quinte
	ST31-ST33: ST32-ST33	5:4	große Terz
	ST33-PTE: ST34-PTE	3:2	reine Quinte
	ST32-PTE: ST33-PTE	2:1	Oktave
	ST35-ST37: ST36-ST37	2:1	Oktave
	ST36-ST38: ST36-ST37	5:3	große Sexte
	ST35-ST41: ST38-ST41	2:1	Oktave

* Basis patellae

Tab. 4 Beispiele für die Proportionen der Akupunkturpunkte auf Brust und Bauch (siehe auch Abb. 4)

Meridian	Akupunkturpunkte	Proportionaler Wert der Intervallabstände	Musikalische Intervalle
Magenmeridian des Fuß-Yangming	ST19-ST25: ST22-ST25	2:1	Oktave
	ST19-ST25: ST20-ST25	6:5	kleine Terz
	ST19-ST25: ST21-ST25	3:2	reine Quinte
	ST26-ST29: ST27-ST29	3:2	reine Quinte
ST*-CV†:ST-KI‡		4:3	reine Quarte

* Magenmeridian des Fuß-Yangming. † Konzeptionsgefäß. ‡ Nierenmeridian des Fuß-Shaoyin

Tab. 5 Beispiele für die Proportionen der Kopfpunkte (siehe auch Abb. 5)

Meridian	Akupunkturpunkte	Proportionaler Wert der Intervallabstände	Musikalische Intervalle
Blasenmeridian des Fuß-Taiyang	HF*-BL4: BL4-BL5	4:3	reine Quarte
	BL4-BL6: BL5-BL6	2:1	Oktave
	HF-BL7: BL5-BL	5:3	große Sexte
	HO†-BL10: BL11-BL10	5:3	große Sexte
	HO-BL9: HO-BL10	8:5	kleine Sexte

* Stirnhaaransatz. †Hinterhauptshaaransatz

und ihre Abstände zueinander werden im Sinne mathematischer Verhältnisse und dabei zugleich in Bezug auf die oben genannten Fingermaße konvertiert.

Tab. 1 zeigt die möglichen Proportionen der Verhältnisse einzelner benachbarter Akupunkturpunkte in Dreierketten auf den Meridianen sowie die Namen der musikalischen Intervalle, die diesen Proportionen entsprechen. Diesbezüglich zeigt Abb. 1 wiederum die harmonischen Schwingungsverhältnisse der Saite eines Musikinstrumentes, die sich durch die Aufteilung einer schwingenden Saite gemäß den ersten fünf mathematischen Verhältnissen 1:1, 1:2, 2:3, 3:4 und 3:5 ergeben, die in Tab. 1 aufgelistet sind. Das bedeutet, diese Schwingungsverhältnisse entsprechen den ersten fünf musikalischen Intervallen, die in Tab. 1 gelistet sind.

Es ist zu beachten, dass die in Tab. 2, 3, 4 und 5 sowie entsprechend in Abb. 2, 3, 4 und 5 wiedergegebenen Angaben nur eine relativ kleine Stichprobe von Akupunkturpunkten verschiedener Körperregionen darstellen und dass sich tatsächlich noch weitaus mehr proportionale Beziehungmuster aufweisen ließen. Aus Platzgründen können diese weiteren möglichen Beispiele im vorliegenden Kapitel nicht analysiert werden. Die vier vorliegend zum Beleg herangezogenen Zusammenhänge sollten jedoch ausreichen, um die intervallproportionalen Beziehungen hinreichend zu demonstrieren, die mit den Positionen der Akupunkturpunkte auf der Oberfläche des Leibes im räumlichen Sinne vorliegen. Auf dieser Grundlage kann versucht werden, eine Diskussionsgrundlage für die nachfolgenden Thesen zu schaffen:

(1) Die Akupunkturpunkte des menschlichen Organismus sind systematisch in organisierten Mustern über die verschiedenen Oberflächenbereiche der Körpersegmente verteilt. Diese systematische Natur ihrer Verteilung spiegelt sich auch in den mathematischen Proportionen der Abstände zwischen Akupunkturpunkten wider. Diese können mit den numerischen Proportionen von musikalischen Intervallen in der Musiktheorie in Beziehung gesetzt werden.
(2) Die intervallische Beziehung zwischen Akupunkturpunkten ist universell, sowohl in Bezug auf die Nachbarschaft oder größere Nähe von Akupunkturpunkten zueinander als auch in Bezug auf weiter voneinander entfernte Akupunkturpunkte, die sich auf verschiedenen Segmenten des Körpers befinden. Die überwiegende Mehrheit der Akupunkturpunkte bildet harmonische intervallische Beziehungen zueinander. Im Allgemeinen scheinen die Intervallproportionen von reiner Prime, Oktave, reinen Quinten und reinen Quarten am häufigsten zu sein. Die Proportionen weiter voneinander entfernter Akupunkturpunkte sind in den obigen Tabellen aufgrund von Platzmangel ausgespart. Interessierte Leserinnen und Leser mögen die Berechnungen selbst durchführen. Als ungefähre Regel könnte man sagen, dass die Proportionen einzelner Akupunkturpunkte tendenziell umso „konsonanter" ausfallen, d.h., umso mehr Intervalle mit kleineren Zahlen gefunden werden (siehe Tabelle 1), je näher diese beieinander liegen. Je weiter Akupunkturpunkte voneinander entfernt sind, desto „dissonanter" fallen ihre Intervalle in der Regel aus, d.h., hier ergeben sich Intervalle mit höheren Zahlenwerten.
(3) Nicht nur Verhältnisse zwischen verschiedenen Punkten auf demselben Meridian, sondern auch die intervallischen Beziehungen von Akupunkturpunkten verschiedener Meridiane weisen äußerst harmonische Verhältnisse auf. Zum Beispiel zeigt die parallele Anordnung der Akupunkturpunkte der drei abdominellen Meridiane, die als durchgehende, gerade Linien in Abb. 4 dargestellt sind, dies deutlich. Sie repräsentieren den Magenmeridian des Fuß-Yangming, die Konzeptionsgefäße und den Nierenmeridian des Fuß-Shaoyin (siehe Tabelle 4). Abgesehen von diesem Beispiel werden solche transmeridionalen Beziehungen hier nicht diskutiert. Bezöge man sie an dieser Stelle ein, so würde sich eine noch komplexere Geometrie intervallischer Beziehungen abzeichnen.
(4) Es sollte auch beachtet werden, dass einige der Akupunkturpunkte, wie diejenigen im Bereich der Gelenke, oder die Verteilung der Akupunkturpunkte auf der Brust und entsprechend derjenigen auf dem Rücken, in diesem Artikel nicht diskutiert werden. Dies liegt daran, dass sie sich auf dem Gewebe befinden, welches Rippen,

Wirbelsäule und Gelenke bedeckt. Diese Akupunkturpunkte stehen in Zusammenhang mit der oben erwähnten Technik des Maßnehmens anhand der Knochen, deren entsprechende Daten bzw. Festlegungen nicht in direktem Zusammenhang mit denen stehen, die für das vorliegende Kapitel herangezogen werden.

Die oben analysierten Akupunkturpunkte stellen nur einen kleinen Teil aller Akupunkturpunkte des menschlichen Körpers dar. Die Untersuchung der Proportionen oder Intervalle aller Akupunkturpunkte zueinander würde ein umfassendes Forschungsprojekt im Sinne einer völlig neuen Verständnisperspektive erfordern. Ein solches Projekt müsste einen interdisziplinären Ansatz verfolgen, der Spezialisten aus TCM, Mathematik und Musiktheorie zusammenbringt. Nur durch die genaue Lokalisierung aller Akupunkturpunkte, die Ermittlung der Abstände zwischen diesen sowie die Durchführung genauer Berechnungen könnten die gewonnenen Daten dann im Hinblick auf die Musiktheorie analysiert werden. Die hier präsentierten Nachweise deuten jedoch wie gesagt bereits in ausreichender Weise darauf hin, dass eine weitere, umfassendere Überprüfung der Gültigkeit der vorliegenden Argumente zur Entwicklung einer völlig neuen, *harmonikal-biologischen Theorie* führen könnte, um die Lebensprozesse des menschlichen Körpers zu beschreiben.

Wie oben erläutert, besteht die Aufgabe dieses Kapitels nicht darin, eine vollständige theoretische Beschreibung zu liefern, sondern vielmehr, eine neue Sicht auf den menschlichen Leib, nämlich die einer implizit harmonikalen Natur der Selbstregulation menschlicher Lebensenergie, vorzuschlagen, in deren Kontext neue Richtungen und weiterführende Methoden der Forschung aus einer interdisziplinären Perspektive erst noch zu entwickeln sind. Als Forscher auf dem Gebiet der Musiktheorie möchte ich hierbei insbesondere auch auf die weiteren Möglichkeiten der *musikwissenschaftlichen* Erfassung und Implementierung im Hinblick auf dieses neue Forschungsfeld hinweisen:

In der chinesischen Medizin wird allgemein angenommen, dass der menschliche Körper aus einem System von zwölf Hauptmeridianen besteht (gespiegelt entlang der medialen Ebene des menschlichen Körpers, entsprechend seiner bilateralen Symmetrie). Dazu kommen noch der Ren- und Du-Meridian.3 Einfach ausgedrückt, kann man sich diese Meridiane wie „Flussbetten" vorstellen, entlang derer *qi*-Energie zu verschiedenen Teilen des Körpers fließt. Jeder Meridian verfügt über eine unterschiedliche Anzahl von Akupunkturpunkten. Theoretisch kann man sich die entlang eines Meridians verteilten Akupunkturpunkte als Punkte auf einer abstrakten Saite bzw. Linie veranschaulichen. Auf diese Weise kann die Verteilung der Akupunkturpunkte auf einer gegebenen Meridianlinie, so wie sie in der oben erwähnten Standardtheorie der Meridiane in der chinesischen Medizin angegeben wird, genau abgebildet werden. Da in den vorherigen Tabellen gezeigt wurde, dass zwischen den Akupunkturpunkten immer ein proportionales Verhältnis in Form von Tonintervallen besteht, ist es möglich, sich vorzustellen, dass die Akupunkturpunkte jeden Meridian in Analogie zu verschiedenen musikalischen Skalen (auf verschiedenen „Saiten") unterteilen.

Im Sinne wohlbekannter akustischer Prinzipien kennen wir das Phänomen der stehenden Welle. Stehende Wellen, die das Schwingen einer Saite charakterisieren, bilden Knoten, und die Abstände zwischen diesen Schwingungsknoten repräsentieren mathematische Proportionen. Einige der spezifischen Zahlenverhältnisse, die dabei im Spiel sind, werden in der Musiktheorie als harmonische Intervalle bezeichnet. Betrachtet man die Meridiane des menschlichen Körpers im übertragenen Sinne als „Saiten" und das Fließen des *qi* durch diese Meridiane im übertragenen Sinne als eine Art belebende Schwingungsenergie, kann man die Hypothese aufstellen, dass die Akupunkturpunkte entlang der Meridiane in harmonischen Proportionen analog zu den Knoten der stehenden Welle einer schwingenden Saite verteilt sind. Das bedeutet, wenn *qi* durch die Meridiane fließt, werden im übertragenen Sinne Wellen unterschiedlicher „Frequenzen" erzeugt und „stehende Wellen" mit Akupunkturpunkten als deren „Schwingungsknoten". Da die Länge der Meridiane variiert, könnten die Akupunkturpunkte auch die Art und Weise widerspiegeln, wie diese „Saiten" in verschiedenen, aber im grundlegenden Sinne harmonisch proportionierten „Frequenzen" der Lebensenergie miteinander schwingen, die durch den Körper fließt (Abb. 6).

Diese Analogie hat sowohl theoretische als auch praktische Implikationen: Theoretisch können die Meridiane, die durch verschiedene Teile des Körpers verlaufen, im übertragenen Sinne als Saiten betrachtet werden, die „schwingen" und Energie zu allen Teilen des Körpers transportieren, wodurch der menschliche Körper zu einem „Musikinstrument" mit einer großen Anzahl von meridionalen „Saiten" wird. Den grundlegenden Berechnungen der Musiktheorie zufolge kann eine einzelne Saite, die in verschiedene Proportionen unterteilt ist, verschiedene Töne erzeugen, die, wenn sie aneinandergereiht werden, eine Tonleiter bilden. Wenn diese Töne gleichzeitig oder nacheinander gespielt werden, können sie auch charakteristische Akkorde oder Melodien ergeben. In diesem Sinne gibt es auf unserem „Leibesinstrument" mehrere „Stimmen", die gleichzeitig „singen",[4] und obwohl unsere Ohren diese Polyphonie nicht direkt wahrnehmen können, sind wir in der Lage, diese im Sinne der vorliegenden theoretischen Rekonstruktion zumindest im abstrakt-denkerischen Sinne zu „hören".

Darüber hinaus bedeutet dies, dass der Körper jeder Person einzigartig ist, da jede Person ein unterschiedliches Verhältnis von Körperlänge zu Körperbreite hat. Diese Vielfalt führt dazu, dass jeder Körper einen einzigartigen „Kammerton" hat. Die im übertragenen Sinne so in verschiedenen Standardtonhöhen gespielten Melodien können daher als „Musik" mit unterschiedlichen „Tonarten" oder „Tonarten" betrachtet werden. Daraus folgt, dass die somatische „Musik", die von jedem menschlichen Körper gespielt wird, in gewisser Weise einzigartig ist.

Das Verständnis der harmonikalen Natur des menschlichen Körpers ist in der Musiktherapie von großer Bedeutung. Im Rahmen der Klangtherapie behandeln Musiktherapeuten physische oder psychische Leiden, indem sie Instrumente verwenden, die spezifische Töne und Intervalle erzeugen, um Resonanzen im lebenden Gewebe des Körpers auszulösen. Basierend auf der Harmonie der Akupunkturpunkte könnten eventuell solche Therapieformen weiterentwickelt werden, indem spezielle „Stimmgeräte“ verwendet werden, um die Resonanzen spezifischer Akupunkturpunkte auch im Sinne ihrer Intervallbeziehungen auszulösen, oder indem der Patient Harmonien singt oder hört, die speziell auf seinen Körper abgestimmt sind, usw.

Der menschliche Körper als singendes Universum

Die Verbindung zwischen Musik und Universum ist eine uralte Idee. Die Vorstellung, dass der erste Moment der Welt von einem bestimmten Klang begleitet wurde, findet sich, wie anfangs bereits angemerkt, in Mythen und Legenden verschiedener antiker Kulturen, zum Beispiel in den Schöpfungsmythen Indiens, Chinas, Ägyptens oder in der *Bibel*. Analog dazu kann auch die heutige Metapher des „Urknalls“ als eine Variante dieser klangzentrierten Metaphorik verstanden werden (z.B. Cramer 2013).

Seit der griechischen Antike glaubten berühmte Philosophen, die sich auch als Mathematiker, Musiktheoretiker und Naturwissenschaftler hervortaten, dass das Universum und die Musik notwendigerweise durch ein und dieselbe Ordnung verbunden seien, die wiederum in numerischen und geometrischen Begriffen verstanden werden kann. Pythagoreische und platonische Denker nutzten Mathematik und Musiktheorie als Werkzeuge, um eine harmonische Kosmologie zu konstruieren, die die intellektuelle Welt bis heute tiefgreifend beeinflusst hat. Parallel dazu ordnete die antike chinesische Kosmologie Töne und Zahlen den Himmelskörpern zu, um eine zyklische und ausgewogene Theorie des Weltsystems zu bilden, die auf *yin* 陰 und *yang* 陽, den „fünf Elementen/Wirkphasen“ (*wu xing* 五行) als Grundelementen sowie den „(zehn) himmlischen Stämmen und (zwölf) irdischen Zweigen“ (*tiangan dizhi* 天干地支) als entsprechender Berechnungsgrundlage basierte. Auf dieser Basis wurden den zwölf Monaten des Jahres und den Bewegungen der Himmelskörper zwölf Töne systematisch zugeordnet. In diesem Kontext wurden die musikalischen Töne systematisch geordnet und als klanglich-phänomenale Repräsentation einer höchsten Weltordnung betrachtet, d.h., als natürliche Ausdrücke eines ‚sich von-selbst-so vollziehenden Prinzips himmlischer Ordnung‘ (*ziran tianli* 自然天理). Dieses Gebiet umfasst interdisziplinäres Wissen im Hinblick auf das *Yijing* 易經 (*Buch der Wandlungen*), die konfuzianische Ritual- und Musikphilosophie und die antike chinesische Astronomie und Musiktheorie – um nur einige der Aspekte zu nennen, die ich auch in meiner Dissertationsschrift behandelt habe (Peng 2019).

In diesem Abschnitt möchte ich die oben vorgeschlagene, musikalisch-harmonische Anordnung der menschlichen Akupunkturpunkte erweitern, um eine völlig neue Dimension der Reflexion zu eröffnen. Hierbei ist natürlich vorab zu betonen, dass sich die folgenden Gedanken noch in einem frühen, man könnte auch sagen, experimentellen Stadium befinden und durch weitere wissenschaftliche Beobachtungen und Berechnungen zu bestätigen und weiter zu vertiefen sind. Ich glaube jedoch, dass diese erweiterte Hypothese, so sie denn weiterverfolgt wird, dabei helfen kann, das menschliche Leben aus einem völlig neuen Blickwinkel verstehen zu lernen – nämlich aus einer bisher nicht beachteten Perspektive des Horizontes eines kosmisch bestimmten und durchdrungenen Lebensbegriffes.

Die vorgeschlagene Erweiterung der Hypothese steht im Zusammenhang mit der harmonikalen Kosmologie des Johannes Kepler (1571–1630). Dieser deutsche Astronom kombinierte die geometrische Kosmologie der platonischen Schule sowie die heliozentrische Theorie des Kopernikus mit den präzisen Beobachtungen der Planetenbahnen durch Tycho Brahe. Dabei wird oft ignoriert, dass Kepler auch Musiktheoretiker war, und dass dieses Gebiet in direktem Zusammenhang mit seinen astronomischen Ansichten stand. In seinem Buch *Harmonices mundi* (1619) schlug Kepler vor, dass das Verhältnis zwischen Aphel und Perihel der Planeten des Sonnensystems oft ganzzahligen Verhältnissen entspricht. Zum Beispiel beträgt das Verhältnis zwischen dem Perihel des Saturn und dem Aphel des Jupiter 1:2. In der Musiktheorie entspricht dies mathematisch dem Intervall einer Oktave. Und das Verhältnis zwischen dem Aphel und Perihel des Mars beträgt 2:3 – was eine perfekte Quinte im Sinne der Musiktheorie bedeutet, usw. Auf diese Weise entdeckte Kepler eine Korrelation zwischen den Bewegungen der Planeten und musikalischen Intervallen. In seinem besagten Werk präsentiert er seine Berechnungen zu den Intervallen, die den jeweiligen Planetenbewegungen entsprechen, und Melodien, welche bestimmten Planetenbewegungen entsprechen (Abb. 7).

Keplers Ansicht zufolge ähnelt die Struktur unseres Sonnensystems der Aufführung einer musikalischen Komposition oder, wenn ich so sagen darf, einem „vielstimmigen Planetenchor". Er ist natürlich für das menschliche Ohr unhörbar und kann Kepler zufolge einzig mathematisch, vom rationalen Verstand her, eingesehen werden. Gleichzeitig sieht er als Christ in dieser kosmischen Musik, in den Beziehungen der Planetenbewegungen, einen Beweis für die Schöpfung Gottes, deren Prinzipien somit im Sinne einer *musikalischen Ordnung des Universums* studiert werden können.

Keplers Theorie ist erstaunlich umfassend und schön. Wenn man die religiösen Ideen einmal ausklammert, könnte man auch sagen, dass sie aus heutiger Sicht einen sehr erhellenden systemtheoretischen Ansatz darstellt: Begreift man die Welt als Ganzheit in Vielheit, dann muss alles Einzelne in dieser Einheit und Totalität der Welt auf sie abgestimmt sein, d.h., es muss in universellen harmonikalen Beziehungen zu allem anderen stehen. Es ist viel sinnvoller und logischer, dass alles, was irgendeine Art von (lebendiger) Ordnung aufweist (anstatt willkürlichem Chaos), miteinander verbunden ist, als dass alles zufällig, durcheinander und unverbunden wäre. In diesem Sinne kann alles, was irgendeiner Art von Ordnung folgt, aus der Perspektive eines größeren systematischen Ganzen als Subsystem verstanden und erfasst werden. Dann ist es auch logisch, dass gegensätzliche Faktoren, Analogien und kausale Verbindungen zusammengehören. Keplers Werk zeigt, dass die Bewegungen der Planeten in unserem Sonnensystem eine harmonikale bzw. geometrisch replizierbare Struktur aufweisen. Dies ist nicht verwunderlich, denn schließlich sind wir Organismen des Sonnensystems: Sollten wir als organisch in dieses integrierte Wesen – selbst wenn wir nur ein „mikroskopisches" Segment des Ganzen sind – nicht irgendwie die harmonikale Verfassung des Sonnensystems als Ganzes widerspiegeln?

Ein gegenwärtiger Experte der Planetentheorie Keplers, der deutsche Wissenschaftler Hartmut Warm, hat mich mit seinen Forschungen aufhorchen lassen. In seinem Buch *Die Signatur der Sphären: Von der Ordnung im Sonnensystem* wendet Warm Daten aus modernen astronomischen Messungen auf Keplers Theorie an (Warm 2011). Er verwendet ein Computerprogramm, welches er zum Zwecke einer genaueren Analyse der Bahnen und Bewegungen der Planeten geschrieben hat. Die Bahndaten, auf die er sich bezieht, umfassen die große Halbachse, die kleine Halbachse, die Umlaufzeit, die Umlaufgeschwindigkeit, das Perihel und das Aphel jedes Planeten. Eine Zusammenfassung aller Daten findet sich in Warm (2011, 392–400). Er zieht die Daten heran, um die Bewegungen der Planeten über sehr lange Zeiträume zu berechnen, um die in den Daten verborgenen *musikalischen* Proportionen zu enthüllen und sie auch geometrisch darzustellen. Auch aus heutiger wissenschaftlicher Perspektive zeigen die Bahnen der Planeten im Sonnensystem geometrische Grundformen, wodurch die verborgene harmonikale Struktur der Himmelsbahnen offenbar wird. Dies wiederum lässt sich in musikalische Intervalle übersetzen.

Was mir nun in einem nächsten Schritt an Warms Erkenntnissen und dieser ganzen Denkweise auffiel, war, dass einige der zentralen planetarischen Bewegungsintervalle den Intervallverhältnissen wichtiger Akupunkturpunkte des menschlichen Körpers analog sind. Die nächste Tabelle weiter unten zeigt die Verhältnisse der kleinen Halbachsen von Planetenpaaren des Sonnensystems (hier noch einschließlich Pluto), wie sie von Hartmut Warm berechnet wurden. Ich habe die Frequenzverhältnisse aus seinem Buch in musikalische Intervalle umgewandelt und entsprechend benannt. Dabei ist zu beachten, dass diese Intervallverhältnisse nicht absolut identisch mit den Frequenzverhältnissen sind, sondern nur annähernd: Bereits Hartlieb hat zu Recht darauf hingewiesen, dass ein dynamisches System wie der menschliche Körper, der durch Naturkonstanten reguliert wird, kein technischer Regler ist. Biologische Regler arbeiten nach statistischen Prinzipien, d.h., sie sind nur innerhalb eines bestimmten Toleranzbereichs genau, und nur solange die Gesamtstruktur stabil bleibt (Hartlieb 1969, 215). In Anbetracht dessen glaube ich, dass angesichts der makroskopischen Dimension des Sonnensystems und des Universums sowie des mikrokosmischen Prinzips der individuellen Disposition menschlicher Körper (212) die vorgenannte, sehr enge Annäherung eine akzeptable Marge möglicher Variation einschließt. In diesem Zusammenhang sollte beachtet werden, dass, wenn man die Definition harmonischer Verhältnisse in der Musik sehr genau nehmen will, diese im Laufe ihrer Begriffsgeschichte viele verschiedene Berechnungen durchlaufen haben, die zu leicht variierenden Ergebnissen führten. Vor diesem Hintergrund stellen diese Konzepte keine absolut feste Größe dar. Die komplexe Entwicklungsgeschichte der Wahrnehmung musikalischer Intervalle in verschiedenen kulturellen Kontexten lehrt uns, dass diese Intervallverhältnisse auch aus historischer und transkultureller Perspektive in einem bestimmten begrenzten Bereich im Sinne von Mikrovariationen aufgefasst werden können.

Es ist aufschlussreich, dass Warm einige der oben genannten Beziehungen auch in geometrischer Form darstellt (2011, 26). Auf der Grundlage seiner Studie habe ich ver-

Tab. 6 Berechnung der Verhältnisse der planetaren kleinen Halbachsen und ihrer ungefähren musikalischen Intervalle mit den genauen Berechnungen nach Warm (2011, 23)

	Musikalische Intervalle		Kleine Halbachsen von zwei Planeten im Verhältnis zueinander
	Frequenzverhältnis (ungefähr)	Intervall	
Uranus: Pluto	2:1	perfekte Oktave	1.9947 ≈ 2
Saturn: Uranus	2:1	perfekte Oktave	2.0121 ≈ 2
Merkur: Venus	2:1	perfekte Oktave	1.9094 ≈ 2
Merkur: Mars	4:1	2 perfekte Oktaven	4.0045 ≈ 4
Saturn: Pluto	4:1	2 perfekte Oktaven	4.0135 ≈ 4
Erde: Mars	3:2	perfekte Quinte	1.5172 ≈ 1.5
Uranus: Neptun	3:2	perfekte Quinte	1.5683 ≈ 1.5
Venus: Erde	4:3	perfekte Quarte	1.3823 ≈ 1.3
Neptun: Pluto	5:4	große Terz	1.2719 ≈ 1.25
Jupiter: Saturn	9:5	kleine Septime	1.8335 ≈ 1.8
Merkur: Erde	8:3	komplementär zur kleinen Sexte	2.6394 ≈ 2.7
Mars: Jupiter	7:2	komplementär zu Huygens' Tritonus	3.4256 ≈ 3.5
Merkur: Saturn	25:1	komplementär zum chromatischen Halbton	25.1519 ≈ 25
Mars: Pluto	25:1	komplementär zum chromatischen Halbton	25.2079 ≈ 25

sucht, diese Daten mit den harmonischen Konstellationen von Akupunkturpunkten zu vergleichen. Insbesondere habe ich den Hauptmeridian gewählt, durch den die *qi*-Lebensenergie des Körpers fließt, den Ren-Meridian, um ihn mit Warms Datensatz zu vergleichen. Es ist wichtig zu beachten, dass dieser Vergleich nicht nur mathematisch ist, sondern auch ein erweitertes Verständnis der Bedeutung und Funktion von Akupunkturpunkten und Meridianen beinhaltet. Aufgrund von Platzbeschränkungen kann der relevante Kontext jedoch nur kurz als zusätzliches Hintergrundwissen in diesem Artikel dargestellt werden: In der chinesischen Medizin gibt es einen grundlegenden Meridian in der Mitte des menschlichen Körpers, der als Ren-Meridian bezeichnet wird. Er ist auch als Konzeptionsgefäß bekannt, weil er in den menschlichen Fortpflanzungsorganen beginnt und als Quelle des menschlichen Lebens beschrieben werden kann. Der Verlauf des Ren-Meridians wird durch die Mittellinie der Brust und des Bauches angezeigt und verläuft durch eine Reihe wichtiger Organe. Laut TCM dient der Ren-Meridian als allgemeine Quelle für alle *yin*-Meridiane im Körper und stellt somit eine grundlegendere energetische Ebene dar als das System der zwölf Hauptmeridiane der Akupunktur.

In Abb. 8 findet sich die Darstellung einer Überlagerung proportionaler Verhältnisse in den Bewegungen der Planeten Merkur, Venus, Erde, Mars, Jupiter, Saturn, Uranus, Neptun und Pluto, die in geometrischer Form repräsentiert werden, mit der Position bestimmter Akupunkturpunkte entlang des Ren-Meridians: Die Beziehungen der kleinen Halbachsen der elliptischen Bahnen dieser Planeten zueinander, deren Berechnungen in Tab. 6 dargestellt sind, werden hier in Form von Kreisen dargestellt. Bezüglich dieser kreisförmigen Darstellung einiger dieser Beziehungen in Abb. 8 folge ich Warm (2011, 26), der eine komplexere und umfassendere Anordnung präsentiert. Wenn man diese Informationen in der gewählten Darstellungsform mit dem Ren-Meridian überlagert, so erscheint der Ren-Meridian, der dann durch die Durchmesser all dieser Kreise verläuft, im übertragenen Sinne als deren gemeinsame Achse. In der geometrischen Darstellung der abstrakten Positionen all dieser Bewegungsverhältnisse der einzelnen Planeten zueinander zeigt sich eine signifikante, um nicht zu sagen sehr präzise Kongruenz mit entsprechenden Akupunkturpunkten (die natürlich auch zueinander in Beziehung stehen). Erstaunlicherweise stellen laut der Theorie der TCM genau diese Akupunkturpunkte entlang des Ren-Meridians die wichtigsten Speicherzentren für die Lebensenergie des menschlichen Körpers dar: CV4, 5, 8, 11, 13, 17, 19, 20 und 23. Sie sind auch die am häufigsten verwendeten und wichtigsten Punkte in der Praxis der TCM. (3) Die Verhältnisse der kleinen Halbachsen der Planeten sind aus Sicht der Musiktheorie sehr harmonisch, wobei achtmal perfekte Intervalle (Oktave, perfekte Quinte und perfekte Quarte) vorkommen. (4) Diese harmonischen planetarischen Verhältnisse überlagern sich, wenn sie geometrisch ausgedrückt werden, mit dem Ren-Meridian und offenbaren die verborgenen harmonischen Intervalle der Akupunkturpunkte. (5) Neben den Verhältnissen der kleinen Halbachsen enthalten auch die Verhältnisse der großen Halbachsen und der Umlaufzeiten der Planeten eine große Anzahl harmonischer Intervalle. Ob auch diese Verhältnisse in einem Analogieverhältnis zur Anordnung bestimmter Akupunkturpunkte stehen, bedarf noch weiterer Untersuchungen.

Es ist zu beachten, dass die vorliegende Untersuchung nicht darauf abzielt, einen kausalen Zusammenhang zwischen den Bewegungen der Planeten und spezifischen menschlichen Akupunkturpunkten zweifelsfrei zu beweisen. Vielmehr sollen vorliegend eine neue Dimension im Denken bzw. der Betrachtung sowie in neues Terrain ausgreifende Forschungsfragen angeregt werden. Eine Grundfrage dabei lautet: Gibt es eine implizite, harmonikale Ordnung im Sonnensystem, die den Makrokosmos und alle Wesen als seine Mikrokosmen vereint? Wenn sich die Proportionen der Planetenbewegungen und die Proportionen der Meridianpunkte des menschlichen Körpers auf die harmonischen Proportionen der Musik zurückführen lassen, hat dann der Energiezyklus des menschlichen Körpers etwas mit den Planetenbewegungen gemeinsam? Kommen anderen Akupunkturpunkten und Meridianen harmonische Proportionen zu, die mit anderen Planetenbewegungsdaten vergleichbar sind bzw. „resonieren"? Wie sollten wir vorgehen, um diese Zusammenhänge zu finden und zu verstehen? Darüber hinaus muss man sich nicht auf Keplers oder Warms Berechnungen periodischer Planetenbewegungen beschränken, um die harmonikalen Analogien und „Resonanzen" zwischen menschlichem Körper und den Himmelskörpern zu verstehen. Man darf die Frage stellen, ob es möglich ist, diesen Ansatz mit Perspektiven der Quantenphysik, der Stringtheorie oder der Perspektive fundamentaler kosmischer Konstanten zu kombinieren, um eventuell weitere Ähnlichkeiten zwischen den energetischen Prozessen des menschlichen Körpers und kosmischen Phänomenen zu entdecken.

Musiktherapie kann, allgemein gesprochen, als die Nutzung aller Formen musikbezogener Aktivitäten, also zum Beispiel Musik hören, Singen und Instrumentalspiel, zur Behandlung physischer und psychischer Störungen definiert werden. Einige Formen der Musiktherapie nutzen heute das Prinzip der Klangresonanz, nämlich durch passives Hören oder aktive Auseinandersetzung mit spezifischen Klangfrequenzen. In diesem Bereich wurden im Zusammenhang der TCM zahlreiche Forschungen und praktische Untersuchungen angestellt (vgl. z.B. Liu und Yuan 2005; Yu et al. 2009; Jia et al. 2017; Zhang et al. 2018; Weber et al. 2021; Syros et al. 2022). Wenn der Körper auf der Ebene der meridionalen Akupunkturpunkte eine gewisse harmonische Grundlage aufweist, kann er im übertragenen Sinne, wie gesagt, als ein „Musikinstrument" mit harmonischen Intervallen betrachtet werden. Davon ausgehend könnten Therapeuten Methoden in Betracht ziehen, um die Akupunkturpunkte durch das Spielen spezifischer Töne und Intervalle, die bestimmten Akupunkturpunkten entsprechen, oder durch das Singen oder Spielen dieser Töne und Intervalle durch die behandelte Person selbst, in „Resonanz" zu versetzen. In gewisser Weise wäre dies vergleichbar mit der Verwendung einer „Stimmgabel" mit dem richtigen Ton, um Akupunkturpunkte „einzustimmen", d.h., um ungenaue bzw. nicht richtig „gestimmte" Akupunkturpunkte bzw. meridionale „Töne" zu korrigieren – und so eine therapeutische Wirkung zu erzielen.

Wenn das Analogieverhältnis zwischen Planetenbewegungen und menschlichem Körper anerkannt wird, so wird letztlich die Vorstellung einer Verbindung zwischen Mensch und Universum ihrer metaphysischen Konnotation enthoben sein, denn diese Verbindung ist direkt in unserer individuellen Physiologie repräsentiert. Dann ist davon auszugehen, dass jeder menschliche Körper in ständiger Resonanz mit den Himmelskörpern des Sonnensystems steht, weil unser lebendiger Leib und diese Himmelskörper in ihrem Zusammenhang im Grunde genommen sozusagen „die gleiche Musik spielen". Durch diese Resonanz stehen wir als Lebewesen in einem Harmonieverhältnis mit anderen Wesen. Und diese Verbundenheit einzusehen und zu verstehen, ist ein notwendiger Prozess für den Menschen, um sich selbst als Manifestation kosmischen Lebens – und damit als kosmisches Wesen – erkennen und kennenlernen zu können.

Notizen

1. Nicht alle davon werden in der Praxis verwendet und verschiedene Schulen an unterschiedlichen Orten und zu verschiedenen Zeiten haben unterschiedliche Zahlen angegeben. Dies bedeutet auch, dass die Zahl 720 hier nicht als absoluter Standard zu betrachten ist. Zum Beispiel geben Lu und Needham (1980, 14–15) an, dass das antike medizinische Standardwerk *Huangdi Neijing* 黃帝內經 besage, dass es insgesamt 365 Akupunkturpunkte gebe, die symbolisch mit der Anzahl der Grade (*tu*) in

den Himmelskreisen korrelierten, mit denen sie tatsächlich auch verglichen würden, sowie mit der Anzahl der Tage im Jahr. Die Autoren führen zudem aus, dass während der Han-Zeit diese Zahl auch als die Anzahl der Knochen im menschlichen Körper repräsentierend angesehen worden sei. Die Zahl 720 verdoppelt offensichtlich die Zahl der 360 Grade eines Kreises, was wiederum mehr oder weniger symbolisch aufgefasst werden könnte. Lu und Needham geben weiter an, dass das *Huangdi Neijing* nur 160 Akupunkturpunkte namentlich erwähne, während 295 aus dem Text insgesamt abgeleitet werden könnten. „Bis vor sechs Jahren hatte sich die Gesamtanzahl von Akupunkturpunkten auf 670 stabilisiert, aber im Zuge der weiteren Fortschritte, die mit der Entwicklung der Akupunkturanalgesie sowie der Akupunkturbehandlung von Taubstummheit und Lähmung einhergingen, wurde eine beträchtliche Anzahl neuer, wirksamer Akupunkturpunkte hinzugefügt, insbesondere im Bereich des Außenohrs" (1980, 15).

2. Der Legende nach entdeckte Pythagoras den entscheidenden Ausgangspunkt der Musiktheorie durch Hörpraxis und empirische Forschung: Die Geschichte besagt, dass Pythagoras an einer Schmiede vorbeiging, die harmonischen Klänge der Hämmer hörte und entdeckte, dass der Unterschied in der Tonhöhe mit der Größe der Hämmer zusammenhing, und dass die größeren Hämmer tiefere und die kleineren Hämmer höhere Töne erzeugten. Pythagoras verwendete die einfachsten Zahlenverhältnisse von 2:1, 3:2 und 4:3, um die Intervalle der Oktave, Quinte und Quarte zu erklären. Hörbare Harmonie wurde somit in Form von Zahlenverhältnissen rationalisiert. Dies führte laut diesen legendären Überlieferungen zur allmählichen Entwicklung eines Systems der Musiktheorie.
3. Die Zahl von 14 Meridianen repräsentiert das gängigste System. Es gibt auch Systeme, die zusätzliche Meridiane oder Akupunkturpunkte beinhalten.
4. In der klassischen europäischen Kunstmusik hat das komplexeste Stück für ein Soloinstrument nicht mehr als acht Stimmen. Man kann also verstehen, wie „prachtvoll und majestätisch" es ist, dass jeder menschliche Körper eine so komplexe „Musik" des Lebens „spielen" kann – eine unhörbare, kosmisch eingebettete „Musik", die selbst die somatische Voraussetzung jeder künstlerischen Praxis ist!

Abbildungen

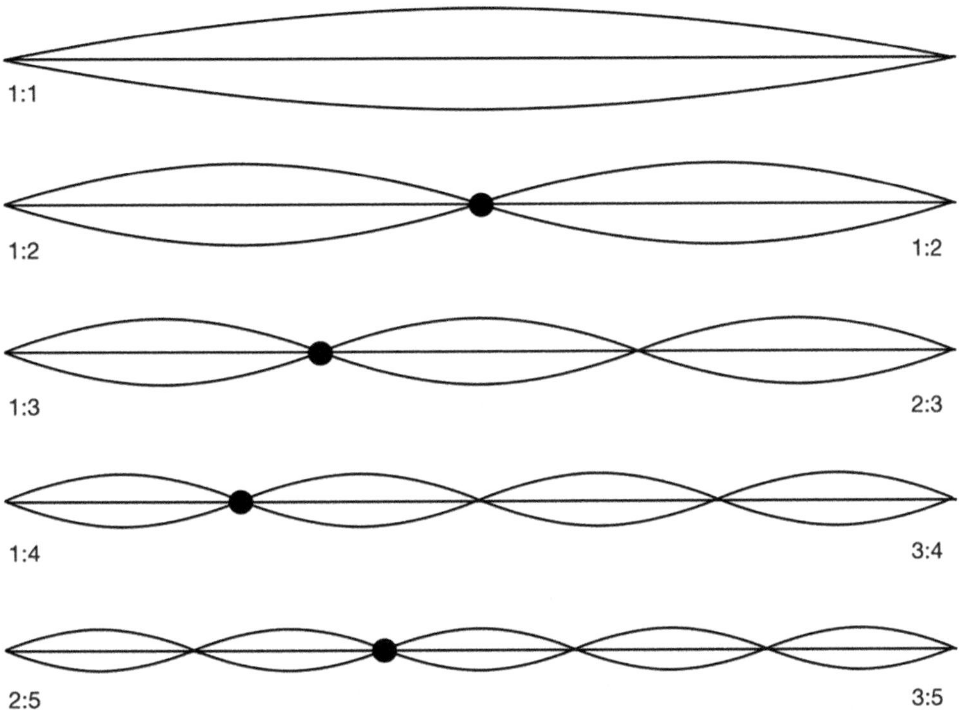

Abb. 1 Harmonische Saitenschwingungen

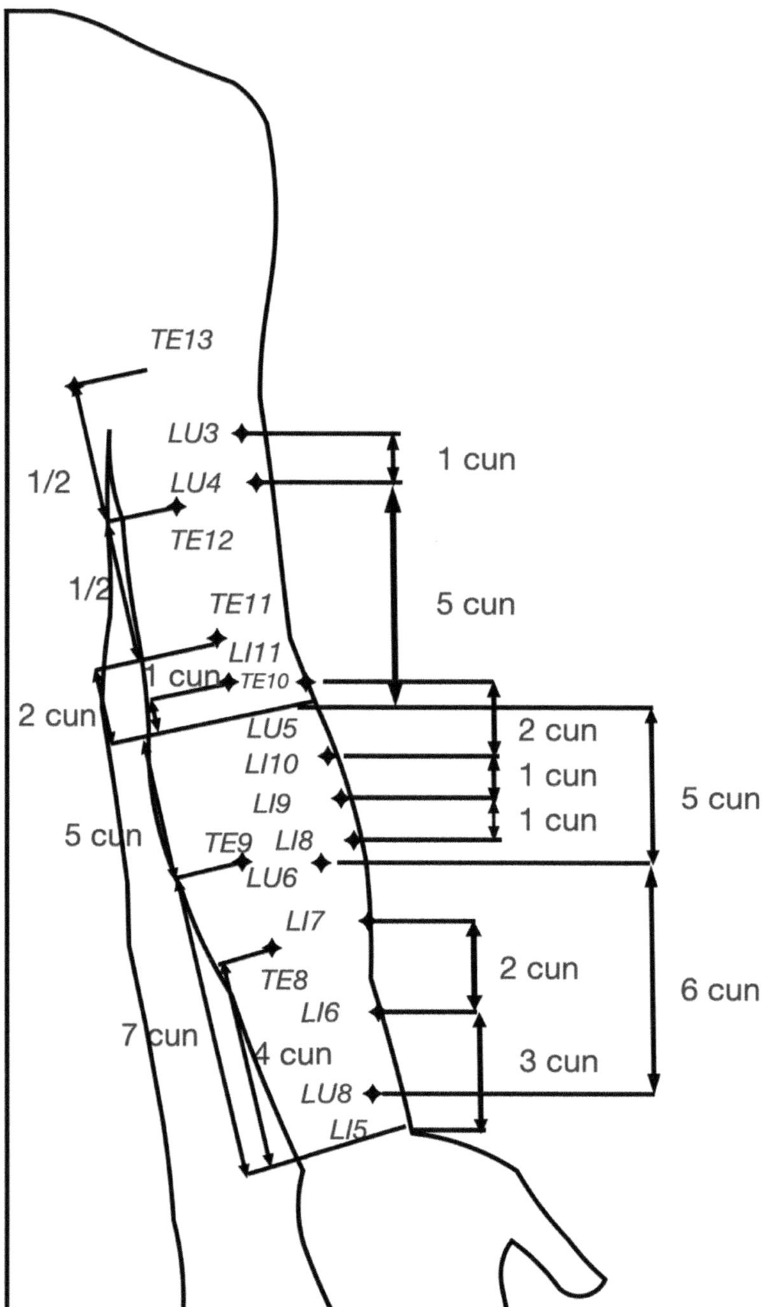

Abb. 2 Beispiele für die Proportionen der Akupunkturpunkte an den Armen (siehe auch Tabelle 2)

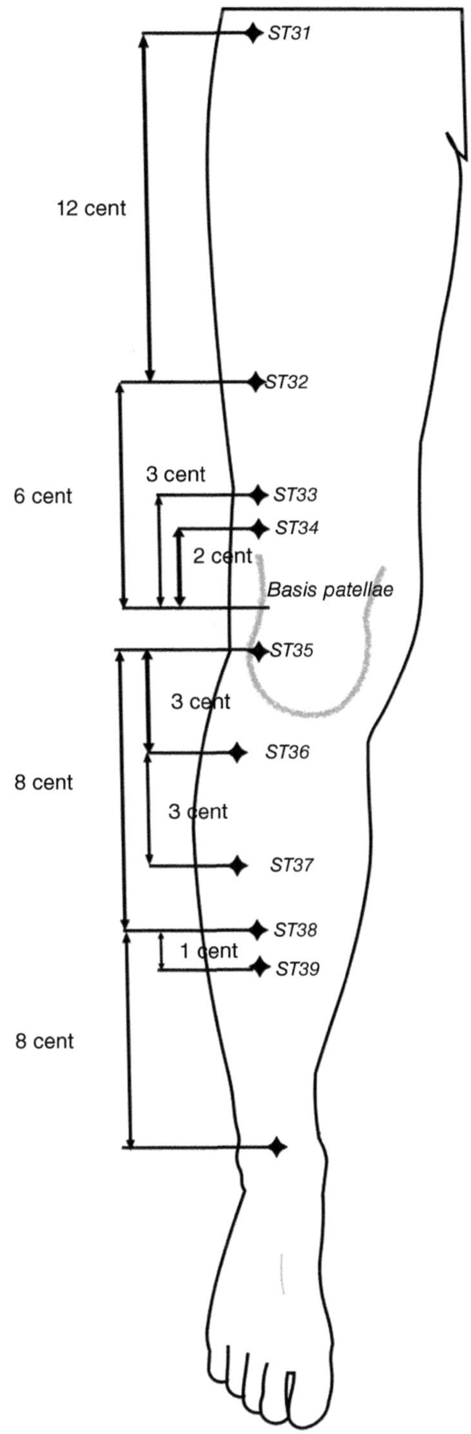

Abb. 3 Beispiele für die Proportionen der Akupunkturpunkte an den Beinen (siehe auch Tabelle 3)

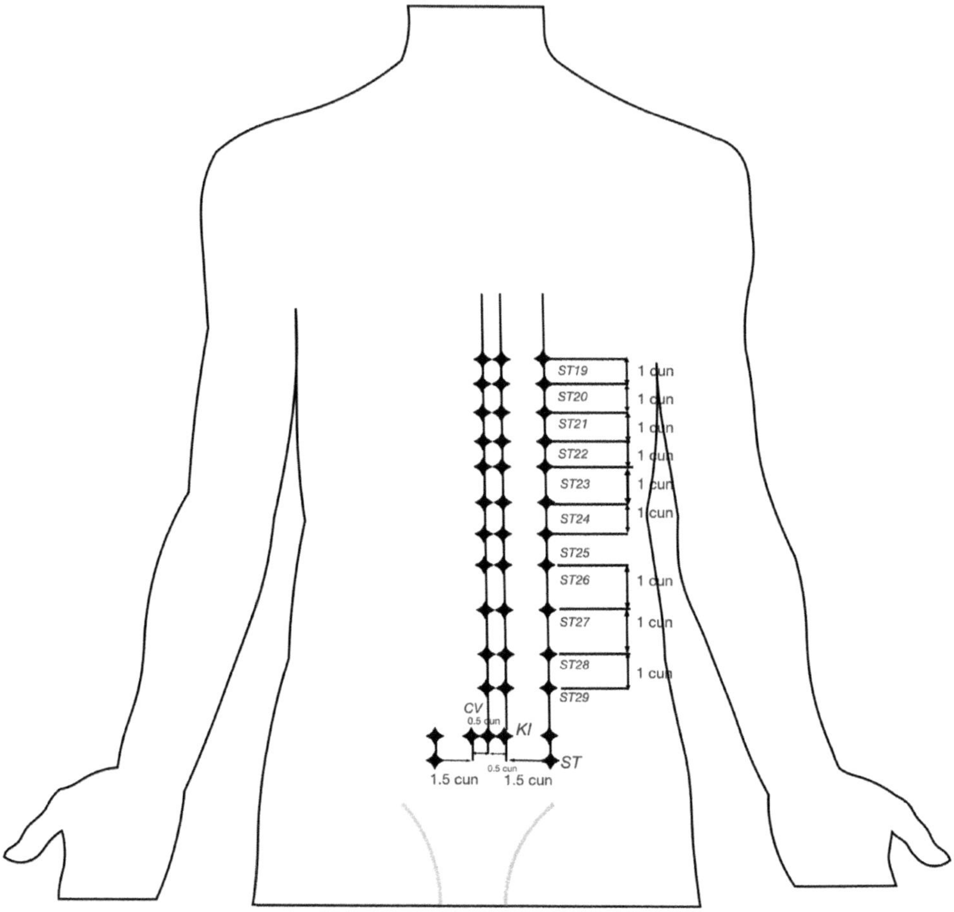

Abb. 4 Beispiele für die Proportionen der Akupunkturpunkte an Brust und Bauch (siehe auch Tabelle 4)

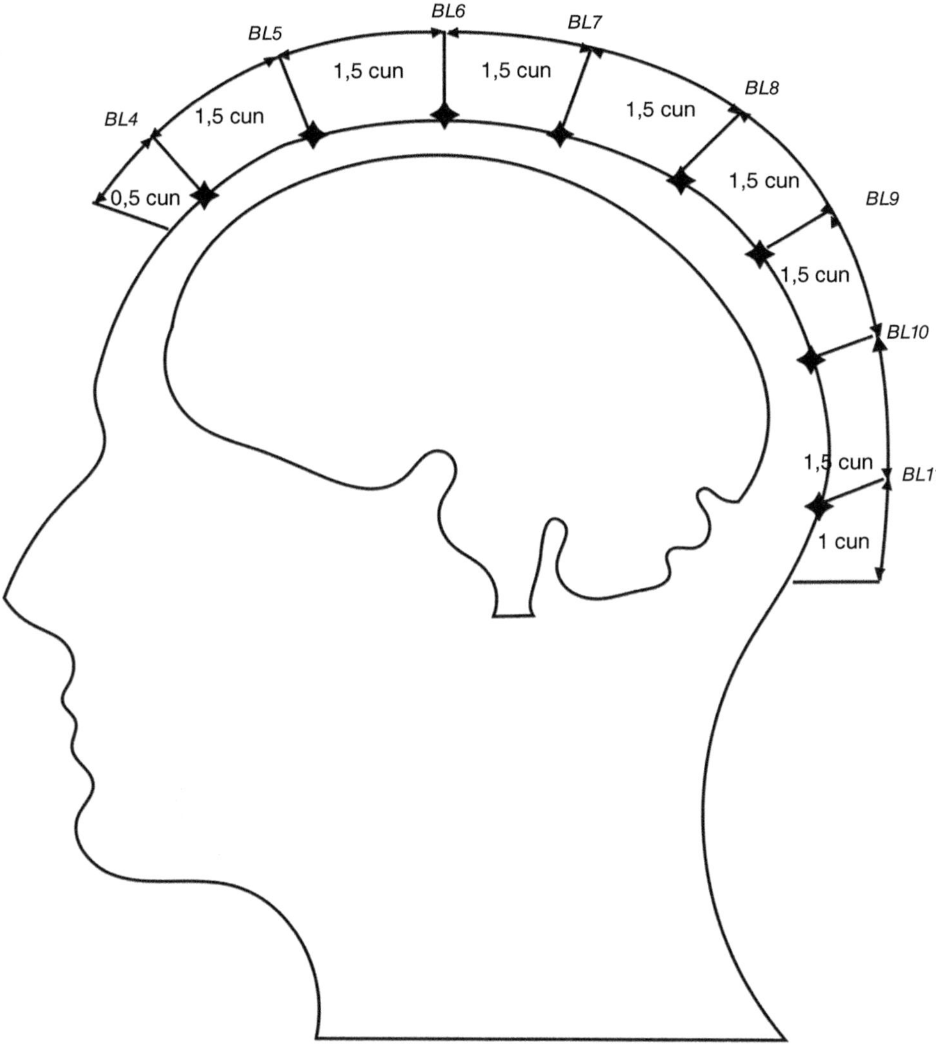

Abb. 5 Beispiele für die Proportionen der Punkte am Kopf (siehe auch Tabelle 5)

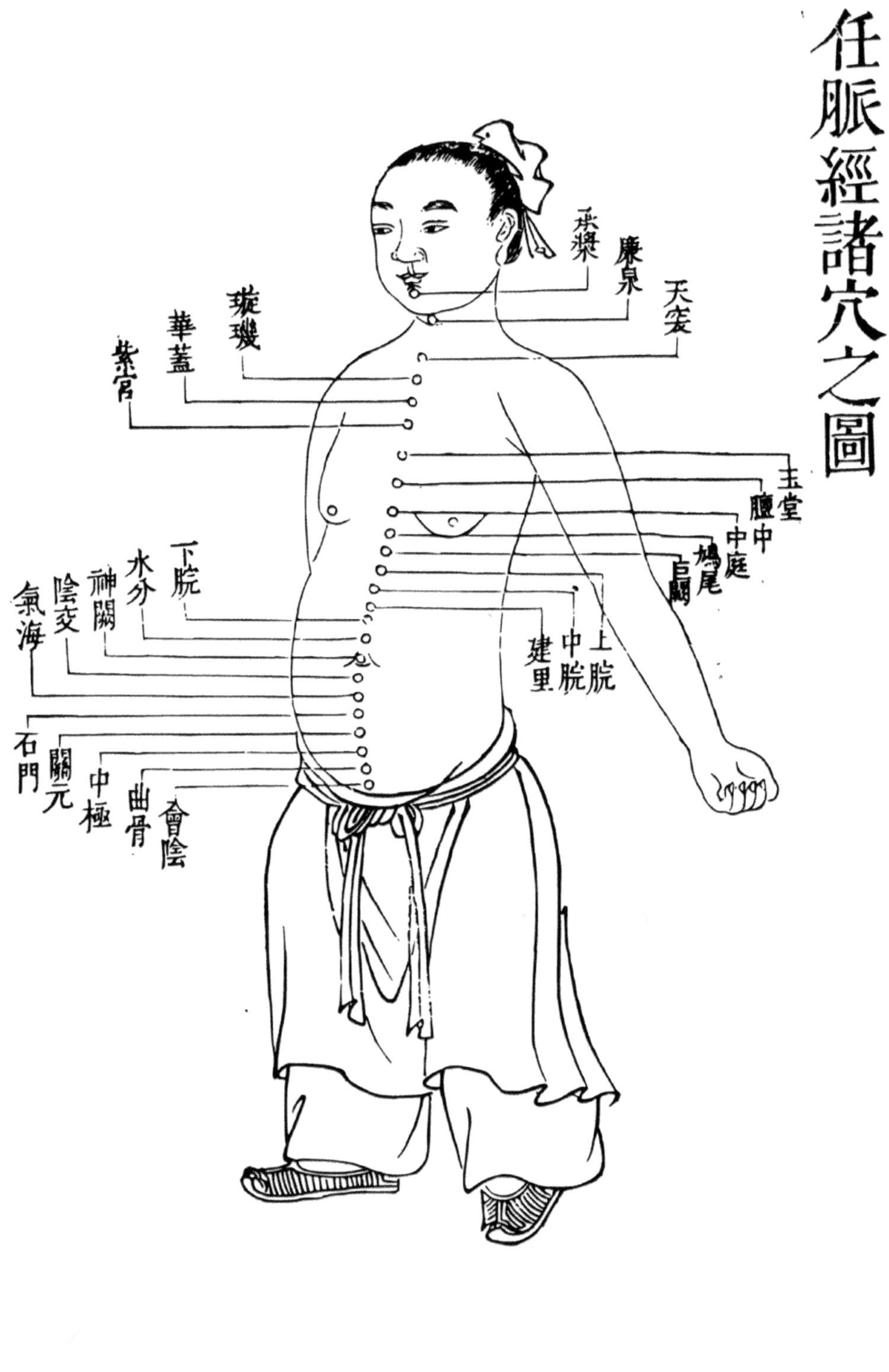
任脈經諸穴之圖
承漿
廉泉
天突
璇璣
華蓋
紫宮
玉堂
膻中
中庭
鳩尾
巨闕
上脘
中脘
建里
下脘
水分
神闕
陰交
氣海
石門
關元
中極
曲骨
會陰

Abb. 6 Können Akupunkturpunkte in Analogie zu den Schwingungsknoten stehender Wellen aufgefasst werden? „Diagramm der Akupunkturpunkte des Ren-Meridians" („任脈經諸穴之圖") (aus: *Gujin Tushu Jicheng : Bowu Huibian; Yishudian,* er 72 juan 《古今圖書集成·博物彙編·藝術典·第七十二卷》 [*Alte und moderne illustrierte Bücher: Enzyklopädische Sammlung,* Bd. 72: *Qualifizierter Berufsstand oder Tätigkeit*; veröffentlicht zwischen 1700 und 1725, abgeschlossen 1726]); *Quelle* Wikimedia Commons, CC Public Domain Mark 1.0. https://commons.wikimedia.org/wiki/File:Imperial_Encyclopaedia_-_Skilled_Occupation_or_Profession_-_pic0285_-_任脈經諸穴之圖.svg. Aufgerufen am 8. Februar 2023.

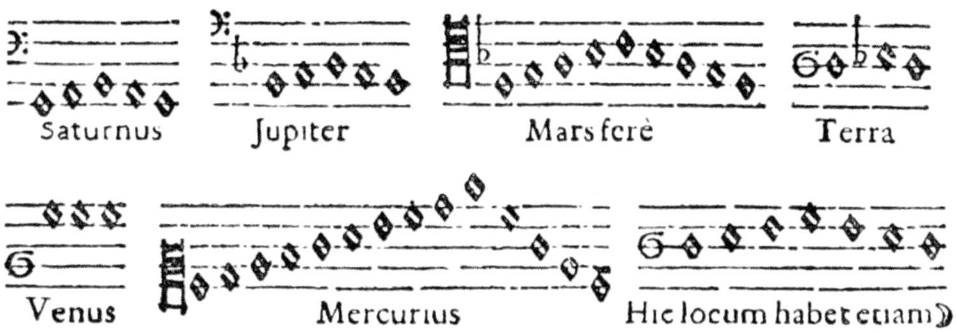

Abb. 7 Die „Musik der Sphären" gemäß Keplers *Harmonices mundi* (1619) (zitiert in A. Berry, *A Short History of Astronomy* [John Murray, London 1898], S. 190, Abb. 62). *Quelle* Wikimedia Commons, CC Public Domain Mark 1.0. https://commons.wikimedia.org/wiki/File:Short_history_of_astronomy-Fig_62.png. Aufgerufen am 8. Februar 2023. *Originalquelle*https://archive.org/details/shorthistoryofas00berruoft

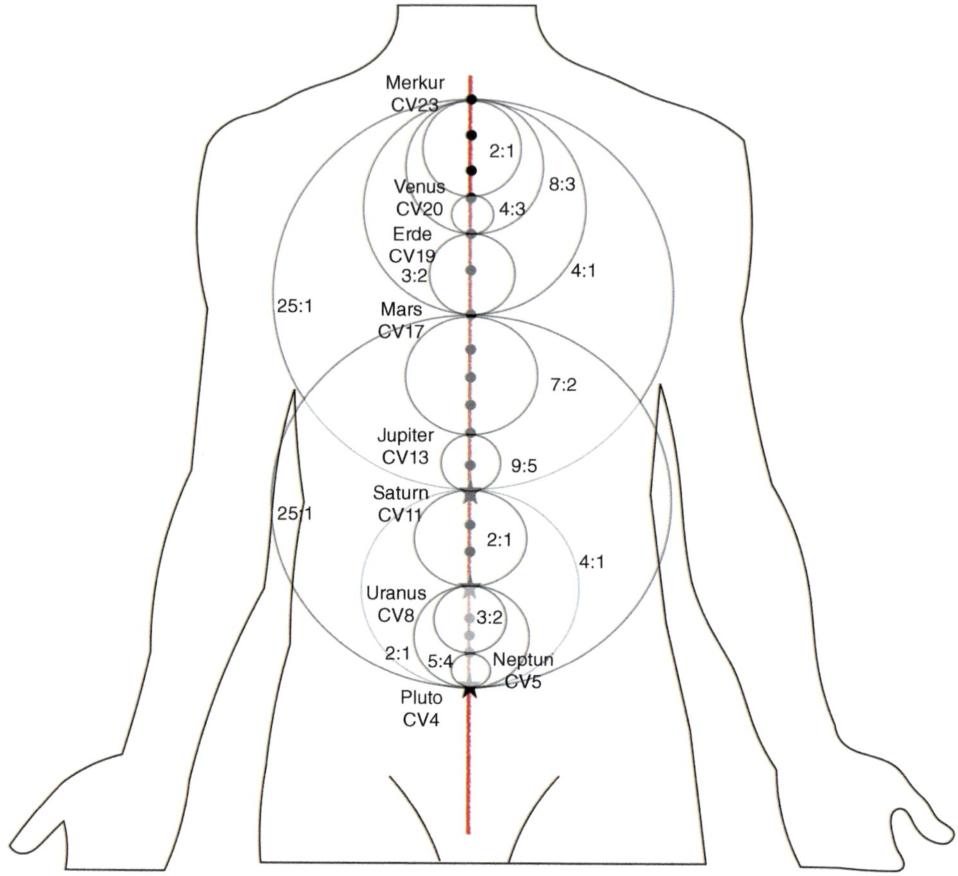

Abb. 8 Übereinstimmung der geometrischen Darstellung von Verhältnissen der kleinen Halbachsen der Planeten mit der Lage wichtiger Akupunkturpunkte auf dem Ren-Meridian

Literatur

A.C. Ahn, J. Wu, G.J. Badger, R. Hammerschlag, H.M. Langevin, Electrical impedance along connective tissue planes associated with acupuncture meridians. BMC Complement. Altern. Med. **5**, article 10 (2005). https://doi.org/10.1186/1472-6882-5-10

Aristoteles, *Metaphysik; Erster Halbband: Bücher I(A)–VI(E)*. Griechisch-Deutsch, Neubearbeitung der Übersetzung von Hermann Bonitz, mit Einleitung und Kommentar herausgegeben von Horst Seidl, griechischer Text in der Edition von Wilhelm Christ. Philosophische Bibliothek, Band 307 (Felix Meiner, Hamburg, 1989)

J.G. Cramer, The sound of the big bang: Planck version (2013), http://faculty.washington.edu/jcramer/BBSound_2013.html. Aufgerufen am 4. Februar 2023

K. Hartlieb, Naturkonstanten in Struktur und Funktion der menschlichen Stimme und Sprache. Folia Phoniat. **21**(3), 211–238 (1969). https://doi.org/10.1159/000263252

C.-H. Hempen, *Dtv-Atlas Akupunktur*, 9. Auflage (Deutscher Taschenbuch Verlag, München, 2009)

Huainanzi, 《淮南子》, Chinese Text Project (n.d.), https://ctext.org/huainanzi/ens. Aufgerufen am 3. Februar 2023

C. Jia, H. Zhang, G. Ni, Y. Zhang, B. Su, X. Xu, 贾澄杰、张宏如、倪光夏、张一楠、苏彬、徐新蕾, 头针加音乐联合康复治疗脑卒中后痉挛性偏瘫: 随机对照研究 [Spasmodische Hemiplegie infolge eines Schlaganfalls, behandelt mit Kopfhautakupunktur, Musiktherapie und Physiotherapie: eine kontrollierte Studie]. 中国针灸 **37**(12), 1271–1275 (2017). https://doi.org/10.13703/j.0255-2930.2017.12.005

H. Kayser, *Lehrbuch der Harmonik* (Occident, Zürich, 1950)

H.M. Langevin, Acupuncture, connective tissue, and peripheral sensory modulation. Crit. Rev. Eukaryot. Gene Expr. **24**(3), 249–253 (2014). https://doi.org/10.1615/CritRevEukaryotGeneExpr.2014008284

H.M. Langevin, N.A. Bouffard, D.L. Churchill, G.J. Badger, Connective tissue fibroblast response to acupuncture: dose-dependent effect of bidirectional needle rotation. J. Altern. Complement. Medi. **13**(3), 355–360 (2007). https://doi.org/10.1089/acm.2007.6351

H.M. Langevin, J.A. Yandow, Relationship of acupuncture points and meridians to connective tissue planes. Anat. Rec. (New Anat.) **269**, 257–265 (2002). https://doi.org/10.1002/ar.10185

G. Liu, L. Yuan, 刘刚、袁立霞, 针刺配合音乐疗法治疗阿尔茨海默病的临床观察 [Klinische Beobachtung zur Akupunktur in Kombination mit Musik zur Behandlung der Alzheimer-Krankheit]. 中国针灸 **25**(6), 390–392 (2005)

S. Liu, S. Liu, Z.-F. Wang, Y.-S. Su, R.S. Ray, X.-H. Jing, Y.-Q. Wang, Q. Ma, Somatotopic organization and intensity dependence in driving distinct NPY-expressing sympathetic pathways by electroacupuncture. Neuron **108**(3), 436–450 (2020). https://doi.org/10.1016/j.neuron.2020.07.015

S. Liu, Z. Wang, Y. Su, L. Qi, W. Yang, M. Fu, X. Jing, Y. Wang, Q. Ma, A neuroanatomical basis for electroacupuncture to drive the vagal-adrenal axis. Nature **598**, 641–645 (2021). https://doi.org/10.1038/s41586-021-04001-4

Z. Liu, L. Liu (eds.), *Essentials of Chinese Medicine*, vol. 2: *Clinical Fundamentals in Chinese Medicine* (Springer, London, 2009). https://doi.org/10.1007/978-1-84882-593-2

G.-D. Lu, J. Needham, *Celestial Lancets: A History and Rationale of Acupuncture and Moxa* (Cambridge University Press, Cambridge, 1980)

B. Peng, *Musik als Harmonie von Himmel und Erde – Zhū Zǎiyù (1536–1611) und seine Musiktheorie.* Dissertationsschrift, Universität Heidelberg (heiDOK, Heidelberg, 2019), http://www.ub.uni-heidelberg.de/archiv/26815. Aufgerufen am 3. Februar 2023

H. Sui, H. Meng (eds.), 睢海明、孟宏 (编),《最新国家标准针灸穴位便携图》[*Die neueste portable Übersicht über die Akupunkturpunkte gemäß nationalem Standard*] (中国中医药出版社, 北京, 2013)

A. Syros, P. Kotlia, G. Fotakopoulos, Preliminary findings from an acupuncture and experiential/traditional music therapy during the standard care of rehabilitation exercise program for recovery on post-stroke upper limb dysfunction. Int. J. Neurosci. **132**(11), 1110–1117 (2022). https://doi.org/10.1080/00207454.2020.1860972

L. Ulloa, Electroacupuncture activates neurons to switch off inflammation. Nature **598**, 573–574 (2021). https://doi.org/10.1038/d41586-021-02714-0

P. Unschuld (ed.), *Huang Di Nei Jing Su Wen: Nature, Knowledge, Imagery in an Ancient Chinese Medical Text*; with an appendix: *The Doctrine of the Five Periods and Six Qi in the Huang Di Nei Jing Su Wen* (University of California Press, Berkeley, 2003)

H. Warm, *Die Signatur der Sphären: Von der Ordnung im Sonnensystem* (Keplerstern, Hamburg, 2011)

A. Weber, S. Busbridge, R. Governo, Evaluation of the efficacy of musical vibroacupuncture in pain relief: a randomized controlled pilot study. Neuromodul. Technol. Neural Interface **24**(8), 1475–1482 (2021). https://doi.org/10.1111/ner.13281.

R. Wilhelm, C. G. Jung, *Das Geheimnis der goldenen Blüte*: *Das Buch von Bewußtsein und Leben*, 4. Aufl. Aus dem Chinesischen übersetzt und erläutert von R. Wilhelm, mit einem Kommentar von C. G. Jung. Mit ergänzender Übersetzung aus d. Chin. von B. Hendrischke. Neu herausgegeben u. mit einem Nachwort versehen von U. Diederichs. Diederichs Gelbe Reihe, Band 64: China (Diederichs, München, 1994)

R. Xu, Y. Zhang, 胥荣东、张永旺, 关于'穴位'一词英文翻译的看法 [Überlegungen zur englischen Übersetzung des Begriffs ‚xuewei'] 中国针灸 **25**(8), 598 (2005)

H.-B. Yu, Y.-F. Liu, L.-X. Wu, Acupuncture combined with music therapy for treatment of 30 cases of cerebral palsy. J. Tradit. Chin. Med. **29**(4), 243–248 (2009). https://doi.org/10.1016/s0254-6272(09)60074-1

H. Zhang, N. Xu, Z. Li, W. Zhang, W. Yi, 张海华、许能贵、李知行、张雯菁、易玮, 针刺配合五行音乐治疗女性抑郁症的临床观察 [Zur Wirksamkeit einer kombinierten Therapie aus Akupunktur und Fünf-Elemente-Musiktherapie bei der Behandlung von Frauen mit Depressionen]. 中国针灸**38**(12), 1293–1297 (2018). https://doi.org/10.13703/j.0255-2930.2018.12.011

Bei Peng (China) ist eine Musikwissenschaftlerin, Philosophin und Übersetzerin, die sowohl in östlichen als auch in westlichen Kulturen zu Hause ist. Nach einem langen Aufenthalt in Deutschland arbeitet sie nun in China an der Beijing Normal University in Zhuhai in der Guangdong-Hongkong-Macao Greater Bay Area in China. In ihrer Arbeit bezieht sich Peng unter anderem auf Musiktheorie, um ein universelles Verständnis des menschlichen Daseins auf einer ästhetischen Ebene zu entwickeln. Im Moment ist Bei Peng zusätzlich Visiting Researcher am Forschungsinstitut für Nachhaltigkeit (RIFS) des GFZ Helmholtz-Zentrums für Geoforschung in Potsdam.

Polykontexturale Grundpfeiler für eine transkulturelle Philosophie des kosmischen Lebens

David Bartosch

Zusammenfassung

In diesem Kapitel werden wichtige transkulturelle und multizivilisatorische Grundlagen für eine weit ausgreifende Philosophie des kosmischen Lebens aus einer systematischen und zugleich historisch rückgebundenen Perspektive präsentiert. Auf eine „Anakrusis" bezüglich des Ursprungs des philosophischen Terminus ‚kosmisches Leben' folgt eine systematische Grundlegung in Bezug auf Gotthard Günthers Konzepte der Polykontexturalität sowie einer transklassischen Wissenschaft. Dies wird durch Ansichten weiterer Denker ergänzt. Vor diesem Hintergrund erfolgt die Einführung eines neuen Begriffes: ‚Panenbiotismus' („Alles-im-Leben-Lehre"). In Korrelation mit ‚kosmisches Leben' bildet dieser die Grundlage für eine transkulturell vergleichende Diskussion philosophischer Positionen aus antiken hellenischen und chinesischen Quellen sowie aus süd- und westasiatischen als auch europäischen Kontexten. Diese weitreichende und breitere Erörterung des Themas ist in Form von drei Hauptsegmenten organisiert, welche entsprechend drei fundamentale konzeptuelle Dimensionen des Themas ‚kosmisches Leben' vorstellen. Jeder dieser Hauptabschnitte wird entlang der Trajektorien relevanter Unterthemen entwickelt. In diesem Sinne präsentiert das erste Hauptsegment mehrere Ansichten verschiedener

D. Bartosch (✉)
Institute of Advanced Studies in Humanities and Social Sciences, Beijing Normal University, Zhuhai 519087, China
E-Mail: david.bartosch@bnu.edu.cn

D. Bartosch
Research Institute for Sustainability (RIFS), GFZ Helmholtz Centre for Geosciences, Potsdam, Germany

D. Bartosch et al. (Hrsg.), *Auf dem Weg zu einer Philosophie des kosmischen Lebens*,
https://doi.org/10.1007/978-981-97-9987-9_7

Zeiten und Orte, in deren Kontext (kosmisches) Leben als Ausdruck des Prinzips einer unaufhörlichen Selbst(re)kreation qua metabolischer Prozesse und partieller, progressiv-transformatorischer Selbstverzehrung reflektiert wird. In der zweiten Hauptsektion wird der transkulturell komparative Fokus auf mehrere Perspektiven und Variationen des Themas des kosmischen Lebens als eines integralen Merkmals eines unermesslichen bzw. unendlichen Universums ausgerichtet. Schließlich präsentiert der dritte Hauptabschnitt familienähnliche Ansichten kosmischen Lebens im Sinne eines integralen Aspektes kosmischen ‚Lichtes'. Hierbei wird die Diskussion auch mit einigen sehr innovativen Theorien unserer Zeit verknüpft. Die zentrale These des vorliegenden Kapitels, die hierbei zugleich aus vielen unterschiedlichen Perspektiven erschlossen wird, lautet, dass eine zukünftige Philosophie des kosmischen Lebens auf eine Vielzahl philosophischer Traditionen aus verschiedenen Zivilisationen rekurrieren sollte. Im Geiste uneingeschränkter Offenheit sollte es vor diesem Hintergrund darum gehen, die Unabschließbarkeit bzw. Unerschöpflichkeit aller wissenschaftlichen Bestrebungen in eine produktivere intellektuelle Realität innerhalb des erweiterten Rahmens eines im Sinne Günthers transklassisch zu nennenden, neuartigen Wissenschaftskonzepts zu übersetzen.

Schlüsselbegriffe

Kosmisches Leben · Transkulturell vergleichende Philosophie · Polykontexturalität · Transklassische Wissenschaft · Biozentrismus · Panenbiotismus · Lebensphilosophie

Einführung

> Wenn das Auge des Herzens offen ist, so wird jedes Atom einhundert Geheimnisse in sich bergen.
>
> Fariduddin Attar

Überblick

Die vorliegende Untersuchung hat auch deswegen als philosophische zu gelten, weil *vor* der Behandlung des Hauptthemas die Voraussetzungen und mögliche Herangehensweisen auf einer grundlegenden Ebene untersucht werden. Der nachfolgende Teilabschnitt „Vorüberlegungen" in dem vorliegenden einführenden Segment beginnt daher mit Blick auf die Geschichte des Ausdrucks ‚kosmisches Leben'. Er liefert eine Einführung bezüglich des Problems, wie eine pluralistische, globale Philosophie des kosmischen Lebens möglich sein kann, die die Integration einer plurikulturellen Basis in vielen Denktraditionen und auch hinsichtlich divergierender systematischer Ansätze erlaubt. Der anschließende Teilabschnitt „Polykontexturalität in der theoretischen Erschließung kosmischen Lebens" lenkt die Aufmerksamkeit auf die Philosophie Gotthard Günthers und untersucht einige seiner speziellen philosophischen Termini, wie zum Beispiel „klassische“ versus „transklassische“ Wissenschaft oder die Idee der (Poly-)Kontexturalität in Korrelation zu ‚Leben‘ (und ‚Tod‘). Günthers Fundament wird dann im dritten Unterabschnitt dieses einführenden Teils erweitert. Er trägt den Titel: „Zur Erweiterung der klassischen Wissenschaft hin zu transkulturellen und transklassischen Sichtweisen“. Im Anschluss an einige ergänzende Bezugnahmen auf andere Denker führt der nächstfolgende Abschnitt „Auf dem Weg zu einem polykontexturalen transklassischen Panenbiotismus“ einen *neuen philosophischen Terminus* ein. ‚Panenbiotismus‘ (wörtlich: „Alles-im-Leben-Lehre“) bezeichnet eine neue Perspektive, welche die Grundlage der nachfolgenden Untersuchungen bildet. Das neue Konzept wird hierfür in der abschließenden Subsektion der Einleitung, „‚Kosmisches Leben‘ aus transkultureller Sicht“, weiter vorbereitet und sondiert.

Der erste Hauptabschnitt nach dem umfassenden einführenden Segment rekonstruiert unter dem Titel „Kosmisches Leben als fortwährende transformative Selbst(re)kreation“ historische Perspektiven aus verschiedenen Zeiten und Weltregionen. Er beginnt mit „Thales von Milet“, gefolgt von einem längeren Teilabschnitt: „Uddalaka Aruni, mit vergleichenden Bemerkungen zu anderen Denkern“. Zu dessen Ende hin werden die Positionen dieses sehr frühen vedischen Denkers dann auch im Kontext neuerer Ansichten von Philosophen und Wissenschaftlern vor allem aus deutschsprachigen Kontexten des 19. und 20. Jahrhunderts diskutiert. Die nachfolgende Subsektion „Daodejing, Liji und Wang Yangming“ untersucht dieselbe Grundthematik in Bezug auf chinesische Denktraditionen. In verschiedenen Ausprägungen und traditionellen Formen tritt dabei die panenbiotische Weltanschauung als gemeinsame Grundlage des antiken griechischen, vedischen und chinesischen Denkens hervor. Die damit zusammenhängende Perspektive bezüglich chinesischer Traditionen wird in dem weiteren Teilabschnitt „Yijing (Buch der Wandlungen)“ vertieft. Danach schwingt das Pendel im Sinne des Unterabschnitts „Zoroastrische Ansichten und Heraklit von Ephesos“ zurück nach Westasien – gefolgt von einem „Zwischenfazit“.

Der zweite Hauptteil des vorliegenden Kapitels ist einer transkulturellen und historischen Erkundung von Ansichten gewidmet, die ich hier unter dem Titel „Kosmisches Leben und die Frage seiner unendlichen Ausdehnung und Verteilung“ subsumiert habe. Die erste Subsektion „Zahlen als Ausdruck des Unendlichen in der daoistischen und pythagoreischen Philosophie“ untersucht die teilweise übereinstimmenden Grundlagen von Pythagoras’ und Laozis „numero-*logischen*“ Spekulationen über die Grundlagen der Welt. Darauf folgt ein recht ausführlicher Überblick zum Thema „Die Idee einer unbegrenzten Verteilung des Lebens im hellenischen, römischen und chinesischen Denken“. In einer Art Gegenüberstellung werden auch die historischen Grundlagen der Position diskutiert, der zufolge die Erde einen exklusiven Ort der Lebensentstehung repräsentieren soll. Diesbezüglich erfolgt eine Bezugnahme auf die Philosophie des Aristoteles. In all dem wird Günthers begriffliche Unterscheidung klassischer und transklassischer Wissenschaft fortentwickelt. Der mit „Nikolaus von Kues über die Idee einer unendlichen Fülle außerirdischen Lebens“ betitelte, nachfolgende Teilabschnitt entfaltet einen sehr detaillierten Denkweg, der auch die nachfolgenden Reflexionen zum frühneuzeitlichen europäischen Diskurs vorbereitet. Es folgen Bemerkungen zum Thema „Montaignes Ansichten als impliziter Vorläufer der Polykontexturalität?“ und ein weiterer Überblick bezüglich relevanter Positionen nachfolgender europäischer Denker. Dieser Unterabschnitt ist betitelt mit „Von Bruno, Galilei, Descartes, von Guericke und anderen bis hin zu Newton und Kant“.

Der dritte Hauptabschnitt trägt den Titel „Kosmisches Leben und kosmisches Licht“. Hier wird eine dritte komparative Perspektive bezüglich der Idee des kosmischen Lebens erkundet, die im Laufe der Geschichte der Weltphilosophie, d.h. zu verschiedenen Zeiten und in verschiedenen Regionen und philosophischen Kulturen, bis heute sozusagen immer wieder „durchscheint“. Die erste Subsektion, „Historische Grundlagen: Altägyptische, altchinesische und keltische Ansichten“, fungiert als eine Art vorbereitende Stufe der Untersuchung. Auf diese folgt ein Überblick unter dem Titel „(Neu-)Platonische Traditionen“. Danach erfolgt ein Perspektivenwechsel hin zu einem eher systematischen Fokus, der auf den rezenten Diskurshorizont gerichtet ist. Dies spiegelt sich auch im Titel des nächsten Teilabschnitts wider. Er lautet: „Stärker systematisch: Transkulturelle Grundlagen und innovative (unorthodoxe) Ansätze“. Es folgen die Untersektionen „Weitere Gedanken im Hinblick auf Niklas Luhmann und Gotthard Günther“ und „Photonen, Leben und Bewusstsein“. Hier wird ‚Leben‘ als ein Aspekt kosmischen ‚Lichts‘ im weiteren Sinne definiert. Es folgen zwei weitere Untersektionen, „Biophotonen: Fritz-Albert Popp“ und „Die Verbindungen ersehen im Lichte der Solarastronomie: Attila Grandpierre“. Die hierbei vorgestellten Theorien brechen mit bestehenden Paradigmen und sind daher umstritten – und doch äußerst relevant. Es handelt sich um innovative, zukunftsweisende Sichtweisen in Bezug auf die Frage des ‚kosmischen Lebens‘.

Die „Schlussbemerkungen“ können als ein kleines Manifest zugunsten eines transklassischen, polykontexturalen Philosophie- und Wissenschaftsverständnisses gelesen werden – und damit als Aufforderung zu mehr Offenheit im Hinblick auf eine Vielzahl verschiedener Perspektiven hinsichtlich der ihnen allen (explizit oder implizit) unterliegenden Frage, wie ‚Leben‘ auf universelle Weise verstanden werden kann.

Vorüberlegungen

> Alles ist sie [die Natur] mit einemmale.
>
> Johann Wolfgang von Goethe

Der Terminus ‚kosmisches Leben‘ wurde von dem Geologen und Paläontologen Heinrich Georg Bronn (1800–1862), dem ersten deutschen Übersetzer von Darwins *Origin of Species*, geprägt. Bronn verwendet die Bezeichnung ‚kosmisches Leben‘ (Bronn 1841) im Sinne der Astronomie seiner Zeit. Dabei konzipiert er das Universum als (kosmohistorischen) *Prozess*. In einem abgeleiteten Sinne beschreibt Bronn die geologischen, atmosphärischen und aquatischen Systeme der Erde als Prozesse tellurischen Lebens (Bronn

1841). Das Konzept des Tellurischen (vom lateinischen Wort *tellus* ‚Erdoberfläche') verweist implizit auf eine lange Vorgeschichte in griechisch-römischen, westasiatischen und abendländischen Denktraditionen (Hoppe 1998). Basierend auf seiner konzeptionellen Erweiterung von ‚Leben' im Sinne dessen, was er aus übergreifender prozessphilosophischer Perspektive unter kosmischer und tellurischer Evolution versteht, definiert Bronn organisches Leben daraufhin als „dritte [evolutionäre] Lebensstufe" (Bronn 1843, v, Einfügung in Klammern DB). Schließlich definiert er „intellektuelles Leben" als „[v]ierte Lebensstufe" (Bronn 1849, 977, Einfügung in Klammern DB). Bronn verwendet also das Wort ‚Leben' im Sinne einer universellen kosmischen Evolution, die progressiv in vier auf einander aufbauenden Stufen emaniert (Bronn 1841, 5). Sie repräsentieren die kosmische Autogenese einer sich selbst organisierenden Komplexitätssteigerung des Lebensprinzips. Der Umfang von Bronns Konzept des kosmischen Lebens umfasst somit astronomische, tellurische, organische und intellektuelle bzw. vernunftbasierte kognitive Prozesse. Moses Hess (1812–1875) adaptierte den neuen Ausdruck ‚kosmisches Leben' (Hess 1877) wahrscheinlich von Bronn, entwickelt dabei jedoch ein eigenständiges *universelles Konzept* kosmischen Lebens. Hess betrachtet den „*organische[n]* Lebensprozess [auf Himmelskörpern] [...] [als] eine reichere, complizirtere [sic] Bewegung des allgemeinen, *kosmischen* Lebensprozesses" (Hess 1877, 125, Einfügungen in Klammern DB). Hess zufolge manifestiert sich der kosmische Lebensprozess bereits in der Formation von Sternen und Planetensystemen. Hess spricht gar von einer „kosmischen Embryologie" (Hess 1877, 115), und er versteht das „Absterben" von Sternen und Sternensystemen im erweiterten *wortwörtlichen* Sinne. Er kommt zu folgendem Schluss:

> Alle [...] [diese] Vorgänge [im Universum] beweisen, dass die kosmischen Aktions- und Reaktionscentren [sic] in ihrer ersten Entwicklung denselben Gesetzen unterworfen sind, wie die organischen Keime. Die Condensationen und Combinationen der dynamischen Gravitationscentren sind zugleich Wärme- und Lebensquellen.—Alle empryologischen [sic] Prozesse verdanken ihr Dasein denselben Bewegungen einer centripetalen Aktion, die den Lebensstoff *bildet*, und einer centrifugalen Reaktion, welche ihn *entwickelt*. Nur wird das Leben um so reicher an innern Unterschieden, je weiter die bildende und entwickelnde Aktion und Reaktion fortschreitet.—Nachdem sich sämmtliche kosmische Elemente und Aggregatzustände gebildet haben und der binäre chemische Prozess vollständig entwickelt ist, tritt auf der abgekühlten Oberfläche kleinerer Weltkörper, die von noch in ihrer Vollkraft existirenden grössern Wärmequellen beschienen werden, der organische Lebensprozess ein [...].—Ebenso beginnt erst nach der vollständigen Ausbildung der organischen Lebenssphäre, die selbstbewusste, *soziale* [Lebenssphäre], in welcher die letzten und höchsten Gebilde der Organismenreihe ihre moralischen und intellektuellen Anlagenen, die aus der organischen Sphäre stammen, zu entwickeln beginnen.—Also von den einfachsten und universellsten Schwerpunkten aus entfalten sich die combinirtestenten und individuellsten. Nach denselben Gesetzen, welchen die kosmischen Atome ihr Dasein verdanken, bilden sich Weltengruppen und Organismenreihen, weltgeschichtliche Völker und Individuen, welche den Genius der sozialen Menschheit, den „Weltgeist", in sich condensirt enthalten.—Uebergänge füllen überall die scheinbare Kluft aus, sowohl von einer Lebenssphäre zur anderen, wie von den niedrigern zu den höhern Stufen innerhalb derselben. (Hess 1877, 125–126, kursiv und orthograph. Besonderheiten i.O., Einfügungen in Klammern DB)

Die Aufgabe des vorliegenden Buches besteht darin, den generellen philosophischen Problemhorizont ‚kosmisches Leben' neu und zeitgemäß zu reevaluieren. Dies erfordert drei Dinge: eine angemessene philosophische Fundierung, die Integration aktueller, innovativer Erkenntnisse der Wissenschaft und eine offene Geisteshaltung. Für eine solche Grundlegung ist eine angemessene systematische Reflexion notwendig. Der Beitrag von John B. Cobb, Jr. zu diesem Band ist von größter Relevanz, da er ein wichtiges Leitlicht für eine solche Reflexion bietet. Darüber hinaus weist N. Chandra Wickramasinghe hier auf den sehr wichtigen Punkt hin, dass hochinnovative Wissenschaft trotz evidenter Belege selbst in unserer Zeit durch eine Art implizite Persistenz veralteter Paradigmen gehemmt werden kann. Obwohl die Falsifizierungen von Aristoteles' einst einflussreicher Überzeugung, in einem erdzentrierten Kosmos zu leben (siehe auch „Kosmisches Leben und die Frage seiner unendlichen Ausdehnung und Verteilung"), sowie seiner Idee der Abiogenese längst Geschichte sind, ist nichtsdestotrotz die Auffassung, dass organisches Leben ein exklusives, abiogenes „Produkt" unseres Planeten sein müsse, immer noch die vorherrschende. Man könnte auch sagen, sie mutierte zu dem festen Credo, dass eine solche Abiogenese, die als exklusiver Ursprung des Lebens angesehen wird, ausschließlich auf erdähnlichen Planeten in vergleichbar habitablen Zonen anderer Sonnensysteme stattfinden müsse. Diese unhinterfragte Überzeugung wird implizit genährt durch historische Schichten eines veralteten physikalistischen Weltbildes, das bis in die Frühe Neuzeit zurückreicht, als einige Wissenschaftler das Universum als eine Art „Uhrwerk" und den Körper als bloßen Mechanismus oder „Automaten" betrachteten. Leider werden auf der rezenten Grundlage der aktualisierten, vulgärmaterialistischen Version dieses Weltbildes, welches durch den sogenannten *ontological naturalism* (auch: *antisupernaturalism*) repräsentiert wird, alternative Ideen möglicher Ursprünge lebender Systeme (auf der Erde) oder sogar weitergehende Hypothesen darüber, was Leben vor dem Hintergrund kosmischer Dimensionen bedeuten könnte, oft als nicht diskussionswürdig erachtet und zur Seite geschoben.

Dies impliziert unter anderem auch, dass systematische Ansätze in der Philosophie und den Naturwissenschaften *zumindest indirekt* immer auch als Manifestationen ihrer jeweiligen Vorgeschichten in Kontexten ganz spezifischer philosophischer und wissenschaftlicher Traditionen (die in bestimmten geographisch-historischen Kontexten zu situieren sind) betrachtet werden müssen. Vor diesem Hintergrund sollten wir das historische und transkulturelle Bewusstsein für unser Thema schärfen. Angesichts der vielen *möglichen* Bedeutungsfacetten ‚kosmischen Lebens' wird es ganz wichtig sein, eine sehr offene und inspirierende, interdisziplinäre Diskussionsatmosphäre zu fördern – eine, die sogar „riskante Wetten" zulässt. Darüber hinaus sollte die Suche nach einer philosophischen Grundlage für die philosophische Erforschung eines solchen Themas auch Prospektionen bezüglich verwandter Gedankenbereiche im Rahmen der *Weltgeschichte* der Philosoph*ien* (Scharfstein 1998 et al.) einschließen: Das Thema sollte aus so vielen verschiedenen Blickwinkeln wie möglich betrachtet werden. Meiner Ansicht nach zählt dazu auch die Notwendigkeit, eine breite Palette nicht-europäischer und westlicher Denktraditionen zu erkunden und mit einzubeziehen. Bei näherer Betrachtung wird man sehen, dass in verschiedenen Zivilisationen und an unterschiedlichsten Orten eine Vielzahl universell ausgreifender bzw. kosmischer Vorstellungen von ‚Leben' entstanden sind.

Im Weiteren ist zu bedenken, dass wir aus Chunyou Yans Beitrag zu diesem Buch lernen können, dass jede „*holistische*" Perspektive immer noch eine *endliche* Makrosicht von *jemandem* (also eines Individuums, in einem bestimmten Kontext) repräsentiert. Niemand kann ein inhaltlich *vollständiges* Verständnis eines so weiten und vielschichtigen Themas wie dem des ‚kosmischen Lebens' erlangen. Was wir jedoch durchaus zu realisieren vermögen, ist die Integration eines *vielfältigen* Spektrums zahlreicher philosophischer Grundlagen und Makroperspektiven bedeutender Denker möglichst vieler unterschiedlicher Zeiten, Kulturen und Zivilisationen. Durch ein solches Prozedere lassen sich die Betrachtungsmöglichkeiten unseres Themas erheblich erweitern. Auf diese Weise wird es möglich, eine diversifiziertere, pluralistischere Grundlage historischer Substrukturen und Richtungen für weitere systematische Denkebenen zu generieren. Meiner Ansicht nach wird uns eine derart pluralistische Grundlage befähigen, die immense Informationsfülle, die das Thema beinhaltet, zielführender zu reflektieren. Hier gibt es keinen Platz für akademische „Monokultur" oder dogmatische Einseitigkeit. Und es existiert kein Weg, der an dem vorbei führen würde, was der Autor hier im Ausgang von Gotthard Günther als *transklassischen* Ansatz begreift (siehe weiter unten). Eine zukünftige Philosophie des kosmischen Lebens sollte unter anderem *multi*disziplinär, multimethodisch, multikulturell bzw. multizivilisatorisch und multilingual ausgerichtet sein.

Wenn nun das Ziel darin besteht, eine wahrhaft *globale Philosophie des kosmischen Lebens* zu entwickeln und die Frage aus den vielen Blickwinkeln verschiedener Kulturen, Weisheitstraditionen und Wissenssysteme der Menschheit selbst anzugehen, so ist eine entsprechende vorbereitende Reflexion unabdingbar. Der Problemhorizont des kosmischen Lebens ist, obschon auch dieses Kapitel nur eine Beobachterperspektive repräsentiert, wahrlich „allfältig" (Johann Wolfgang von Goethe). Nur in einem solchen Verständnis kann das vorliegende Thema adäquat angegangen werden. Es ist zu konzedieren, dass die menschliche Vernunft ein „Netz aus heterogenen, jedoch vielfältig verflochtenen, sich nicht nur ausschließenden, sondern auch überschneidenden Rationalitätsfeldern, Diskursen, Lebensformen, Lebenswelten" (Waldenfels 1985, 116–17) repräsentiert. Die wertvollen „Kontext(ur)e(n)" (siehe auch weiter unten) und Schichten kollektiver philosophischer Erinnerungen, die diesen Netzwerken zugrunde liegen, bilden die Eckpfeiler, die den Möglichkeitsspielraum des vorliegenden Denkweges fundieren.

Ein facettenreicher, offener Ansatz zur Frage des kosmischen Lebens kann auch aus der Perspektive eines systemtheoretischen Verständnisses reflektiert werden, wonach

> Existenz durch die Unterscheidungen des Beobachters hervorgebracht wird [und] es so viele Existenzbereiche gibt, wie Arten von Unterscheidungen, die der Beobachter vornimmt: Objektivität in Klammern beinhaltet die *Multiversen*, beinhaltet die Vorstellung, dass Existenz konstitutiv vom Beobachter abhängig ist, und *dass es so viele Wahrheitsbereiche gibt, wie Existenzbereiche, die sie oder er in ihren oder seinen Unterscheidungen* [*oder Entscheidungen*] hervorbringt. (Maturana 2003, 57–58, kursiv und Einfügungen in Klammern DB)

Des Weiteren resoniert Humberto Maturanas (1928–2021) Verständnis auch mit einem wichtigen Thema der Quantenmechanik, nämlich der *Kontextualität*.

> Kontextualität besagt, dass Eigenschaften von Teilchen, wie ihre Position oder Polarisation, nur im Kontext einer Messung existieren. Anstatt die Eigenschaften von Teilchen als feste Werte zu betrachten, sollte man sie eher wie Wörter in einer Sprache betrachten, deren Bedeutungen je nach Kontext variieren können. (McCormick 2022)

Mehr als 550 Jahre vor Maturana präsentierte Nikolaus von Kues (auch: Nicolaus Cusanus oder Nicolaus de Cusa, 1401–1464) eine Idee, die Maturanas systemtheoretischem ‚Multiversen' der Reflexion teilweise nahekommt. In *De coniecturis* (*Von den Mutmaßungen*, 1442) erklärt Cusanus, dass jeder Mensch seinen eigenen *Mikrokosmos* von Konzepten und Konzeptualitäten und damit (biographisch) Wissen entfaltet (Nicolaus de Cusa 1972, 143). Jeder dieser in sich geschlossenen persönlichen Verstehensprozesse mag anderen mehr oder weniger familienähnlich sein, keiner von ihnen könnte jedoch jemals vollständig identisch mit einem anderen sein – eine Idee, die in gewisser Weise Gottfried Wilhelm Leibniz' (1646–1714) Auffassung vom *principium identitatis indiscernibilium* ansatzweise vorwegnimmt. In Analogie zu Maturanas Multiversen ist jeder von Cusanus' sich selbst entfaltenden kognitiven Mikrokosmen als inhaltlich „*verisimile*" (wahrähnlich) (Nicolaus de Cusa 1972, 113) strukturiert aufzufassen: Im Sinne von *scientia* (Wissenschaft), und im besten Falle, ist jeder individuelle menschliche Mikrokosmos des Verstehens jeweils in sich konsistent. Keiner erreicht jedoch ein Niveau *absoluter* Perfektion oder ‚Wahrheit' (*veritas*).

Unter den Bedingungen der Endlichkeit approximiert jeder wissenschaftliche Beobachter die unendliche Komplexität eines unendlichen Universums (im Sinne des cusanischen Wortgebrauchs von *universum*). Selbst dessen singuläre Phänomene sind im Grunde genommen unendlich komplex. Cusanus betrachtet das Universum als Ganzes – und sogar die substantielle ‚Singularität' (*singularitas*) jedes konkreten Gegenstandes – als (unendliches) *imago* (Bild) eines *unendlichen*, allmächtigen Schöpfungsprinzips. Während dieses nicht in Bezug auf Ort oder Zeit charakterisiert werden kann (Nicolaus de Cusa 2000, 45–46), so sind Raum und Zeit grundlegende Aspekte seiner ‚Erscheinung' (*apparitio*) (Bartosch 2015, 28, usw.; vgl. auch Kreuzer 2000, 184).

Auch aus historischer Sicht ist diese Erkenntnis verblüffend, denn (generell gesprochen) steht sie in gewisser Weise auf einer Stufe mit dem besagten Problemfeld der Nichtlokalität und Kontextualität in der modernen Quantenmechanik. Im Sinne Cusanus' nähren die verschiedenen Prozesse der kognitiven Selbstentfaltung der *humana mens* (menschlicher Geist) die persönlichen Mikrokosmen des Verstehens eines jeden Individuums. Auch sie repräsentieren Manifestationen des unendlich kreativen Prinzips (Wolter 2004, 80). Jeder dieser Mikrokosmen stellt einen einzigartigen „Bild(ungs)prozess" des Universums auf der Basis von endlichen Begriffen dar (Bartosch 2015, 483–84). Daher repräsentiert jeder eine ‚wahrähnliche' Approximation absoluter ‚Wahrheit'.

Maturanas Aussage und sein allgemeines Verständnis weisen eine gewisse Affinität zur Position des Kusaners auf. Natürlich können sie nicht absolut kongruent sein. Inhaltliche

Unterschiede und divergente theoretische Kontexte und philosophische Hintergründe sind nicht zu übersehen. Es lässt sich jedoch ebenfalls nicht leugnen, dass Maturanas Ansichten in gewissem Maße mit denen des Cusanus „resonieren". Die daraus resultierende „Familienähnlichkeit" ist – Ludwig Wittgensteins (1889–1951) Metapher (Wittgenstein 2009, 36[e], etc.) ist hier im übertragenen Sinne des vorliegenden Gedankengangs zu lesen – eine inhaltlich-systematische. Soweit mir bekannt, wurde Maturana nicht direkt von Cusanus beeinflusst. Vor diesem komparativen Hintergrund können wir beide Positionen jeweils auf sich selbst sowie aufeinander anwenden: Beide selbstreflexiven Aspekte verschiedener ‚Multiversen' (Maturana) oder ‚Mikrokosmen' (Cusanus) sind ‚wahrähnlich' in dem Sinne, dass sie sich demselben „permeablen Problemhorizont" (Bartosch 2015, 17–19, etc., siehe auch weiter unten) eines Verstehens an sich *annähern* (bezüglich ‚Verstehen', siehe auch Bartosch 2021).

Darüber hinaus lässt sich angesichts des vorgenannten Ziels, eine, was die historischen Fundierungsebenen betrifft, pluralistische bzw. transkulturelle Grundlage für eine zukünftige Philosophie des kosmischen Lebens zu schaffen, daraus ableiten, dass, wie eben im Fall von Maturana und Cusanus, verschiedene Philosophien *systematische Affinitäten* aufweisen können, ohne dass eine historische Verbindung besteht (einschließlich des Fehlens historischer Austauschprozesse über Sprachen und Kulturen hinweg). Solche Vorkommnisse systematischer Resonanzen von Inhalten können von Fällen unterschieden werden, in denen Gedanken und Ideen im Sinne faktisch nachweisbarer historischer Entwicklungen (Philosophiegeschichten) miteinander verbunden sind. Diese basieren auf der Ableitung, Transformation oder Entwicklung von Konzepten und Standpunkten unter dem Einfluss von Vorgängern im Kontext philosophischer *Traditionen* (vgl. auch Scharfstein 1998, 1). Cusanus selbst gelangt zu seinem oben genannten epistemologischen Verständnis, indem er von Platon (428/27–348/47 v. Chr.) ausgeht, der die Ansicht vertritt, dass *alles, was über das Universum gesagt werden kann, nur annähernd und im Sinne von Wahrscheinlichkeit gesagt werden kann* (Hadot 2006, 157).

In diesem Beitrag untersuche ich verschiedene Geschichten und kulturelle Kontexte der Philosophie im Hinblick auf das, was ich bei dieser Gelegenheit im Sinne eines übergreifenden komparativen Konzepts als den allgemeinen Problemhorizont ‚kosmischen Lebens' begreife – sowohl im Hinblick auf allgemeine systematische Affinitäten als auch in Bezug auf bestimmte begriffsgeschichtliche Traditionen.

Polykontexturalität in der theoretischen Erschließung kosmischen Lebens

Wie bereits erwähnt, kann der vorgeschlagene Wandel hin zu einer diversifizierten Grundlage unterschiedlicher Perspektiven (im Sinne von Interdisziplinarität und Transkulturalität) auch im Sinne eines Übergangs von *klassischer zu transklassischer Wissenschaft* verstanden werden. Gotthard Günther (1900–1984) bezeichnet diesen Transformationsprozess in der Philosophie, den Geisteswissenschaften und den Naturwissenschaften wie folgt:

> Eine große Epoche der wissenschaftlichen Tradition steht kurz vor ihrem Ende. Sie hat fast zweieinhalb Jahrtausende gedauert, und Philosophen und Wissenschaftler beginnen damit, sie als die klassische Periode der Wissenschaft zu bezeichnen. [...] Die Unterscheidung zwischen klassischer und *transklassischer* Wissenschaft kann dabei *auf tief verborgene metaphysische Annahmen über die Natur dieses Universums* zurückgeführt werden. (Günther 1979, 283, kursiv DB)

Wenn wir unser Verständnis davon, was wir unter ‚Leben' verstehen, voranbringen wollen, müssen genau diese metaphysischen Annahmen selbst hinterfragt werden. Gotthard Günthers Denken ist somit tief mit dem vorliegenden philosophischen Problemhorizont des kosmischen Lebens verbunden. Basierend auf seiner *polykontexturalen Logik* hat er ein allgemeines Verständnis formuliert, das die Schlüssel für eine fortgeschrittene, kulturell und systematisch pluralistische Diskussion enthält. Im Sinne Günthers können die unterschiedlichen *beobachterabhängigen* Ansichten (siehe auch weiter oben das Zitat von Maturana) bzw. die diversen theoretischen „Brillen" verschiedener Denker und Wissenschaftler unterschiedlicher Zeiten, zivilisatorischer Kontexte und heutiger wissenschaftlicher oder philosophischer Disziplinen als *Kontexturen* beschrieben werden. Es ist wichtig zu beachten, dass Günther das Adjektiv ‚kontext*ural*'—und nicht ‚kontext*uell*' verwendet. Günthers Wortgebrauch von ‚Kontextur' bedeutet etwas anderes als ‚Kontext' im allgemein üblichen Sinne. In dieser Hinsicht stellt Günther fest:

> Wo immer wir zwei Daten aus dieser Welt extrahieren, werden wir feststellen, dass sie an einer gemeinsamen Kontextur teilhaben und dass ihre Beziehungen durch eine zweiwertige Logik beschrieben werden können. Dieser Test wird uns nie im Stich lassen. Aber da wir darauf hingewiesen haben, *dass jedes ontologische Datum der Welt als Schnittpunkt einer unendlichen Anzahl von Kontexturen betrachtet werden muss*, schließt die Tatsache, dass zwei Daten – unabhängig davon, welche wir auch immer wählen, um sie in ihren gemeinsamen zweiwertigen Beziehungen zu beschreiben – zu einer Kontextur gehören, nicht aus, dass dieselben Daten ebenfalls – abgesehen von der für unsere Beschreibung gewählten Kontexturalität – *getrennt davon zu zusätzlichen und unterschiedlichen Kontexturalitäten gehören* können. (Günther 1979, 297, kursiv DB)

Grundsätzlich impliziert dies einen Wandel von der klassischen Wissenschaft, die durch ihre monokontexturale Richtung definiert ist, hin zu einem transklassischen *Nexus oder Feld* möglicher Reflexionen und koordinierter, aber divergierender Standpunkte. Hier muss ein Widerspruch, der aus einem „wahrheitsannähernden" Standpunkt oder Blickwinkel (einer bestimmten Kontextur) heraus entsteht, nicht unbedingt die Perspektive einer anderen Kontextur stören. Diese Idee kann erweitert werden: Im Allgemeinen ermöglicht ein solcher polykontexturaler Ansatz, unsere (gegebene Pluralität von) Ansichten ständig zu erweitern und sie in unsere (persönlichen) – sich dabei erweiternden und stärker selbstdifferenzierenden – ‚Mikrokosmen' (Cusanus/Maturana) des Denkens zu integrieren. Ein bestimmter Fokus kann vor dem Hintergrund einer möglicherweise unendlichen Anzahl verschiedener Blickwinkel realisiert werden, solange die gewählte Perspektive methodisch fundiert und logisch valide ist. Je mehr prospektive, Wahrheit approximierende Perspektiven wir in unser Denken integrieren und handhaben können, desto fortgeschrittener wird sich unsere (unabschließbare) Annäherung an das (unendliche) Puzzle gestalten. Eine wichtige Voraussetzung dafür ist, dass dabei ein grundlegendes Nichtwissen – und folglich eine offene Situation im Hinblick auf mögliche Alternativen – immer anerkannt wird. Dieser Aspekt einer höheren Selbstreflexivität des ‚wissenden Nichtwissens' ist die *conditio sine qua non* für die Entfaltung all unseres möglichen Wissens selbst. Dies ist es, was die Idee der Polykontexturalität zu lehren vermag.

Diese Wende von klassischer zu transklassischer Reflexionsweise bedeutet nichts weniger, als eine epochale Transformation in der Art und Weise, wie sich unser Wissen (permanent) formt: von *monokontexturalem* zu *polykontexturalem* und, wie man noch ergänzen könnte, „poly-*konjekturalem*" Denken. Dies muss natürlich grundlegende Konsequenzen für unser Verständnis des Lebens haben – insbesondere, wenn das Wort ‚Leben' in Kontexten entsprechender „ganzheitlicher" Verständnisweisen von Wörtern wie ‚Kosmos', ‚Universum' usw. Anwendung findet.

> Der Übergang vom klassischen zum transklassischen Denken bedeutet, dass das monokontexturale Konzept der Realität aufgegeben und durch eine polykontexturale Theorie der Existenz ersetzt wird, *die Raum für das Phänomen des Lebens innerhalb dieses Universums schafft*. In einem polykontexturalen Universum müssen wir das Leben nicht als ein Element betrachten, das der unbelebten Materie völlig fremd gegenübersteht, weil die Materie in sich bereits die Keime des Lebens in ihrer dialektischen Gegenüberstellung von Sein und Nichtsein enthält. […] Es wird notwendig sein, alle lebenden Organismen als polykontexturale Strukturen zu betrachten. Für die klassische Tradition gibt es hingegen einen vollständigen Bruch zwischen Leben und Tod. (Günther 1979, 208, kursiv DB)

Dieses Verständnis findet in gewisser Weise Anklang bei verschiedenen neuen Perspektiven, die auf viele Jahrzehnte wissenschaftlicher Arbeit und entsprechenden persönlichen Akkumulationen valider Einsichten basieren, wie zum Beispiel in den Werken von John B. Cobb, Jr., N. Chandra Wickramasinghe, Chunyou Yan, Attila Grandpierre und denen vieler anderer Autoren. Im oben erwähnten cusanischen Sinne repräsentieren diese individuellen Perspektiven ausgeklügelte philosophische und wissenschaftliche Mikrokosmen der (Selbst-)Reflexion, die entsprechend mit den jeweiligen (inter-)disziplinären Hintergründen der Autoren korrelieren. Im Hinblick auf ‚kosmisches Leben' und im Sinne einer polykontexturalen Sichtweise können ihre Ansichten hier im übertragenen Sinne einer Kette unterschiedlicher, aber gleichermaßen in sich gültiger und konsistenter Beobachterperspektiven aufgefasst werden. Im Sinne von Günthers Begriff transklassischer Wissenschaft emergieren die Validität und der epistemologische Wert eines Theorems auf dem Boden seiner eigenen (inhärenten) Konsistenz, seiner Inhalte und dabei mitzureflektierenden Kontexte. Jedes Theorem muss zunächst vor dem Hintergrund seiner eigenen systematischen Parameter evaluiert werden. Aus einer allgemeineren, philosophischen Perspektive gilt dies natürlich auch für antike oder „vormoderne" oder „nicht-westliche" Philosophien – und sogar im Hinblick auf das, was Jean Gebser (1905–1973) als die archaischen, magischen und mythischen Strukturen historisch vorausgehender Bewusstseinsformen reflektiert hat (Gebser 1973).

Zur Erweiterung der klassischen Wissenschaft hin zu transkulturellen und transklassischen Sichtweisen

In diesem Kapitel wird Gotthard Günthers ursprüngliche Fundierung der Polykontexturalität philosophisch erweitert: Wenn Günther feststellt, „daß das zweiwertige Verhältnis von Subjekt und Objekt sich in einer Vielzahl von ontologischen Stellen abspielt, die *nicht* miteinander zur Deckung gebracht werden können" (Günther 1980, 87, recte DB), übersieht er, *dass es genau dieser Unterschied* zwischen den „ontologischen Stellen" *als solchen (der Unterschied an und für sich)* ist, der die zugrunde liegende *Einheit* (von Einheit und Differenz) all dieser (verschiedenen) sich selbst entfaltenden Verstehensprozesse und Subjekt-Objekt-Mikrokosmen liefert. Der *Unterschied selbst* fungiert als *vereinheitlichender Unterschied* (gleichsam als Brücke) „zwischen" *diesen „ontologischen Stellen". Das, was alle Unterscheidungen dauerhaft „zeichnet" (eine Vielzahl ontologischer Stellen bzw. „Orte" ermöglichend), ist die Grenze, der Unterschied an und für sich, welcher selbst als undifferenziert, als ohne jeden Unterschied an sich habend, zu denken ist* (Bartosch 2021, 136; 2022, 116). Somit *birgt er grenzenlose Möglichkeiten und ist das unbewegte Zentrum in allen (kosmischen) „entscheidungsbasierten Manifestationen" und in unseren damit verbundenen kognitiven Prozessen* (auch im Hinblick auf den einzigartigen Weg jeder beobachterbasierten Welterfahrung im Sinne von Maturana). *Der ungeteilte Akt der Differenzierung repräsentiert die „nicht-lokale Lokalität" einer unaussprechlichen, all-schöpferischen Unendlichkeit, die in jedem einzelnen Akt oder Prozess der Wissensentfaltung implizit enthalten bzw. inhärent ist – und zugleich darüber hinaus zugrunde liegt*!

Kürzlich hat der Autor den neuen Begriff einer *implicate logic* eingeführt, um auf diese wesentlichste Grundlage *allen* Denkens (im Sinne kognitiver Differenzierungsakte) zu verweisen (Bartosch 2022). Abgesehen von dieser neuen Kategorie und der damit verbundenen Metareflexion ist die zugrundeliegende Einsicht selbst nicht neu. Nikolaus von Kues spielt beispielsweise darauf an, wenn er das philosophische Rätselbild der „Mauer des Paradieses" (*murus paradisi*) gebraucht (Nicolaus de Cusa 2000, 43, 71, 79). Diese „Mauer" symbolisiert das Prinzip einer Unterscheidungsmarke, denn durch das „Gehen" *auf* der „Mauer" – was auf den Akt oder Prozess des Differenzierens selbst anspielt – „erschaffen" die Mauer bzw. das Bewusstsein des auf ihr entlangschreitenden Beobachters die beiden Teile ‚Paradies' und ‚Nicht-Paradies', soll heißen, ein Innerhalb und ein Außerhalb der „Mauer". Gleichzeitig *verbindet* jedoch die „Mauer", obwohl – oder vielmehr gerade *weil* – sie somit als die *conditio sine qua non* der Differenzierung zu sehen ist, auch *die beiden Seiten*. Beide Seiten (innerhalb/außerhalb) sind *durch* ihren Unterschied (die „Mauer") zugleich verbunden. *Die „Mauer" selbst ist jedoch in sich ungeteilt.* Der Unterschied *selbst*, die Differenz *selbst*, ist *unteilbar*; die Differenz hat keine Grenze (in) sich selbst (Bartosch 2022, 116–117). Gegen Ende des zwanzigsten Jahrhunderts erforschte auch der Systemtheoretiker Niklas Luhmann (1927–1998) *dieselbe implizite – oder besser: implexive, in allem eingefaltete – logische Grundlage* des Denkens, auf die sich bereits Cusanus bezogen hatte (Bartosch 2022, 116–117; Luhmann 2001, 245; siehe auch vorliegend den Abschnitt „Zahlen als Ausdruck des Unendlichen in der daoistischen und pythagoreischen Philosophie").

Wenn „jedes ontologische Datum der Welt als Schnittpunkt einer unendlichen Anzahl von Kontexturen betrachtet werden muss" (Günther 1979, 297), bedeutet dies, dass alle möglichen Kontexturen oder Beobachter-Multiversen der Reflexion in ihren jeweiligen „ontologischen Stellen" tatsächlich *implizit* mit der Form *jedes* ontologischen Datums selbst zusammenfallen. Jeder Datenpunkt bedeutet eine Erscheinung der zugrunde liegenden unendlichen *Einheit* (durch Unterschied) einer der Möglichkeit nach unendlichen Anzahl von Kontexturen.

Vor dem Hintergrund dieses basalen *transklassischen* Verständnisses erweisen sich theoretische Monopole aktuell als abträglich für den weiteren Fortschritt von Philosophie, Wissenschaften und sozialen Systemen; es kann keine absolute Wahrheit (unendlichen) kosmischen Lebens geben, die jemals vollständig realisiert werden könnte. Als (endliche) Beobachter sind wir auf einen unaufhörlich sich erweiternden und annähernden Diskurs (im oben genannten Sinne Maturanas) verwiesen. Wie bereits erwähnt, *können wir jedoch auch die vielen Ansätze verschiedener (endlicher) Beobachter und ihre Denkwege der Vergangenheit (in ihren unterschiedlichen, individuell umgesetzten, teils historisch rekonstruierbaren Kontexten) beobachten, um ein vielfältigeres und damit umfassenderes und klareres Bild des unser Thema betreffenden Problemhorizonts zu erhalten.* Die vorliegende Untersuchung beginnt daher mit einer Prospektion einiger der frühesten, im erweiterten Sinne Günthers „*vor*klassisch" zu nennenden Schichten verschiedener Traditionen der Philosophie des Altertums. Diese frühesten Lagen in verschiedenen Strängen der historischen Entfaltung der Weltphilosophie gehen dem Aufkommen der klassischen (monokontexturalen) Wissenschaft im antiken Griechenland voraus. Ausgehend davon wird der vorliegende Beitrag dann auch Beispiele für spätere philosophische Positionen liefern, die für unser Thema ebenfalls von Interesse sind. Auch diese sind in die Entfaltung einer polykontexturalen „(unregelmäßigen) Tessellation" der Grundlagen einer transklassischen Philosophie des kosmischen Lebens in der Bewusstseinsgeschichte der Menschheit zu integrieren (siehe auch Gebser 1973). Die Hauptaufgabe der vorliegenden Studie besteht diesbezüglich darin, eine größtmögliche Vielheit an Schichten in der Weltgeschichte der Philosophie auf eine Vielzahl inhärent sich überschneidender und inhaltlich vergleichbarer Ansichten sowie konzeptioneller Wurzeln hin zu sondieren, die so als historische Fundierungsebenen einer zukünftigen globalen Diskussion zum Thema ‚kosmisches Leben' fungieren können. (Man könnte hinzufügen, dass hier ‚Vergleichbarkeit' natürlich nicht das Fehlen von Unterschieden bedeuten kann, sondern vielmehr auch die Möglichkeit erkenntnisgenerischer Differenzierungsprozesse andeutet.) Die Entdeckung und Integration komplementärer Elemente in den Denktraditionen der Welt bedeutet eine grundlegende Notwendigkeit *im Hinblick auf eine transklassische und transkulturelle Philosophie des kosmischen Lebens.*

Klassische Wissenschaft akzeptiert im Sinne ihrer Konzeption bei Günther nur die Parameter *einer Konjektur.* Sie ist monotheoretisch in dem Sinne, dass zumindest für einen bestimmten Zeitraum nur eine Theorie zum Paradigma (oder sollten wir besser sagen „zum Dogma"?) eines entsprechenden „wissenschaftlichen Glaubens" (Bartosch 2019, 47–50) in einer bestimmten Disziplin oder Unterdisziplin wird. Diejenigen, die dabei alternativen Möglichkeiten „heterodoxer" Erklärungsmuster folgen, riskieren oftmals, ihren Ruf zu verlieren, marginalisiert zu werden oder Schlimmeres (neben Giordano Bruno ließen sich auch weniger weit zurückreichende Beispiele aufzählen). Während sich klassische Wissenschaft in letzter historischer Instanz hauptsächlich auf bestimmte griechische Grundlagen zurückführen lässt, zum Beispiel auf die philosophischen Fundamente im Denken Platons und Aristoteles', so kann der Ansatz transklassischer Wissenschaft freilich *nicht* bedeuten, derlei griechische und spätere, europäisch-neuzeitliche philosophische Elemente und Grundlagen ausschließen zu wollen. Nützliche Ergebnisse und Methoden früherer mono-kontexturaler Wissenschaftsgeschichte und historischer Diskurse sind selbstverständlich in innovative, polykontexturale Ketten transklassischer Reflexion einzubinden. Wenn man solche früheren Aspekte ausschließen wollte, die aus einem monokontexturalen Denkhorizont hervorgingen, dann würde das selbst wieder eine Bewegung in Richtung einer solchen Beschränkung bedeuten.

Darüber hinaus, und unter Berücksichtigung nicht-europäischer Traditionen der Philosophie, muss ebenfalls daran erinnert werden, dass einige von deren Vertretern die *späteren* Entwicklungen der philosophischen Landschaft und Wissenschaften Europas tief beeinflussten. Die klassische Wissenschaft westlicher Kontexte hat im Anschluss an die besagten antiken griechischen Grundlagen stark von der oft nicht explizit gemachten (nicht-klassischen!) Integration von Elementen historischer nicht-westlicher Philosophien und Wissenschaften profitiert. Obwohl diese „fremden" Elemente und deren historische Funktion als solche im westlichen Denken später oft nicht allgemein anerkannt wurden (z.B. die Wissenschaften und Philosophien des Goldenen Zeitalters des Islam), so kann man dennoch sagen, dass zumindest *implizit* und auf einer eher *„subkutanen" Ebene* der Übergang zu einem transklassischen und transkulturellen Ansatz bereits lange im Rahmen der Geschichte klassischer Wissenschaft und westlicher Philosophie zumindest sich anbahnte. Es ist an der Zeit, die richtigen (polykontexturalen) Schlüsse aus dieser Verflechtungsgeschichte klassischer Wissenschaft und jener (marginalisierten) Einflüsse und Unterströmungen zu ziehen. Eine zukünftige Philosophie des kosmischen Lebens muss netzwerkartig auf Basis aller gültigen und nützlichen Grundlagen ostasiatischer, südasiatischer, westasiatischer, europäischer sowie weiterer Denktraditionen erwachsen. Sie alle bilden den intellektuellen Nährboden für eine zukünftige Philosophie des kosmischen Lebens.

An diesem Punkt mag sich der Leser eventuell fragen: Warum sollten wir in diesem Zusammenhang überhaupt (aus transkultureller Perspektive) auf antike oder zumindest ältere philosophische Quellen zurückgreifen? Worin besteht hier der Zugewinn?

Es ist zunächst daran zu erinnern, dass das Verhältnis der Philosophie zu ihrer (Welt-) Geschichte (oder besser: zu ihren Geschicht*en*) bis zu einem gewissen Grad anders zu denken ist als das der Naturwissenschaften zu ihrer Geschichte. Bestimmte philosophische Ideen und grundlegendste Probleme bleiben im Laufe der Geschichte bis heute bestehen. Diese Grundlagen präsentieren sich oft in einer für unser Verständnis am besten greifbaren Weise in frühen Texten (am besten aus verschiedenen Kontexten variierender zivilisatorischer Horizonte, in vergleichender Perspektive). Deshalb könnten bestimmte Elemente des antiken Denkens immer noch wertvolle Ausgangspunkte und Grundideen für aktuelle philosophische Diskussionen bieten. Darüber hinaus haben einige Philosophien und ihre Terminologien historische konzeptuelle Ausgangspunkte für spezifische Disziplinen der Naturwissenschaften, Geisteswissenschaften und im Rahmen der Soziologie geliefert. Als historischer Hintergrund bzw. Ursprung dieser Wissenschaftsdisziplinen sind entsprechende Traditionen der Philosophie in ihrem eigenen Licht zu betrachten und sollten sozusagen gemäß ihrem eigenen Recht behandelt und im Blick auf ihre exklusive(n) „Dimension(en)" und Denkweise(n) betrachtet werden. Das Wort ‚Philosophie' bezieht sich auf eine methodische Denkweise im grundlegendsten und bedingungslosesten Sinne. Als solche beginnt die Philosophie nicht mit einer bestimmten Theorie (mit einem bestimmten, eingeschränkten Fokus oder Interessengebiet), die verifiziert oder falsifiziert werden soll (wie im Falle der Wissenschaft), sondern grundlegender, d.h. vom ungebundenen Prinzip des *wissenden Nichtwissens* selbst ausgehend (Bartosch 2021, 2022).

Carl Friedrich von Weizsäcker (1912–2007) – bekanntlich sowohl Naturwissenschaftler von Weltrang als auch renommierter Philosoph – konstatiert, dass er bei der Reflexion über die Frage der grundlegenden Interpretation komplexer mathematischer Theorien in seinem *wissenschaftlichen* Fachgebiet (Quantenphysik) bestimmte, sehr grundlegende Bedeutungen oft nur im Rekurs auf sehr ursprüngliche Ausgangspunkte in der frühen Geschichte der *Philosophie* verstehen konnte: „So war es mein Erlebnis, daß ich nicht imstande war, die Quantentheorie zu verstehen, und bis heute bin ich nicht imstande, die Quantentheorie zu verstehen, wenn ich nicht Platon verstehe" (von Weizsäcker 1971, 378). Weizsäckers Bemerkung steht in einem gewissen Resonanzverhältnis zu Alfred North Whiteheads (1861–1947) Aussage, dass die Geschichte der westlichen Philosophie nichts anderes sei als Fußnoten zu Platon (Whitehead 1978, 39). Sowohl Weizsäcker als auch Whitehead bezogen sich nicht auf Platon im Sinne einer Theorie, sondern auf die „Form" oder Art und Weise seines Denkens. Diese geht wiederum auf Sokrates' (ca. 470–399 v. Chr.) Aussage zurück, dass „ich, was ich nicht weiß, auch nicht glaube zu wissen" (Platon 2016a, 15). Diese Grundlage der Philosophie ist für sich genommen nicht auf die (idealistische) Weltanschauung beschränkt, die Platon daraus ableitete. Sie ist nicht einmal eine exklusive Entdeckung der griechischen Philosophie. Der chinesische Denker Konfuzius (Kongzi 孔子, 551–479 v. Chr.) hatte das wissende Nichtwissen bereits zu einem früheren Zeitpunkt entdeckt (Bartosch 2022, 108).

Hinsichtlich westlicher Philosophie ist es legitim, Whiteheads Bemerkung auf andere Philosophen und sogar nicht-idealistische Positionen auszuweiten, die aus derselben grundlegenden Einsicht des wissenden Nichtwissens hervorgingen. In einem seiner letzten Seminare zur Naturphilosophie, das er 1981 veranstaltete, erweiterte Gotthard Günther diese Idee in dem Sinne, dass die Geschichte der westlichen Philosophie und Wissenschaft als ein Kampf zwischen den Interpretationen der platonischen Philosophie (einschließlich der aristotelischen Systematik) und materialistischen Philosophien (einschließlich mechanizistisch-reduktionistischer Tendenzen) zu verstehen sei. Auf polykontexturaler Basis können wir diese divergierenden philosophischen Weltanschauungen als Alternativen begreifen, die nicht entschieden werden müssen und faktisch gar nicht entscheidbar sind. Sie repräsentieren eigentlich nur verschiedene Reflexionen des

„Sehens“ oder Interpretierens von Manifestationen einer nicht-konzeptualisierbaren (unendlichen) Kreativität, die in den Fundierungsebenen unserer Erfahrung und Existenz waltet. Und wenn wir die eurozentrische Brille absetzen, ist, wie ich nochmals betonen möchte, festzuhalten, dass Philosophie als solche, d.h. ‚Philosophie‘ als Ausdruck wissenden Nichtwissens, natürlich nicht nur Fußnoten zu Platon bedeutet, sondern einen lebendigen und fruchtbaren „Wald“ der Weisheit, der aus den geistigen Samen entsprossen ist, die viele große Geister in fast allen Ecken der bewohnten Welt kultiviert haben. Um ein passendes Beispiel heranzuziehen, das Weizsäckers „Platonismus“ in Verbindung mit moderner Naturwissenschaft ergänzt, ist hierbei an den dänischen Physiker Niels Bohr (1885–1962) zu erinnern: Als er 1947 den höchsten dänischen Orden erhielt, stand er vor der Herausforderung, ein Familienwappen für sich entwerfen zu müssen. Er wählte dafür das bekannte chinesische *taiji* 太極-Symbol. Für Bohr repräsentierte dieses vormoderne chinesische Symbol auf bestmögliche Weise sein Verständnis der Welle-Teilchen-Dualität in der Quantenphysik (Aaserud, n.d., 71–72).

Auf dem Weg zu einem polykontexturalen transklassischen Panenbiotismus

Ferner müssen wir hier auch hinsichtlich der allgemeinen Begriffe ‚Idealismus‘ und ‚Materialismus‘ differenzieren. Zum Beispiel wäre es im Hinblick auf das westliche materialistische Denken möglich, Günthers eigene (implizite) Erweiterung von Whiteheads berühmter „Fußnoten-zu-Platon-Aussage“ im Rekurs auf Ernst Blochs (1885–1977) Erkenntnisse zur Geschichte der materialistischen Philosophien weiterzuentwickeln: Nicht alle historischen und jüngeren materialistischen Weltkonzeptionen können auch als physikalistisch oder mechanizistisch kategorisiert werden, d.h., nicht alle Formen des Materialismus marginalisieren oder leugnen gar die Bedeutung eines spirituellen oder nicht-materiellen Aspekts – bzw. das „Leben in der Materie“, wie man es auch ausdrücken könnte. Der Philosoph Bloch, der sich selbst als materialistischer Denker in der Tradition des Marxismus verstand, wurde auch von derselben zeitgenössischen Quantenphysik beeinflusst, die Weizsäcker und Bohr in Richtung verschiedener philosophischer Traditionen des Ostens und des Westens führte (zu interpretativen Zwecken). Vor diesem Hintergrund opponiert auch Ernst Bloch vehement gegen jene *physikalistischen oder mechanizistisch*-materialistischen Ansichten, die lediglich „Klötzchen-Materie“ (Bloch 1972, 309) als einzige „Zutat“ des Universums zulassen.

Aus Blochs Perspektive, die auch von Denkern wie Giordano Bruno (1548–1600) und vielen anderen inspiriert wurde, ist das materielle Universum von Natur aus *selbstmotiviert*. Es beinhaltet notwendigerweise das Prinzip eines allumfassenden *Logos* und ist damit Ausdruck eines *metaphysischen „Prinzips Hoffnung“*, das dieser (auf keinen Fall physikalistisch zu denkenden, lebendigen, kosmischen) Materie (die sich immer in Bewegung und Entwicklung befindet) inhäriert. Blochs metaphysisches Prinzip Hoffnung ist selbst nicht materiell. Bloch entwickelt seinen Standpunkt auf historisch fundierte Weise: Er macht seinen ersten Schritt mit dem Begründer des Prozessdenkens im antiken Griechenland, Heraklit von Ephesus (ca. 520–ca. 460 v. Chr.), und entfaltet dann seine dialektische Reflexion über ein universell lebendiges „Logikon in der Materie“ (Bloch 1972, 47) entlang vieler Stationen in der Geschichte der Philosophie Europas, des Mittelmeerraumes und Westasiens. Diese philosophische Untersuchung erreicht einen Stand und eine Komplexität, die weit fortgeschrittener ist als andere – quasi „gnostische“ – Versuche, die ein angeblich *separates* Ideenprinzip sozusagen „hinter“, „über“ oder „jenseits“ einer scheinbar trügerischen oder gar vom Bösen imprägniert sein sollenden Welterfahrung „lokalisieren“ – ganz so, wie es der Vulgärplatonismus, die Richtung einer groben, weit verbreiteten Fehlinterpretation Platons, weiszumachen versucht. Hierbei ist es wichtig zu verstehen, dass das Unbegrenzte *nicht von irgendetwas getrennt sein kann*, insbesondere nicht von irgendeiner einzigen seiner individuellen Manifestationen (im Sinne von Prozessen seiner allfältig-kreativen Selbstentfaltung).

Aus der erweiterten Perspektive polykontexturaler Logik im zuvor erwähnten Sinne *erübrigt* sich die Entweder-Oder-Entscheidung zwischen *gültigen* Interpretationen Platons oder – um auf einen modernen idealistischen Philosophen zu rekurrieren – Hegels (der die Idee als *einen sich selbst entfaltenden, sich selbst entwickelnden Akt* ansah, nämlich als wirklichkeitsgenerierenden Prozess der Selbstübersetzung der Idee) und – auf der anderen Seite – den ausgeklügeltsten *organizistischen oder naturalistisch-materialistischen* Ansichten, wie denen von David von Dinant (ca. 1160–ca. 1215), oder, im 20. Jahrhundert, eben denen Ernst Blochs. Philosophisch betrachtet, sind wir hier mit einer aporetischen Situation konfrontiert: Kann das kosmische Werden eines unendlichen Raumes als Erscheinung eines unendlichen, lebendigen Geistes aufgefasst werden? Ist nicht auch eine solche intellektive (intellektbasierte) Vision (einer unendlichen, kosmisch-mentalen Einheit) als subjektive Reflexion unter den Bedingungen endlichen Bewusstseins zu betrachten? Würde diese Subjektivität (Endlichkeit als Voraussetzung für Reflexion) nicht wiederum die Realität einer unendlich verteilten Materie-Energie voraussetzen (als Grundlage für jede physische „Lokalisierung“ und „Zeitbestimmung“)? Macht es überhaupt Sinn, einen unendlichen Geist (und dessen permanentes Werden) von einem unendlich sich selbst transformierenden materie-energetischen Prozess trennen zu wollen? Ich denke nicht. Müssten nicht vielmehr beide, sozusagen als zwei „Seiten“ derselben „unendlichen Münze“ betrachtet werden? Hier sollte die Antwort affirmativ ausfallen – und zwar in dem Sinne, dass wir uns nicht für das eine oder das andere entscheiden können, wie bereits gesagt. Hier ist an Cusanus' „transzendierende“ Metapher eines unendlichen Spiegels zu erinnern: Einerseits symbolisiert dieser ein universelles, intellektives Prinzip (Nicolaus de Cusa 1959, 48–49), νόησις νοήσεως (*noēsis noēseōs* ‚Denken des Denkens‘), während andererseits dieselbe Metapher auch eine – polierte – *materielle Oberfläche* (der Reflexion) impliziert.

Dies bedeutet, dass sich beide Grundansichten des Idealismus und Materialismus (im Sinne von Grundrichtungen mit vielen Facetten und Variationen) zumindest in ihren ausgeklügeltesten Entwicklungen schließlich zu berühren beginnen: Sie repräsentieren *dasselbe* unendliche – *panenbiotische* – Universum, d.h., ein Universum, welches so unendlich komplex ist, dass sein zugrunde liegendes ontologisches (und zugleich epistemologisches) Prinzip der Polykontexturalität uns niemals die Möglichkeit geben wird, ein Ende möglichen Verstehens zu erreichen. Die beiden basalen Standpunkte – entweder „Geist über Materie“ oder „Materie über Geist“ – repräsentieren zwei gegenüberliegende Perspektiven auf dasselbe absolute Fundament des Seins. Diese im Begriff ‚Leben‘ sich ausbalancierende Synthese kann im Sinne einer Wortneuschöpfung des Autors als *Panenbiotismus* bezeichnet werden. Dieser Neologismus setzt sich aus den griechischen Wortbestandteilen πᾶν (‚alles‘) und ἐν βίῳ (‚im Leben‘) zusammen. Der neue Terminus ist inspiriert von den Ausdrücken (1) ‚Panentheismus‘ (von πᾶν [‚alles‘] und ἐν θεῷ [‚in Gott‘]) und (2) *biotic community* (‚biotische Gemeinschaft‘). Die bekannte Wendung ‚Panentheismus‘ geht wiederum auf Karl Christian Friedrich Krauses (1781–1832) Terminus ‚Allingottlehre‘ zurück – als Bezeichnung eines speziellen Konzepts dieses höchst innovativen (und leider stark vernachlässigten) Denkers, der mehr oder weniger implizit die Disziplin der Prozessphilosophie im 20. und 21. Jahrhundert beeinflusste (Walker und Wickramasinghe 2015, 39). Für den zweiten Begriff der *biotic community* (‚biotische Gemeinschaft‘) sei auf die Übersicht von Landen (2003) verwiesen. Die Semantik des Begriffs ‚Panenbiotismus‘ spielt auf eine kosmische, nicht (erd-)zentrierte Perspektive auf ‚Leben‘ an, der zufolge (bewusstes und selbstorganisierendes) *Leben* kein Randphänomen bedeutet, sondern ein eminentes Charakteristikum des Universums selbst. Dieses kann *nur dann adäquat approximiert werden, wenn es aus so vielen verschiedenen Verständnisperspektiven und systemischen Kontexturen (und konsistenten Vermutungen) wie möglich heraus, d.h. in jeweils größtmöglich fassbarer Bandbreite eines polykontextural reflektierenden Beobachters, in Betracht genommen wird.*

„Der Weg hinauf und hinab ist derselbe“, hätte Heraklit vielleicht dazu gesagt (Kahn 2001, 74–75 [CIII]). In ihrer Totalität ist diese neue, multivalente „Medaille“ der philosophischen Reflexion (bei gleichzeitiger bzw. konvergenter Geist- und Materiezentriertheit) mehr als die Summe ihrer beiden (gleichwertigen) Seiten. Sie repräsentiert die wahre „Währung“ eines polykontexturalen *Naturalismus* – oder, alternativ gesprochen, die wahre (selbst-)reflexive *Grundströmung* des polykontexturalen *Panenbiotismus*, in dessen Kontext beide für sich genommen *unvollständigen* Seiten (möglicher Erscheinungsformen des) Idealismus und (möglicher Formen des) Materialismus in einem höheren philosophischen Verständnis des *Seins als eines allumfassenden kosmischen Werdens des Lebens* konvergieren. Dieses Werden im Sinne eines „*Be-coming*“ kann niemals auf *eine* bestimmte bzw. partikuläre „Wahrheit“ reduziert werden. Hier ist ein offenes System oder kommunikatives Netzwerk von Singularitäten angesprochen, die als unvollständige, und daher „wahrähnliche“ – Wahrheit immer nur approximieren könnende – Kontexturen reflektiert werden können.

Ich möchte ergänzen, dass der vorliegende metaphorische Gebrauch der Wörter ‚Medaille‘ und ‚Währung‘ auch von Heraklit her inspiriert ist. Er bezieht sich auf „Feuer“ (einschließlich dessen, was wir heute als Elektrizität verstehen, nämlich den Blitz) als universelle „*Währung*“ des Kosmos. Diese repräsentiert das vermittelnde, transformierende und verbindende Element zwischen dem λόγος (*logos*) und dem materiellen Gefüge dessen, was Heraklit als „Luft“, „Wasser“ und „Erde“ bezeichnet. In gewisser Weise antizipiert Heraklits Weltanschauung eine panenbiotische *Synthese* idealistischer und organizistisch-materialistischer Perspektiven jenseits jeder Einseitigkeit bzw. Vereinseitigung. Wenn wir unsere Gedanken im *modernen*, unserer Zeit angemessenen Sinne einer transklassischen Ausrichtung in Philosophie und Wissenschaft auf Basis eines solchen vereinheitlichenden Standpunktes weiterentwickeln, kann dies geradezu unerschöpfliche Möglichkeiten zur Generierung neuer Erkenntnisse eröffnen. Darüber hinaus erfordert der transkulturelle und transklassische Panenbiotismus eine progressive Integration westlicher und nicht-westlicher Traditionen der Philosophie *in Gestalt einer vor diesen Hintergründen sich zugleich erst entwickeln könnenden, neuen Form einer polykontexturalen Prozessphilosophie*.

‚Kosmisches Leben‘ aus transkultureller Sicht

Vor dem Hintergrund des bisher Gesagten ist es an der Zeit, den Begriff ‚kosmisches Leben‘ im Sinne einer *vergleichenden Kategorie* zu reflektieren, das bedeutet, im Sinne einer *Reflexionskategorie*, die es uns ermöglicht, vergleichbare Ansichten und Perspektiven aus verschiedenen Zeiten und unterschiedlichen kulturellen Umgebungen zusammenzuführen. In diesem Kontext bezieht sich die Verwendung des Ausdrucks ‚kosmisches Leben‘ auf die Reflexion eines *permeablen Problemhorizonts* (Bartosch 2015, 15–17) im Hinblick auf eine Pluralität philosophischer Traditionen im globalen Maßstab. Dieser Horizont ist „permeabel“ in dem Sinne, dass er eine systematisch vergleichende Analyse verschiedener Kontexturen im Kontext einer globalen Philosophiegeschichte ermöglicht. Daran anknüpfend lässt sich untersuchen, wie komparable Probleme oder Themenzusammenhänge in verschiedenen und sogar unverbundenen Denktraditionen auf Basis jeweils divergenter Begriffsreservoirs, unterschiedlicher sprachlicher Kontexte und Hintergründe usw. jeweils behandelt wurden. Hinsichtlich der methodologischen Grundlagen des transkulturellen Vergleichs oder des Themas komparativer Kategorien sei an dieser Stelle auf frühere Arbeiten in dieser Richtung verwiesen (Neville 2009, 37–38; Bartosch 2015, 18–19, 2019, 2021, 2022).

In einem sehr allgemeinen Sinne lässt sich die These, die dem vorliegenden Ansatz zugrunde liegt, mutatis mutandis bereits im philosophischen Schrifttum verschiedener antiker Zivilisationen nachverfolgen. Die ersten Konturen dieses thematischen Horizonts gehen der Einführung des Begriffs des kosmischen Lebens durch Bronn (1841) um mehr als zweieinhalb Jahrtausende voraus. Dabei sei auch noch der Hinweis gestattet, dass Bronns späteres Konzept nicht mit der vorliegend gebrauchten *vergleichenden* Kategorie ‚kosmisches Leben‘ zu verwechseln ist. Als versammelnde Kategorie des Vergleichs ist diese – aus methodischen Gründen – durch eine Art beabsichtigte Vagheit und deswegen auch durch eine größere Empfänglichkeit für die Verschiedenheit möglicher Inhalte charakterisiert. Die frühesten „vorklassischen“ (im erweiterten Sinne Günthers, siehe weiter oben) Philosophien Ostasiens, Südasiens und Westasiens kündigten auf verschiedenen Wegen bereits erste Elemente der panenbiotischen Weltanschauung an. Um den Diskurs über kosmisches Leben von der klassischen Wissenschaft zur transklassischen Wissenschaft im Sinne von Gotthard Günther voranzutreiben, müssen diese Philosophien zuerst auf dieser Grundlage offengelegt werden. Die Aufgabe besteht darin, nützliche Ausgangspunkte für die weitere Reflexion über ‚kosmisches Leben' zusammenzustellen und im Hinblick auf bestimmte Unterthemen und gemeinsame Ideen zu organisieren. Eine grundlegende, breit angelegte Reflexion bezüglich dieser Grundlagen, die aus der Sicht einer globalen Philosophie(n)geschichte eine große Vielzahl antiker Quellen in den Blick nimmt, wird wertvolle Hintergründe für die neue Richtung eines polykontexturalen Panenbiotismus bereitstellen.

Die folgenden Hauptsektionen dieser Studie sind im obigen Sinne als transkulturelle und polykontexturale Einführung zu einer *Ideengeschichte* des kosmischen Lebens (im Sinne eines erweiterten und vergleichenden Ansatzes in der Ideengeschichte) konzipiert. Die Leserinnen und Leser des Vorliegenden werden erfahren, dass es sich um ein weit verbreitetes Thema handelt. Die *Idee des Lebens* im Sinne kosmischer oder universeller Dimensionen ist in verschiedenen Formen und Kulturen seit frühester Zeit und in vielen komparablen Manifestationen menschlichen Denkens überliefert. Sie ist in den frühen Entwicklungen des chinesischen, indischen, iranischen und griechischen Denkens (und eventuell weiterer Denkkulturen) mehrfach unabhängig entstanden. Darüber hinaus haben spätere europäische Denker im Kontext der weiteren Philosophie- und Wissenschaftsgeschichte des Westens auf den Problemhorizont des kosmischen Lebens hingearbeitet. Angesichts dieser unterschiedlichen historischen Zusammenhänge ist das vorliegende Erkenntnisinteresse durch die Frage motiviert, in welcher Weise oder aus welchem inhaltlichen Blickwinkel heraus das philosophische Problem des kosmischen Lebens jeweils behandelt wurde.

Dabei hat sich herausgestellt, dass mindestens *drei sehr grundlegende Themenfelder* unterschieden werden können. Erstens haben (aus komparativer Perspektive gedacht) mehrere Traditionen ‚kosmisches Leben' mutatis mutandis im allgemeinen Sinne einer Selbst(re)kreation verstanden, die sich durch transformative, partielle Selbstvertilgung und Regeneration selbst organisiert und entwickelt. In diesem Sinne konsumiert und „recycelt" Leben *an und für sich* ständig bestimmte Eigenanteile, um letztlich „mehr" von sich selbst (wieder)erschaffen zu können – und *sich so ständig und kontinuierlich und auf nachhaltige Weise weiterzuentwickeln.* Zweitens ist in verschiedenen Kontexten die Entwicklung von Ideen des kosmischen Lebens mit Überlegungen zu einer kosmisch perspektivierten Unbegrenztheit verbunden. Vorstellungen eines unendlich selbstschöpferischen Universums, das als unendliches Kontinuum von Himmelskörpern und darin existierenden Formen organischen Lebens (*ad infinitum*) betrachtet werden kann, haben sich in verschiedenen Kontexten unabhängig voneinander zu entwickeln begonnen. Drittens wird in einigen philosophischen Traditionen und Ansätzen jeweils ein als kosmisch charakterisiertes ‚Leben' mutatis mutandis als Derivat eines (natürlichen) kosmischen ‚Lichts' diskutiert. Letzteres wird dabei als komplexeres und umfassenderes Phänomen verstanden, welches auch menschliches Bewusstsein und Denkprozesse als seine Manifestationen mit einschließt.

Hinsichtlich dieser *drei Hauptthemenfelder* wird ersichtlich werden, dass (zumindest aus der Perspektive einer polykontexturalen und transkulturellen Analyse) der allgemeine *Ideenkomplex* des kosmischen Lebens *viel älter ist als sein Name*. Seine begriffsgeschichtlichen Grundanlagen sind mit den Anfängen des fortgeschrittenen philosophischen Denkens in *mehreren* antiken eurasischen Zivilisationen verflochten – mindestens seit der „Achsenzeit“ (Jaspers 1965) vor etwa 2500 Jahren. Neben diesen Lagerstätten globaler Geistesgeschichte werde ich auch auf einige weitere Positionen späterer Zeiten eingehen. Das Ziel ist hier die *Prospektion* wichtiger historischer Substrate, um deren weitere Integration in moderne Diskurse vorzubereiten. Dies dient selbstverständlich dem allgemeineren Zweck, die transkulturelle, polykontexturale Grundlegung *einer zukünftigen philosophischen, transklassischen Wissenschaft des kosmischen Lebens* voranzutreiben.

Kosmisches Leben als fortwährende transformative Selbst(re)kreation

Thales von Milet

Die Frage ‚Was ist Leben?‘ ist eine der wichtigsten Fragen der Philosophie. Sie ist auch eine der ältesten. Zum Beispiel definiert Thales von Milet (ca. 620–ca. 548/545 v. Chr.), der als der erste griechische Philosoph gilt, Wasser als den ersten *materiellen* Ursprung aller Dinge. Für ihn repräsentiert dieses Prinzip jedoch ein *lebendiges* Universum. Thales versteht Wasser als den kreativen Ausdruck eines ungeschaffenen *göttlichen Prinzips*. Zudem sollte nicht vergessen werden, dass er alles als *von geistigen Prinzipien beseelt* betrachtet (Diogenes Laertius 1921, 13 [I.27], 17 [I.35]). Es sei darauf hingewiesen, dass seine Philosophie weder eindeutig mittels der Bezeichnung ‚materialistisch‘ noch mittels ‚idealistisch‘ kategorisiert werden kann. Beide Lager existierten zu jener Zeit nicht und retrospektiv betrachtet, decken Thales’ Ansichten sozusagen Aspekte beider ab. Aus diesem Grund könnte Thales sogar als antiker Vorläufer dessen angesehen werden, was im vorhergehenden Abschnitt als *polykontexturaler Panenbiotismus* bezeichnet wurde. Zumindest implizit koexistieren in Thales’ Philosophie sozusagen „proto-materialistische“ und „proto-idealistische“ Aspekte in einer Art *koordinierten Einheit durch Differenz*, d.h. als ein funktionales Ganzes verschiedener (impliziter) Kontexturen der Reflexion.

Eine grundlegende Basis des neuen polykontexturalen, transklassischen Ansatzes (der in Bezug auf ein neues und erweitertes Verständnis kosmischen Lebens entwickelt werden soll) ist implizit in Thales’ antiken, *vor*klassischen Aphorismen „präformiert“. Man rufe sich beim Lesen von Thales’ folgender – familienähnlicher – Bemerkung das dritte Zitat von Gotthard Günther oben im Unterabschnitt „Polykontexturalität in der theoretischen Erschließung kosmischen Lebens“ in Erinnerung: „‚Der Tod‘, sagte [Thales], ‚unterscheide sich nicht vom Leben.‘ ‚Warum also‘, erwiderte ihm einer, ‚stirbst du nicht?‘ Darauf er: ‚Eben weil es keinen Unterschied macht.‘“ (Diogenes Laertius 1921,

I.35, S. 17) Für die klassische (monokontexturale) Tradition gibt es einen vollständigen Bruch zwischen Leben und Tod, zwischen belebter und unbelebter Materie. Aus polykontexturaler Sicht gibt es das nicht. Darüber hinaus ist diese Position, auch aus der prozessphilosophischen Perspektive von John B. Cobb, Jr., die im ersten Kapitel des vorliegenden Bandes vorgestellt wird, offen für weitere Diskussionen. Es besteht eine gewisse konzeptionelle Resonanz in Bezug auf Cobbs Konzepte ‚Vor-Leben', ‚Lebendigkeit' und ‚das Leben Selbst'. *Diese Korrelation birgt enormes Potenzial für zukünftige Reflexionen.*

Uddalaka Aruni, mit vergleichenden Bemerkungen zu anderen Denkern

An diesem Punkt haben wir uns einem anderen historischen Kontext bzw. einer weiteren Kontextur antiken Denkens zuzuwenden. Sehr wahrscheinlich reichen seine Wurzeln weiter zurück als diejenigen der Fragmente, die Thales zugeschrieben werden. Dieser Kontext gestattet es – aus dem Blickwinkel eines weiteren zivilisatorischen Horizonts – tiefer zu ergründen, was in Thales' Aussagen bereits zu erahnen war, nämlich die Idee des kosmischen Lebens als transformativer Selbst(re)kreation. Uddalaka Aruni, von dem hier nun ausgegangen wird, lebte höchstwahrscheinlich im 8. oder 7. Jahrhundert v. Chr., also entweder vor Thales, oder er war ein älterer Zeitgenosse. Scharfstein (1998, 55–61) stellt diesen vedischen Denker als den ersten dokumentierten Philosophen der Geschichte überhaupt vor. Die antike *Chandogya-Upanishad* enthält einen Dialog zwischen Uddalaka und seinem Sohn Svetaku (auch: Svetaketu). Ähnlich wie im Falle Thales' können Uddalakas Ideen als Vorwegnahme einer Art *panenbiotischen* Position interpretiert werden – wenn auch in einem vor-klassischen oder *nicht*-klassischen (bzw. „noch-nicht-(trans-)klassischen") Sinne. Wir werden sehen, dass Uddalaka bereits eine Art rudimentäres und mehr oder weniger implizites Konzept kosmischen Lebens im Sinn hatte (*mutatis mutandis*, im Sinne seiner eigenen Theorie oder Kontextur der Reflexion). Dies impliziert auch, dass allgemeine Konzepte oder Ideen (wie ‚kosmisches Leben') ohne einen bestimmten, spezifizierenden Ausdruck (sozusagen implizit) erscheinen können. (Analog dazu kann man an Völker denken, die keine spezifische Bezeichnung im vergleichbaren Sinne unserer Wendung ‚Mathematik' verwende(te)n – und doch ein implizites Konzept für das hatten/haben, was sie im Sinne dieses Wortes praktizier(t)en, nämlich in der indirekteren Form eines entsprechenden *Sets* von Begriffen, die ein System von Konzepten bilden, welches in solchen Fällen die allgemeine Bedeutung mathematischer Praxis gewissermaßen „verkörpert".)

Im Sinne eines impliziten Konzepts bzw. einer impliziten Begrifflichkeit des kosmischen Lebens beschreibt der vedische Denker Uddalaka *drei Kernelemente des Lebens* im Sinne einer *materiellen* Basis eines sich selbst bewussten Universums. (Ich verwende das Wort ‚materiell' an dieser Stelle als eine transkulturell komparative Kategorie.) Diese sind: (1) „Wärme" (in moderner Terminologie: Energie emittierende Prozesse), (2) „Feuchtigkeit" bzw. „Wasser" (bzw. allgemeiner gesprochen: Flüssigkeiten, die aus Ersterem hervorgehen) und (3) Stoffwechselprozesse. Letztere beinhalten sowohl energetische Prozesse als auch flüssige Träger, die Nahrung liefern. Dies bedeutet, dass der früheste bekannte Philosoph der Weltgeschichte bereits entdeckt hatte, dass ohne „Wärme", „Feuchtigkeit" und „Nahrung" – und ohne die damit verbundenen *metabolischen Selbsttransformationen des Lebens an sich* – unser menschliches Denken, d.h., *das menschliche Selbstbewusstsein eines Universums, unmöglich wäre*. Uddalaka stellt Atmen, Trinken und die Verdauung von Nahrung als Voraussetzungen des Bewusstseins dar: „Der Geist, mein Sohn, kommt von der Nahrung her, der Atem vom Wasser, die Sprache vom Feuer" (Uddalaka zitiert in Müller 1879b, 98). In Bezug auf den Atem fügt Uddalaka noch hinzu:

> Wie ein Vogel, der an einer Schnur festgebunden ist, zuerst in jede Richtung fliegt und nirgendwo Ruhe findet und sich schließlich an dem Ort niederlässt, an dem er festgebunden ist, genauso, mein Sohn, setzt sich der Geist (das gîva, oder das lebendige Selbst im Geist […]), nachdem er in jede Richtung geflogen ist und nirgendwo Ruhe gefunden hat, auf dem Atem nieder; denn in der Tat, mein Sohn, der Geist ist gebunden an den Atem. (Uddalaka zitiert in Müller 1879b, 99)

In ihrer Interdependenz sind all diese oben genannten drei Faktoren des kosmischen Lebens (im Sinne der altertümlichen vedischen Sichtweise Uddalakas) ein Ausdruck von

> […] dem Wahren (nicht der Wahrheit im abstrakten Sinne, sondern dessen, was wahrhaft und wirklich existiert). Es ist das Selbst, d.h., das *Sat* [सत्] ist das, was das Selbst von allem genannt wird. […] [Uddalaka] sagt [daher zu seinem Sohn] *S*vetaku, dass nicht nur die ganze Welt, sondern auch er selbst dieses Selbst, dieses *Satya*, dieses *Sat* sei. (Müller 1879a, xxxvi, Einfügungen in Klammern DB)

Dies impliziert auch, dass die drei materiellen Aspekte nur eine Seite von Uddalakas vedischer *panenbiotischer* „Medaille" konstituieren: Uddalaka erklärt, dass nicht nur die Welt, sondern auch das menschliche Bewusstsein in seiner Selbstmanifestation in Form individueller Erfahrung, d.h. der entscheidungsfähige (menschliche) *Beobachter* (vgl., *mutatis mutandis*, Maturana (2003, 57–58)), *dieses* universelle Selbst ist. In seiner Universalität ist dieses Selbst nicht das bloße Produkt der drei materiellen Eigenschaften der Welt. Wenn Uddalaka seinem Sohn Svetaku die Geheimnisse des Lebens und der Welt erklärt, beendet er jedes der achten bis sechzehnten Khandas (Kapitel) der *Chandogya Upanishad* mit derselben Aussage: „Es ist das Selbst, und das, o *S*vetaku, bist du" (Uddalaka zitiert in Müller 1879b, 101–105, 107–109).

In Bezug auf den generellen Modus *wissenschaftlicher Beobachtung – für den Uddalakas Dialog mit Svetaku das erste bekannte historische Beispiel darstellt* (Ruben 1947, 167) – markiert dies auch den spezifischen Unterschied zwischen klassischer und transklassischer Reflexion im Sinne Gotthard Günthers: In der klassischen Wissenschaft führt/e die implizite Anwendung der logischen Regel des *tertium non datur* im Kontext der Konzeptualisierung einer Dichotomie von Sein und Nichtsein zu einem Ausschluss der Frage nach einer Beteiligung des *subjektiven* Beobachters der Untersuchung. In derlei Konzeptualisierungsprozessen würde dessen selbstreflexive Perspektive ansonsten ein *tertium* darstellen (siehe auch weiter unten das nächste eingerückte Zitat). Laut Gotthard Günther versuchte der deutsche transzendentale Idealismus eine Lösung für dieses Problem zu finden, was ihm aber, so Günther, nicht in ausreichendem Maße gelungen sei (Günther 1991).

Uddalaka hingegen *verwirft bereits die Idee* eines im Gegensatz zu *sat* सत् stehenden Nichts (das „nur eines, *ohne ein Zweites*" bedeutet, siehe weiter unten in diesem Absatz), und identifiziert die regenerierenden Phasen des tiefen, traumlosen Schlafs sowie andererseits unser Wachbewusstsein als Funktionen eines allumfassenden Prozesses kosmischen Lebens (*mutatis mutandis* im zeitgenössischen Lokalsinn seines vedischen Modells). In Uddalakas Sicht ist der Beobachter (im Wachzustand oder im tiefen Schlaf) immer *eingeschlossen* in die Beobachtung. In Übereinstimmung mit dem Begriff des Transklassischen bei Günther ist auch dies auf ‚Leben' und ‚Tod' bezogen: Uddalakas Gedanken deuten bereits auf die Möglichkeit eines polykontexturalen Ansatzes in dieser Hinsicht hin. Im absoluten Sinne der Identität eines transpersonalen Selbst (von allem und in allem gegenwärtig) (*sat*) und „des Wahren" ist das Selbst das, „[…] was am Anfang war, nur eines, *ohne ein Zweites*" (Uddalaka zitiert in Müller 1879b, 93, kursiv DB). Kwee Swan Liat, ein großer Pionier der transkulturell komparativen Philosophie, schreibt *sat* eine erklärende *Funktion* zu, die mit antiken griechischen oder späteren europäischen Konzepten des Seins vergleichbar sei (Kwee 1953, 86). Anders jedoch als in klassischen Wissenschaftskonzepten (am prominentesten charakterisiert durch aristotelische Ansichten), ist der Beobachter in Uddalakas Modus des Denkens immer eingeschlossen – nämlich als integrales Zentrum des Selbstbewusstseins von *sat*.

In der *Chandogya-Upanishad* präsentiert Uddalaka diese *Einheit von Einheit und Differenz* lebender, erfahrender Individuen und des Weltprozesses im Ganzen – im Sinne einer Einheit „ohne ein Zweites" (nicht zählbare, absolute Einheit) – als ein sich selbst entfaltendes Metabewusstsein im Sinne eines *kosmischen Lebenswillens*. Er betrachtet dieses *als den inhärenten, selbstevokativen „Drang" allen Lebens*. „Es dachte, möge ich viele sein, möge ich weiter anwachsen" (Uddalaka zitiert in Müller 1879b, 93). Und „alle […] Kreaturen, mein Sohn, haben ihre Wurzel im Wahren, sie wohnen im Wahren, und sie ruhen im Wahren" (Uddalaka zitiert in Müller 1879b, 100). „Wenn ein Mensch hier schläft, […] wird er mit dem Wahren vereint, er ist zu seinem eigenen (Selbst) gegangen" (Uddalaka zitiert in Müller 1879b, 98–99), und „alle […] Kreaturen, wenn sie im Wahren verschmolzen sind (entweder im tiefen Schlaf oder im Tod), wissen, dass sie im Wahren verschmolzen sind" (Uddalaka zitiert in Müller 1879b, 101). Laut Uddalaka ist jedes Lebewesen im traumlosen Zustand unbewussten Schlafes mit dem tiefsten Kern allen kosmischen Lebens verbunden. (Spätere südasiatische und ostasiatische Traditionen bieten Meditationstechniken an, um diesen Zustand zu erfahren.) Was Max Müller als ‚*the True*' (‚das Wahre') ins Englische übersetzt, ist nicht etwa ‚*die* Wahrheit' im Sinne eines absoluten (positiven) Wissens, d.h. ‚*the Truth*'. ‚*The True*' verweist auf das

Möglichkeitsfeld aller Kontexturen, die aus der prozessualen Dreiheit des kosmischen Lebens, d.h. aus der Dreiheit von Wärme, Feuchtigkeit und Nahrung, hervorgehen.

Für einen Denker wie Uddalaka hätte der *Prozess des kosmischen Ganzen* weder einseitig auf „Klötzchenmaterie" (Bloch 1972, 309) (in einem dem vulgärmaterialistischen Missverständnis des 19. Jahrhunderts vergleichbaren Sinne) noch auf absolut nicht-materielle, idealistische „Begriffsklötzchen" reduzierbar sein können. Uddalakas Kosmologie offenbart, wie gesagt, eine Art archaischer *panenbiotischer* Sichtweise. Der Fall späterer Spezifizierungen im Sinne entweder idealistischer oder materialistischer, monokontexturaler Sichtweisen (die, *mutatis mutandis*, auch recht charakteristisch für die nachfolgende Geschichte der indischen Philosophie sind) war sozusagen noch nicht eingetreten. In diesem Sinne „resoniert" Uddalakas vor-/nicht-klassische Sichtweise mit den weiter oben diskutierten, fortgeschrittenen transklassischen Überlegungen. Nicht unähnlich Gotthard Günther, mehr als zweieinhalb Jahrtausende nach ihm, verwarf bereits Uddalaka die Idee einer bloßen Dichotomie von Sein (bzw. *sat*) und Nichts (siehe oben: „ohne ein Zweites").

Auch Gotthard Günther kritisiert (siehe hierzu zudem vorliegend den Unterabschnitt „Polykontexturalität in der theoretischen Erschließung kosmischen Lebens") eine solche Sichtweise wie folgt:

> [D]as klassische Denkmuster mit seiner damit einhergehenden monokontexturalen Ontologie bot keinen Platz für den Beobachter der Welt bzw. das denkende Subjekt, weil es absurd gewesen wäre, anzunehmen, dass das Subjekt des *Erkennens* in die Kontextur dessen gehörte, was *erkannt* wurde. Andererseits, da das prinzipiell Erkennbare den möglichen Bereich der Welterfahrung ausmachte, *gab es keinen Platz für das Subjekt innerhalb der Welt.* So projizierte das menschliche Denken unvermeidlich ein transzendentes Gebiet jenseits allen Seins, und *das Nichts diente als sehr bequemes Vehikel für eine solche Projektion.* (Günther 1979, 278–279, letzte und vorletzte Kursivsetzung DB)

In Uddalakas Perspektive wird das Universum als ein sich selbst evolvierendes, lebendiges *Ganzes „gleichursprünglicher" Kontexturen* (1) eines universellen Metabewusstseins, (2) eines universellen Willens und (3) *metabolischer Prozesse* dargestellt. Letztere spiegeln sich als Transformationsprozesse von „Wärme" und „Feuchtigkeit" wider. Ihre Funktion besteht darin, subjektives Bewusstsein (einzigartige, endliche Perspektiven sowie Erkenntnis- und Handlungsvollzüge) zu ermöglichen und aufrechtzuerhalten. In diesem Sinne präsentiert Uddalaka Svetaku (und uns) die philosophische Vision eines lebendigen Universums, *das sich selbst aus endlichen Perspektiven individuellen Bewusstseins heraus partizipiert und reflektiert* (und sich während Phasen tiefer, traumloser Schlafzustände immer wieder mit sich selbst auf überpersönlich entgrenzte Weise durchdringt bzw. vereint).

Im Hinblick auf dieses Thema des Metabolismus und der Selbstperpetuierung kosmischen Lebens qua partieller Selbstverzehrung und Transformation kann auch auf Plotin (ca. 204/5–ca. 270) verwiesen werden. Er gilt wahrscheinlich als der bedeutendste Denker der westeurasischen Spätantike. Zumindest *en passant* möchte ich in diesem Zusammenhang erwähnen, dass Plotin feststellt, dass das Fressen und Gefressen-Werden unter Tieren

> [...] notwendig ist. Diese Verwandlungen von einem Tier zum anderen kommen zustande, weil sie nicht in der Lage wären, so weiter zu existieren, wie sie sind, selbst wenn niemand sie töten würde. Und wenn sie zu dem Zeitpunkt, an dem sie die Welt verlassen, sie so verlassen, dass andere einen Nutzen daraus ziehen, warum sollten wir das missgönnen? Was macht es aus, wenn sie verzehrt werden, um als andere Lebewesen geboren zu werden? (Plotin 2018, 267)

In etwas kryptischer Weise und sehr rudimentärer Form wird dieses generelle Verständnis bereits in Thales' weiter oben zitiertem Aphorismus über (die Einheit der Einheit und Differenz von) Leben und Tod angedeutet. Aus der Perspektive der Weltphilosophie muss jedoch angemerkt werden, dass es Uddalakas Kategorie der Nahrung war, die zum ersten Mal die Aufmerksamkeit auf diesen besonderen thematischen Horizont lenkte. Dieses allgemeine Verständnis des Lebens als „meta-metabolischer" Prozess *ist von großer Relevanz für die heutige Diskussion des allgemeinen Themas des kosmischen Lebens* und für die Entwicklung einer zukünftigen transklassischen Philosophie des kosmischen Lebens.

Des Weiteren wird die Relevanz dieses Verständnisses auch durch die jüngere Philosophiegeschichte bezeugt. Der deutsche romantische Denker Lorenz Oken (1779–1853) betont, dass jedes einzelne Lebewesen nur als ein Moment einer immerwährenden, *lebendigen* Welt (bzw. eines Weltorganismus) zu betrachten ist. Wie Plotin, mehr als anderthalb Jahrtausende zuvor, vertrat Oken, *mutatis mutandis* , die Ansicht, dass das Sterben und Verwesen eines individuellen Organismus nicht die Vernichtung oder Zerstörung des Lebens selbst bedeutet, sondern nur *eine Veränderung innerhalb des immerwährenden Lebensprozesses der Welt*, d.h. einen Übergang in neues oder anderes Leben. Laut Oken gibt es keinen Tod an sich (Oken 1809–11, 2, 17–18). Manasvi Lingam und Abraham Loeb weisen darauf hin, dass Friedrich Engels (1820–1895) einige Jahrzehnte später die Ansicht wieder einführte, dass eine der zentralen Eigenschaften des Lebens sein *„ständiger Stoffwechsel mit der natürlichen Umgebung*" sei (Friedrich Engels zitiert in Lingam und Loeb 2021, 108). In Anbetracht ihrer astrobiologischen Studie *Life in the Cosmos* diskutieren die Autoren dann die Frage: „Entstand der Metabolismus zuerst?" (2021, 108).

Laut Erwin Schrödingers (1887–1961) berühmter Studie *What is Life?* (1944) ist das Leben dadurch zu charakterisieren, dass es „sich von ‚negativer Entropie' ernährt" (Schrödinger 2013, 70; siehe ferner den Unterabschnitt „Die Verbindungen ersehen im Lichte der Solarastronomie: Attila Grandpierre" in der vorliegenden Studie).

> Wie vermeidet der lebende Organismus den Zerfall? Die offensichtliche Antwort ist: Durch Essen, Trinken, Atmen und (im Falle von Pflanzen) Nährstoffaufnahme [aus dem Boden]. Der Fachbegriff ist *Metabolismus*. Das griechische Wort (μεταβάλλειν) bedeutet Veränderung oder Austausch. Austausch von was? Ursprünglich ist die zugrunde liegende Idee zweifellos der Austausch von Material. (Das deutsche Wort für Metabolismus ist [...] *Stoffwechsel*.) Dass der Austausch von Material das Wesentliche sein sollte, ist absurd. Jedes Stickstoff-, Sauerstoff-, Schwefelatom usw. ist so gut wie jedes andere seiner Art; was könnte durch ihren Austausch gewonnen werden? Eine Zeit lang wurde unsere Neugierde dadurch zum Schweigen gebracht, dass uns gesagt wurde, wir ernährten uns von Energie. [...] Selbstverständlich ist dies wörtlich genommen ebenso absurd. Für einen erwachsenen Organismus ist der energetische Gehalt ebenso stationär wie der materielle. Da sicherlich

> jede Kalorie so viel wert ist wie jede andere Kalorie, wird nicht ersichtlich, wie ein bloßer Austausch helfen könnte. [...] So erhöht ein lebender Organismus ständig seine Entropie – oder, wie man auch sagen könnte, produziert positive Entropie – und neigt somit dazu, den gefährlichen Zustand der maximalen Entropie, den Tod, zu erreichen. Er kann sich nur davon fernhalten, d.h. am Leben bleiben, indem er ständig negative Entropie aus seiner Umgebung aufnimmt – was etwas sehr Positives ist, wie wir sofort sehen werden. *Wovon sich ein Organismus ernährt, ist negative Entropie.* Oder, um es weniger paradox auszudrücken, das Wesentliche am Metabolismus ist, dass der Organismus es schafft, sich von all der Entropie zu befreien, die er während seines Lebens unweigerlich produziert. (Schrödinger 2013, 71, kursiv DB)

Es ist zu erwähnen, dass Schrödinger sich der alten vedischen Denktradition sehr wohl bewusst war. Im Hinblick auf Uddalaka sollte betont werden, dass diese sich nicht nur um das Thema der Reinkarnation drehte, sondern auch um das der somatischen *Regeneration*, was mithin auch in späteren hinduistischen Traditionen sehr wichtig wurde (z.B. Wujastyk 2021). In Bezug auf diesen Kontext, in dem Uddalakas Gedanken und Positionen eine sehr wichtige Rolle spielten, erklärt Schrödinger:

> Ich weiß aus unbestreitbarer, direkter Erfahrung, dass ich [meines Körpers] Bewegungen lenke, deren Auswirkungen ich voraussehe, die schicksalhaft und von größter Bedeutung sein können, in welchem Fall ich die volle Verantwortung für sie fühle und übernehme.
>
> Die einzige mögliche Schlussfolgerung aus diesen beiden Tatsachen ist, denke ich, dass ich – ich im weitesten Sinne des Wortes, d.h. jedes bewusste Wesen, das jemals ‚ich' gesagt oder gefühlt hat – die Person bin, die, wenn überhaupt jemand, die ‚Bewegung der Atome' gemäß den Naturgesetzen kontrolliert. [...] An sich ist diese Einsicht nicht neu. Die frühesten Aufzeichnungen, die mir bekannt sind, reichen etwa 2500 Jahre oder mehr zurück. Aus den frühen, bedeutenden *Upanishaden* wurde die Erkenntnis ATMAN = BRAHMAN (das persönliche Selbst entspricht dem allgegenwärtigen, allumfassenden, ewigen Selbst) im indischen Denken, weit davon entfernt, als blasphemisch zu gelten, als die Quintessenz tiefster Einsicht ins Geschehen der Welt verstanden. (Schrödinger 2013, 87)

Einige Jahre nach Schrödinger bezog sich Carl Friedrich von Weizsäcker mit der folgenden philosophischen Bemerkung auf das damit verbundene Thema des metabolischen Austauschs:

> Das Leben entwickelt sich weiter, weil jedes lebende Wesen an der Schwelle des Todes steht. In dieser paradoxen Lage ist das Individuum: *Es tötet, um zu leben, und lebt, um zu sterben.* Es erzeugt Nachkommen, *die nur leben können, wenn es selbst stirbt* , und denen es bestimmt ist, selbst ebenso zu sterben. Wenn nicht ihm und allen seinen Vorfahren die Anlage gemeinsam gewesen wäre, *leben zu wollen* und sterben zu müssen, so wäre es selbst niemals entstanden. (von Weizsäcker 1948, 97–98, kursiv DB)

Es muss angemerkt werden, dass auch Weizsäcker mit Sanskrit-Gelehrten im Gespräch war und dass er sich des oben erwähnten vedischen Konzepts *sat* (Drieschner 2014, 47) bewusst war, welches im Dialog Uddalakas mit seinem Sohn Svetaku erwähnt wird. In einem systematischen Sinne können Uddalakas alte Einsichten somit als der früheste Referenzpunkt der Position Weizsäckers gewürdigt werden.

Es ist höchst interessant, dies auch im Sinne von Polykontexturalität bzw. Gotthard Günthers zu bedenken, genauer gesagt in dem Sinne, dass der Begriff „Tod nur eine allmähliche Abnahme der Diskontexturalität von Materie bedeutet" (Günther 1979, 208). Was in diesem Sinne in Bezug auf eine Kontextur (einen individuellen Lebensweg) ‚Tod' bedeutet, bedeutet zugleich ‚Leben' in Bezug auf eine oder viele andere, nämlich im Sinne eines das Leben ermöglichenden, lebenserhaltenden Elements (Uddalakas Begriff der Nahrung) für mindestens ein anderes Lebewesen – und nicht zuletzt aus der Perspektive des Gesamtprozesses des „Lebens Selbst" (John B. Cobb, Jr., siehe das Kapitel „Kosmisches Leben" im vorliegenden Band). Wir haben gesehen, dass Gotthard Günther betont hat, dass für die klassische Wissenschaft ein vollständiger Bruch zwischen Leben und Tod besteht. Aus polykontexturaler Sicht ist hingegen diesbezüglich alles in seiner Gesamtheit und jedes in Bezug auf alles andere und daher im Sinne einer gewissen Unentscheidbarkeit zu sehen. Uddalakas Konzept der Nahrung impliziert bereits, dass (kosmisches) Leben in einem gewissen weiten Sinne als „Stoffwechselprozesse" zu charakterisieren ist, d.h. als eine höhere Form *autopoietischer*, bewusstseinsbasierter und „materiell-energetischer" Selbsttransformation.

Daodejing, Liji und Wang Yangming

Wo finden sich – abgesehen vom antiken Griechenland, dem vedischen Indien oder den deutschsprachigen Diskursen des 19. und 20. Jahrhunderts – sonst noch Spuren eines *panenbiotischen* Grundverständnisses?

Eine der antiken Quellen, die wir konsultieren können, ist der daoistische Klassiker *Daodejing* 道德經. Dieses Werk wurde höchstwahrscheinlich im 4. und 3. Jahrhundert v. Chr. ediert. Vormoderne Gelehrte Chinas schrieben es dem semi-legendären Denker Laozi 老子 (auch Lao-tzu) zu, der im 6. Jahrhundert v. Chr. gelebt haben und ein älterer Zeitgenosse des Konfuzius gewesen sein soll. ‚Laozi' (Meister Lao) ist ein Ehrenname. Traditionellen Quellen zufolge lautete sein wirklicher Name Li Er 李耳 und sein Volljährigkeitsname Boyang 伯陽. Da Laozi Gedanken aus älteren Quellen rezipiert haben soll, ist wahrscheinlich, dass Teilinhalte des Buches sogar vor das 6. Jahrhundert v. Chr. datiert werden können. Im sechsten Kapitel des *Daodejing* finden wir eine solche Passage:

> Der Geist des Tals stirbt nicht. Er wird die geheimnisvolle Weiblichkeit genannt. Das Tor der geheimnisvollen Weiblichkeit bedeutet die Wurzel von Himmel und Erde. Als ob es ein (sich selbst fortspinnender) Seidenfaden wäre, bleibt es (immer) bestehen, und seine Wirkung ist mühelos. (*Daodejing*, [§] 6, engl. Ausgangsübers. DB)

Das Alter dieser Passage wird durch die traditionelle Zuschreibung an den legendären Gelben Kaiser (Huangdi 黄帝) (*Liezi*, n.d., [I] „Tianrui", [§] 1) gestützt. Laut traditioneller Geschichtsschreibung soll diese legendäre Figur gegen Ende der ersten Hälfte des dritten Jahrtausends v. Chr. gelebt haben. Die Ausdrücke ‚Geist des Tals' (*gu shen* 谷神)

und ‚geheimnisvolle Weiblichkeit' (*xuan pin* 玄牝) verweisen auf ein *immerwährendes und grenzenloses Werden* per se. Im Sinne einer alten chinesischen Vision kosmischen Lebens (zur Erinnerung: ‚kosmisches Leben' fungiert an dieser Stelle als vergleichende Kategorie) erfüllt diese (daoistische) Bedeutung von *dao* 道 die Funktion, semantisch auf einen unendlichen, alles einschließenden – und doch immanenten und unaussprechlichen – gemeinsamen „Nenner" *innerhalb* der konstanten Entfaltung von *allem* im Prozessgefüge des Daseins hinzuweisen.

Diese altertümliche daoistische Kontextur des philosophischen Problemhorizontes kosmischen Lebens unterscheidet sich von derjenigen Uddalakas in dessen zeitgenössischem vedischen Denkmilieu. Beide Ansichten sind auf unabhängige Ursprünge in der globalen Philosophiegeschichte bezogen. Aus der Perspektive der Polykontexturalität sowie der transkulturell komparativen Philosophie im Allgemeinen repräsentieren beide jeweils für sich, vor den jeweiligen Hintergründen ihrer Zeiten und kulturellen Einbettungen, gültige Reflexionen. Wir verfügen selbst nicht über eine unabhängige Beobachterposition. Daher können wir diese Reflexionen nicht aus den Wissensperspektiven unserer eigenen, gegenwärtigen Kontexte oder gar im Sinne des Vorzugs einer dieser historisch und kulturell divergenten Reflexionen gegenüber der anderen bewerten. Es kann jedoch konstatiert werden, dass der Begriff *dao* sowie Ausdrücke, die sich, wie *gu shen* (Geist des Tals) oder *xuan pin* (mysteriöse Weiblichkeit), auf Leben und Fruchtbarkeit beziehen, mutatis mutandis eine vergleichbar grundlegend *explanative Funktion* erfüllen wie der Begriff *sat* in Uddalakas Reflexionen.

Laut dem deutschen buddhistischen Lama Anagarika Govinda (Ernst Lothar Hoffmann, 1898–1985) bedeutet das universelle *Lebensprinzip* jener „mysteriösen Weiblichkeit", *dao*, einen

> […] *Weltfortschritt* in der zyklischen Bewegung des *lebendigen Universums*, das, wie ein Fluss, durch die Stabilität seiner Ausrichtung und seinen eigenen innewohnenden Rhythmus, Gesetz und Ordnung schafft, alle äußeren Erscheinungen und Lebensformen hervorbringt und diese belebt sowie mit Bedeutung durchdringt. (Anagarika Govinda 1992, 16, zweite Kursivsetzung DB)

In Analogie zu Uddalakas antiker, nicht-klassischer Position sind die Verfasser des *Daodejing* keine Befürworter des Konzeptes eines absoluten Nichts. An dessen Stelle befindet sich hier die Idee der Formlosigkeit oder formlosen Existenz. Anstelle einer *Kreationslogik* (Logik der Schöpfung), d.h., der Idee, dass der schöpferische Ursprung der Welt – nicht in einem zeitlichen, sondern *in einem logischen Sinne* – der Welt vorausgeht (Bartosch 2015, 26–68, 124–156), fußt die daoistische Position in einer Art *Transformationslogik* (Bartosch 2015, 68–122, 156–190; Li 2000, 132–138, 294). Demnach ist der Weltprozess als konstante und grenzenlose Selbstorganisation einer originären Totalität des Lebens zu reflektieren. Diese entfaltet sich in korrelierten Veränderungen kreativer Individualisierung, d.h. im Sinne eines unendlichen Prozesses immanenter Selbstdifferenzierung. Wie im vorhergehenden Fall (Uddalaka) wird auch hier das *beobachtende* menschliche Bewusstsein als ein unabtrennbares bzw. sogar unverzichtbares

Element eines kosmischen Lebensprozesses konzipiert, welcher als allumfassend und sogar die Bewegungen der Himmelskörper mit einschließend zu denken ist.

Mutatis mutandis lässt sich dies auch auf konfuzianische Denkhorizonte beziehen. Im alten Klassiker *Liji* 禮記 werden die Form und die tatsächliche (inter-)subjektive Erfahrung eines jedes Menschen als *tian-di zhi xin* 天地之心, d.h. als ‚Herzgeist von Himmel und Erde', definiert:

> Mensch – seit Urzeiten bedeutet dieses (Wort) die Vortrefflichkeit des Herzgeistes von Himmel und Erde: als Überschneidung von *yin-yang* und als Zusammenkunft (irdischer) Geister und (himmlischer) Götter, als der reine Fluss des *qi* 氣 [‚Fluidum' oder ‚Materie-Energie', vgl. auch Bartosch 2015, 83–85, etc.] der fünf Phasen (*wu xing* 五行) [vgl. auch Needham 1977, 253, etc.]. […] Deshalb ist der Mensch der Herzgeist von Himmel und Erde und die Basis der fünf Phasen. (*Liji*, n.d., „Liyun", [§] 20, engl. Ausgangsübers. und Einfügungen in Klammern DB)

Später erklärt der bedeutende neokonfuzianische Philosoph Wang Yangming 王陽明 (auch: Wang Shouren 王守仁, 1472–1529), der auch buddhistische und daoistische Ideen studierte: „Himmel, Erde und die zehntausend Dinge bilden im Grunde mit mir einen Leib" (*tian-di wan wu ben wu yi ti* 天地萬物本吾一體) (Wang Shouren 1933a, 76, engl. Ausgangsübers. DB). Die Grundlage für dieses Verständnis war, dass alles von ein und demselben, niemals endenden Fluss von ‚Materie-Energie' (Joseph Needhams Übersetzung für *qi* 氣) getragen wird; alles repräsentiert „ein und dasselbe *qi* in Zirkulation" (*yi qi liutong* 一氣流通) (Wang Shouren 1933b, 33, engl. Ausgangsübers. DB). Vor diesem Hintergrund betont Wang Yangming, dass der ‚Mensch' (*ren* 人) eine ‚leere spirituelle Kraft' (*xu ling* 虛靈) besitze und über ein intuitives Gewissen verfüge, d.h. über ein situativ sich manifestierendes *liangzhi* 良知 (‚gutes Wissen'). Diese Erkenntniskraft des Guten ist untrennbar bzw. notwendigerweise zu jeder Zeit mit Himmel, Erde und den zehntausend Dingen in Verbindung und Fühlung (Wang Shouren 1933b, 17).

Aus komparativer Perspektive lässt sich noch ergänzen, dass Wenchao Li darauf hinweist, wie derartige neokonfuzianische Ideen jede Grenze zwischen Geist und Materie, zwischen *Sein und Nichtsein* im (monokontexturalen) christlichen Denken zu sprengen drohen (2000, 141). Parallel dazu kann dies natürlich auch auf Gotthard Günthers bereits erwähnte Bemerkungen in „Life as poly-contexturality" und auf seine entsprechenden Ansichten zu ‚transklassischer Wissenschaft' bezogen werden. Auch in diesem Kontext lässt sich eine gewisse Affinität zwischen jenen Schichten vormodernen, nicht-westlichen Denkens und Günthers Ansatz nicht ignorieren.

Yijing (Buch der Wandlungen)

Was ist der weitere Hintergrund für diese altchinesische *panenbiotische* Denkweise? Und wie hängt dies mit unserer Frage nach einem facettenreichen Auftreten der Idee kosmischen Lebens in vielen Zivilisationen (und im Allgemeinen) zusammen? Aus altchinesischer Sicht ist alles im Sinne sich verändernder und verschiebender Situationen zu betrachten – selbst „Dinge" im Sinne kategorisierbarer Objekte können als „Standardsituationen" oder prozessuale Konstellationen (sozusagen) im Kontext der sich selbst erhaltenden, immer fließenden, sich selbst verändernden Ordnung des Ganzen verstanden werden. Und im Kern gilt: *Das Leben hat keinen Anfang und kein Ende. Seine permanente Veränderung ist das, was seine Beständigkeit reflektiert.*

Der österreichische Kulturanthropologe Ernst Viktor Zenker (1865–1946) betonte, dass gemäß der alten chinesischen Philosophie der transformativ-schöpferische Akt *des Lebens sowohl im Geiste als auch im Körper sich vollziehe* (Zenker 1932, 46). Dies repräsentiert ebenfalls eine „nicht-klassische", panenbiotische Position, die in einer Art systematischer Resonanz mit den altindischen Ideen Uddalakas steht:

> So finden wir im Herzen der alten chinesischen Philosophie *eine naturalistische* [in der vorliegenden Terminologie: panenbiotische] *und keine materialistische Idee. Die Natur ist alles, nicht nur Materie, sondern auch Geist.* Gott, kurz [*Di*] genannt, oder Herr im [*Yijing*], ist [...] in der Natur, und der Kosmos wird zum Kosmos, zur Ordnung oder, wie der Pseudo-Aristoteles sagt, σύστημα [ἐξ οὐρανοῦ καὶ γῆς καὶ τῶν ἐν] τούτοις ηεριεχομένων φύσεων, nur durch den Geist. (Zenker 1932, 46, kursiv und Einfügungen in Klammern DB)

Dies ist wunderbar im Einklang mit der polykontexturalen Perspektive, welche die Dichotomie zwischen aristotelischer versus dialektischer Logik (um Hegels Worte ins Vorliegende zu transferieren) negiert, bewahrt und aufhebt (auch im Sinne besagter „implicate logic" [Bartosch 2022]) sowie – im Lichte des neuen Verständnisses der *panenbiotischen* Weltanschauung und ihrer Ausrichtung auf ‚kosmisches Leben hin' – den Widerstreit möglicher idealistischer und materialistischer Positionen.

Dieses neue Plateau des Denkens ist letztlich bereits in der „Information" der prozesskonstitutiven und (in)formierenden Symbolik des alten Klassikers *Yijing* 易經 (*Buch der Wandlungen*) „vorreflektiert". Hier finden wir zwei binäre Symbole – eine durchgehende Linie für *yang* 陽 und eine gebrochene Linie für *yin* 陰, die beide jeweils entweder eine stabile Situation (kontinuierliches *yin* oder *yang*) oder eine Situation des Wandels repräsentieren können. Der letztere Fall besagt, dass ihr entsprechender momentaner Zustand dabei ist, sich ins jeweilige Gegenteil zu verkehren (ein *yin*-Wert, der zu *yang* wird oder umgekehrt). Gemäß dem System der Wandlung(en) (*yi* 易) können beide elementaren Symbole weiter in Doppel- bzw. Gegensatzpaaren kombiniert werden, was vier grundlegende Kombinationsmuster von *yang-yang*, *yin-yin*, *yang-yin* und *yin-yang* ergibt (welche komplexere Prozesse und Muster der Wandlung indizieren). Ferner ermöglicht die Kombination von jeweils drei dieser einwertigen binären Symbole (von denen jedes entweder *yin* oder *yang* repräsentiert und jeweils stabil oder sich wandelnd ist) insgesamt acht mögliche Trigramme, die dann wiederum (situationsabhängig) jeweils noch eine weitere interne Binnendifferenzierung zulassen (je nach Status eines jeden jeweils involvierten *yin* bzw. *yang*). Diese acht Trigramme erlauben wiederum die Darstellung noch komplexerer Muster und Zyklen der Wandlung(en), denn schließlich können sie wieder wechselseitig miteinander kombiniert werden. Dies entspricht der Kombination von sechs der basalen einwertigen Symbole, die entweder *yin* (und dabei entweder nicht wandelnd oder sich wandelnd) oder *yang* (und dabei entweder stabil oder sich wandelnd) sein können, in Form von vierundsechzig basalen Hexagrammen (vgl. auch Hertzer 1996; Nielsen 2003).

Im Sinne eines sehr alten chinesischen *Informationssystems* bildet der binäre Code mit seiner Wertzuweisung von stabilen oder sich wandelnden Zuständen die Grundlage zur Darstellung einer immanenten Beziehungshaftigkeit des Lebens, der biotischen Beziehungen, die Ökosysteme bilden, von Erfahrungsprozessen, Lebensprozessen einzelner Organismen, von Situationsverläufen usw. Es sei erwähnt, dass dieser altchinesische Universalcode des kosmischen Wandels und wechselseitigen, immanenten Austauschs bereits Gottfried Wilhelm Leibniz (1648–1714) bekannt war, der den Binärcode in die Mathematik einführte und als einer der sehr frühen Pioniere der mechanischen Datenverarbeitung gilt (Davis 2018, 1–14). Der Schweizer Psychologe Carl Gustav Jung (1875–1961) betonte, dass die kombinatorische Symbolik des *Yijing* mit seiner eigenen Theorie des kollektiven Unbewussten sowie mit dem von ihm erforschten Phänomen der Synchronizität in Verbindung gebracht werden kann (Zhang und Shen 2021). Im Sinne einer noch erstaunlicheren Parallele zeigt Martin Schönberger, wie dem *Yijing* prinzipiell *dieselbe formale Systematik* unterliegt wie dem von Watson und Crick im Jahre 1953 entdeckten DNA-Code (Schönberger 1992).

Zoroastrische Ansichten und Heraklit von Ephesos

Die altpersischen Zoroastrier entwickelten einen „prokosmischen Dualismus" (Boyce 1996, 230) sowie besondere ritualistische Lebensformen und soziale Interaktionsformen, in deren Rahmen sie die Ansicht kultivierten, dass alles Leben kosmisch sei, d.h., dass das Leben selbst das alles umfassende, zentrale Element des universalen Schöpfungsprozesses repräsentiert. Bestimmte Ähnlichkeiten zu Uddalakas Ansichten und denen anderer vedischer Denker sind hierbei nicht zu übersehen: Alles Leben stammt aus dem Licht und der Wärme der Sonne, die alles am Leben erhält. Dies wird durch die heiligen Feuer in zoroastrischen Tempeln symbolisiert. „Feuer" – oder allgemeiner und in moderner Terminologie formuliert: die Freisetzung von Energie – ist das Hauptattribut des *guten* Schöpfers Ahura Mazda.

Hervorzuheben ist, dass „die Welt [des Zoroastriers] [ursprünglich und inhärent] gut ist und das Böse von außen angreift" (Boyce 1996, 230, Einfügungen in Klammern DB). Dieses externe Böse attackiert die Menschen in Form von selbstsüchtigen Wünschen und Gier. *Es greift den Menschen von jenseits seiner Menschlichkeit an.* Laut zoroastrischer Überlieferung kompromittieren diese Erscheinungen des Bösen in Gestalt von Geistwesen bzw. Dämonen seit Anbeginn die moralische und *ökologische* Integrität der Menschheit (*Der Bundehesh* 1868, 19–20). Die Zoroastrier glauben an die historische Rückkehr der Menschheit zum guten Leben und zu einer ursprünglichen Güte allen Lebens im Sinne *eines unbestreitbaren eschatologischen Versprechens.* Aus ihrer Perspektive repräsentiert dieses Element der Hoffnung sogar den allgemeinen Sinn des Lebens per se. Vor diesem Hintergrund ließe sich auch mutmaßen, ob nicht diesem uralten

Glauben (direkt oder indirekt) eine bedeutsame Rolle als einer ursprünglichen Quelle für viele der späteren utopischen Visionen west-eurasischer Philosophen zugesprochen werden sollte, beispielsweise in den mediterranen, griechisch- oder lateinischsprachigen Regionen der Antike oder in späteren europäischen Kontexten.

Es ist möglich, dass Heraklit von Ephesos von den zoroastrischen Lehren der persischen Nachbarschaft inspiriert wurde. Wie erwähnt, postuliert er, dass das von ihm als „Feuer" Bezeichnete – inklusive des Blitzes – eine kosmische „Währung" darstelle und somit die Wurzel allen Lebens. Alles entstammt diesem „Feuer", d.h. einer Dispersion und Transformation von *Energie*, und alles muss zu ihm zurückkehren. „Die Ordnung [κόσμος], dieselbe für alle, hat kein Gott oder Mensch geschaffen, sondern sie war immer und ist und wird immer sein: Feuer, *ewig-lebendig*, in Maßen sich entfachend und in Maßen erlöschend." (Heraklit, Fragment XXXVII [D. 30, M. 51] zitiert in Kahn 2001, 45)

Flackernde Flammen und feuerzündende Blitze wurden als eine manifeste Synthese des Prinzips des λόγος (*logos*), d.h. der (*impliziten*) *Ordnung* des Kosmos, aber auch der menschlichen Sprache und Vernunft – und, auf der anderen Seite, des ersten Prinzips im Wechselspiel und der Transformation der grundlegenden Zustände der Natur reflektiert. Ausgehend vom Element „Feuer" sind dies: „Wasser" (flüssige Zustände der Materie), „Luft" (gasförmige Zustände) und „Erde" (feste Materie). Heraklits Verständnis des *logos* ist dem von *dao* im altchinesischen Denken nicht unähnlich (Wohlfart 2001, 165–178). Der *logos* bedeutet die sich selbst verwirklichende Form eines immerwährenden, autopoietischen Prozesses einer dynamischen Einheit reziprok sich (im Sinne der dialektischen Identität von Tag und Nacht, Wachen und Schlafen, von Geburt und Tod, Schönheit und Hässlichkeit usw.) voranbringender Gegensätze. Es ist zu erwähnen, dass Heraklit Georg Wilhelm Friedrich Hegels (1770–1831) zentrale Idee des *Seins als eines dialektischen Werdens* inspirierte, d.h. als eines sich aus sich selbst heraus entfaltenden Prozesses progressiver, von Gegensätzen angetriebener Schritte hin zur absoluten Konvergenz der immanenten konzeptuellen Intension der Idee mit ihrer unendlichen Realität (Hegel 1986, 84). Hegels Ansatz wurde wiederum zum Ausgangspunkt für Gotthard Günther, der feststellt, dass „die neue transklassische [polykontexturale] Rationalität [bereits ...] bei Hegel zu Worte zu kommen sucht" (Günther 2005, 3 Einfügungen in Klammern DB).

In der persisch-zoroastrischen Mythologie wird, wie Boyce bemerkt, im Avestischen das erste menschliche Wesen *Gayō.marətan*, d.h. ‚Sterbliches Leben', genannt (Boyce 1996, 97). Im antiken Griechenland kategorisierten sich die Menschen, im Gegensatz zu den unsterblichen Göttern des hellenischen Pantheons, bekanntlich als die Sterblichen. (Jene, so glaubte man, würden das Leben der Sterblichen bestimmen und beeinflussen.) Heraklit von Ephesos reflektiert intensiv über den menschlichen Zustand bewusst gewordener Sterblichkeit. Genau in diesem Kontext entwickelt er seine besagten dialektischen Ansichten (die seit dem 19. Jahrhundert so einflussreich geworden sind): „Unsterbliche sind sterblich, Sterbliche unsterblich, lebend den Tod der anderen, tot im Leben der anderen" (Heraklit, Fragment XCII [D. 62, M. 47] zitiert in Kahn 2001, 71). Auch hier deutet sich die Idee des *kosmischen Lebens als einer unaufhörlichen transformativen Selbst(re)kreation* an.

Heraklit hat Hegel auch in dieser Hinsicht beeinflusst. Hegel bemerkt, dass Heraklits Äußerungen zur dialektischen *Identität von Leben und Tod* die Einheit von Sein und Nichts ausdrücken würden (Hegel 1986, 84). Dies konstituiert freilich einen weiteren Berührungspunkt mit Günthers polykontexturalem Lebensverständnis. Überdies ist Martin Heidegger (1889–1976) stark von Heraklits Gedanken zum Thema Sterblichkeit inspiriert (Heidegger 1967, §§ 46–53). Und schließlich eröffnet uns dies auch einen weiteren „Gedankenstrang", der mit den Ansichten Thales', Uddalakas, Plotins, Lorenz Okens, des Philosophen und Naturwissenschaftlers Carl Friedrich von Weizsäcker u.a. resoniert, die weiter oben besprochen wurden.

Das, was sterben muss, bildet eine untrennbare Einheit mit dem, was nicht sterben kann, d.h. mit kosmischen Prinzipien (in Heraklits Terminologie: der *logos,* die Transformationen der Elemente manifestierend, welche aus dem „Feuer" hervorgehen und wieder in dieses eingehen): „Die Gegensätze sind eins; und diese *unsterbliche Struktur* von Leben und Tod [des κόσμος] ist die Gottheit selbst" (Kahn 2001, 23, Einfügung in Klammern und kursiv DB). Es ist der sich selbst manifestierende *logos*, der „alles durch alles hindurchsteuert" (Heraklit, Fragment LIV [D. 41, M. 85] zitiert in Kahn 2001, 55), d.h. *das Leben des κόσμος selbst.*

In diesem Sinne definiert Heraklit das *unsterbliche* kosmische Leben als „ todloses" Verhältnis einer unendlichen Verwirklichung von miteinander verbundenen individuellen Leben und deren miteinander verknüpften Toden (im Sinne einer ständigen Transformation in Form neuer Manifestationen des Lebens). Auf kryptische Weise interpretiert Heraklit die sozusagen mit sich selbst im Konflikt befindliche Natur des kosmischen Lebens als eine gespannte Harmonie und Einheit divergierender Gegensätze: „Der Name des Bogens ist Leben; sein Werk ist Tod" (Heraklit, Fragment LXXIX [D. 48, M. 39] zitiert in Kahn 2001, 65). Die altgriechischen Wörter für ‚Leben' (βίος *bíos*) und ‚Bogen' (βιός *biós*) sind im Grunde genommen gleich. Lediglich unterschiedliche Akzentzeichen – ein Merkmal der griechischen Schriftsprache, das (nota bene) Jahrhunderte nach Heraklits Zeit eingeführt wurde – machen hier den scheinbaren sprachlichen „Unterschied". Heraklit betrachtet das Leben als einen Zustand mehr oder weniger angespannter, dynamischer Gleichgewichte gegenläufiger – gerade dadurch aber eine *logos*-Einheit repräsentierender Kräfte, die im Ganzen den kosmischen Prozess konstituieren. Heraklits Aphorismus impliziert teils den Energieaufwand (das metaphorische „Spannen des Bogens"), der notwendig ist, um andere Prozesse des (kosmischen) Lebens zu absorbieren – was insbesondere auch heißt: zu töten, um zu überleben, oder getötet zu werden, um andere Prozesse des kosmischen Nexus des Lebens aufrechtzuerhalten.

Zwischenfazit

All jene süd-, ost- und westasiatischen sowie europäischen Quellen, die hier bisher diskutiert wurden, sind von einer grundlegenden Idee durchdrungen, die in ihnen allen gleichsam „durchschimmert": *Das Leben als Ganzes* (im Sinne jener vielfältigen *panenbiotischen* Perspektiven, die in verschiedenen zivilisatorischen Kontexten und zu bestimmten Zeiten entstanden sind*) tötet und belebt ständig Teilaspekte seiner selbst, strukturiert sich damit beständig um, ordnet sich immer wieder neu, verlagert sich. Kosmisches Leben – das Leben in seiner Gesamtheit und Alleingebundenheit – investiert oder opfert immerfort bestimmte Teilzustände seiner selbst, um sich in höheren und weiter entwickelten Formen des Selbstausdrucks immer wieder neu zu erschaffen; kosmisches Leben stellt bestimmte Aspekte von sich selbst sich selbst als Nahrung zur Verfügung, insbesondere in Form von Licht* (siehe auch weiter unten im Abschnitt „Kosmisches Leben und kosmisches Licht"), *um mehr von sich selbst in Form immer höherer Komplexitätsstufen zu emanieren. Dies dient dem Selbstzweck, so intensiv als möglich, vor allem auch qualitativ, zu wachsen und sich auf eine Weise auszudehnen, die für das Leben selbst als Ganzes vorteilhaft ist.*

Kosmisches Leben und die Frage seiner unendlichen Ausdehnung und Verteilung

Zahlen als Ausdruck des Unendlichen in der daoistischen und pythagoreischen Philosophie

Sowohl Laozi als auch dem hellenischen Philosophen Pythagoras (nach traditioneller Geschichtsschreibung beide 6. Jahrhundert v. Chr.) wird die Einsicht zugeschrieben, dass alle Dinge in der Welt – als Basis allen Denkens und alles Seienden – eine zahlenontologische Grundlage im Sinne eines basalsten trinären Prinzips voraussetzen. Es wird durch die natürlichen Zahlen Eins, Zwei und Drei repräsentiert. In späteren hellenistischen, römischen, mittelalterlichen und frühneuzeitlichen Kontexten wurde es unter dem Begriff μονάς bzw. *monas* (Lötzsch 1984, 114–17) diskutiert, was wiederum auch Leibniz' Konzeptualisierung der Monade vorbereiten half.

Laozi postuliert: „*Dao* bringt die (Zahl) Eins hervor. Die Eins erzeugt die Zwei. Die Zwei erzeugt die Drei. Die Drei erzeugt alle Dinge" (*Daodejing*, [§] 42, engl. Ausgangsübers. DB). *Dao* ist das Unbegrenzte, das Unnennbare (*Daodejing*, [§] 1). Es enthält alles in dem Sinne, dass es die *nicht-definierbare* („in-*finite*") Urtotalität aller Entwicklungen repräsentiert und deswegen gleichzeitig auch in jeder singulären Entität wirksam ist. Die Zahl Eins, die das ursprünglichste Maß bedeutet, ist das autointegrale Medium des *dao*, um sich und damit alles logisch in seine Existenz zu „übersetzen" (in „Richtung" Vielheit). Daher symbolisiert die Zahl Eins implizit unendliche Einheit (*unity*) und stellt *zugleich* auch die basalste endliche Einheit (*unit*) dar. Mit anderen Worten: Sie impliziert Ein*heit* oder Einssein (nicht zählbar) und ist gleichzeitig die elementarste Zähleinheit. Sie hat in diesem Sinne einen intellektiven (intellektbezogenen) und einen rationalen (verstandesmäßigen) Aspekt, insofern sie die Einheit von Einheit und Differenz symbolisiert. Die *conditio sine qua non* jeder möglichen Differenz (und daher jeder möglichen Erkenntnis) – die mindestens eine Differenzierung von zwei Einheiten (eine „Zweiheit") impliziert – ist der Charakter jener verstandesmäßigen Zähleinheit (*unit*), der durch die Zahl Eins dargestellt wird. In ähnlicher Weise „behandelte Pythagoras die Eins als Äquivalent zur Einheit, der perfekten und primären Zahl, welche das Wesen aller Schöpfung und gleichzeitig der Schöpfer der materiellen Einheit der Dinge ist und natürlich das einzige Prinzip aller anderen Wesen" (Theodossiou et al. 2010/2011, 168; vgl. auch Aristoteles 1956, 5).

Durch eine *immanente* Selbstdifferenzierung des logisch vorhergehenden Konzepts der „Ein*heit*" (unity) erhalten wir die Idee der Dualität („Zwei-heit") – welche durch die Zahl Zwei symbolisiert wird. Gleichzeitig repräsentiert die Zwei dabei die Einheit oder Synthese von zwei *verschiedenen* „Einer-Einheiten". Der Charakter der Idee der *Einheit* der Zahl Zwei ist *nicht* identisch mit der inhärenten Idee der Einheit (unity) der Zahl Eins, d.h., jene ist nicht als *die* Einheit von unendlicher Einheit und des Konzeptes einer endlichen Singularität zu betrachten. Die inhärente Einheit der Zahl Zwei (als Idee der „Zweier-Einheit") ist als eine *Einheit durch die Differenz* der verschiedenen Teile (zwei Singularitäten) der logisch vorhergehenden Konzeption der Idee von (unbegrenzter) Einheit (symbolisiert durch die Zahl Eins) zu betrachten.

Wie aber wird die (Zahl) Zwei aus der (Zahl) Eins hervorgebracht, wie von Laozi konstatiert? Die Eins „zeugt" die Zwei, indem sich der *Schwerpunkt verschiebt* : von der *Einheit* der Einheit *und* Differenz (der unendlichen Einheit und ihrer endlichen Darstellung als Singularitätseinheit), die durch die Zahl Eins symbolisiert wird, zur *Differenz* in der Einheit von Einheit und Differenz (von zwei verschiedenen Singularitätseinheit*en*). Anders ausgedrückt: Unendliche Einheit kann sich nur (a) in Korrelation mit und (b) im Gegensatz zu einem endlichen „Bild", d.h. der Ganzheit einer grundlegendsten *singulären Einheit: der Zahl Eins* (an sich), manifestieren. Genau diese implizite Endlichkeit der Manifestation von Singularität (im Sinne eines abgrenzenden, zählbaren Einheits*charakters*, der als „Bild" unbegrenzte, infinite Unität voraussetzt) birgt die *Möglichkeit* der *Aktivierung der Differenz* in dieser Singularität. Auf diese Weise ist die Polarität erst ermöglicht, welche die Einheit von *zwei* (singulären) Einheiten bedeutet. So wird die Zahl Zwei – die Idee der Dualität und „Zählbarkeit" – „geboren".

Die implizite Idee der *Dualität* bzw. „Zwei*heit*" liefert dann die logische Fundierung (a priori), um *beide* (ungleichen!) Einheiten zu verschmelzen, soll heißen, die Zahl Eins (hier nicht binnendifferenziert als zählbare Einheit/Singularität) und die Zahl Zwei (binnendifferenziert, teilbar in zwei „Einer-Einheiten") im Sinne einer weiteren *Einheit ihrer Formen inhärenter Einheit und Differenz* zu fusionieren. Dies ergibt, wie wir alle wissen, *drei* „Einer-Einheiten" bzw. die Summe *zweier* Einheiten, die in Bezug auf die Verteilung von „Einer-Einheiten" im Vergleich inkongruent sind bzw. *differieren.* Die Zahl Drei „entstammt" der „Zweier-Einheit", welche auch die Singularität der „Einer-Einheit" erbt, in dem Sinne, dass *beide* nur deswegen addiert werden können, weil *wir zwischen ihnen zugleich prinzipiell zu unterscheiden vermögen.*

Diejenigen Zahlen, die als Synthese zweier identischer Einheiten (bestehend aus äquivalenten Quantitäten an Einer-Einheiten, d.h., ausgehend von der Idee einer äquilibrierten „Zweiheit") angesehen werden können, nennen wir gerade Zahlen; diejenigen, die die quantitative Summe der Einer-Einheiten von zwei *aufeinanderfolgenden* positiven natürlichen Zahlen (bzw. Einheiten im Kontext einer unausgeglichenen „Zweiheit", die sich um die Menge einer „Einer-Einheit" unterscheiden) sind, bezeichnen wir als ungerade natürliche Zahlen. Basierend auf dieser Logik der Selbstdifferenzierung und Selbstentfaltung von Laozis *dao* 道 sowie, was im Grunde genommen dasselbe meint, dem unendlichen pythagoreischen Zahlenursprung einer nicht zählbaren, aber Differenz implizierenden *Einheit* (als solcher), die gleichzeitig die inhärente Grundlage der zählbaren *Einheit* ‚1' *darstellt* (siehe auch den nächsten Abschnitt), führt zu ‚2' und von beiden ausgehend zur Drei. Alle nachfolgenden natürlichen Zahlen können aus diesem Dreiheitsprinzip abgeleitet und entwickelt werden. Deshalb sagt Laozi, dass die Zahl Drei alle Dinge hervorbringe. Des Weiteren gilt es zu bedenken, dass die Sequenz ‚1–2–3' auch die Anfangsprogression der Fibonacci-Folge ist, die, wie wir heute wissen, mit der Struktur von Organismen und Prozessen wie der Formation von Galaxien usw. in Verbindung gebracht werden kann.

Die Idee einer unbegrenzten Verteilung des Lebens in der hellenischen, römischen und chinesischen Gedankenwelt

Es ist bemerkenswert, dass beide semi-legendären Philosophen Laozi und Pythagoras (im Sinne elementarster Selbstreflexion) gesagt haben sollen, dass die grundlegende Bedingung aller Nummerierung, Zählung, Messung (und damit auch der Erkenntnis im Allgemeinen) auf eine unendliche Einheit zurückzuführen sei, die alle *möglichen Unterschiede* – die Totalpotentialität kosmischer Differenzierungsereignisse – enthalte.

Darüber hinaus war Pythagoras zufolge die Welt selbst grenzenlos (Theodossiou et al. 2010/2011, 167). Der entsprechende griechische Begriff – ἄπειρον (‚das Unbegrenzte') – trat in der Philosophie des Anaximander (von Milet) (ca. 610–ca. 546 v. Chr.) am prominentesten hervor, wurde jedoch auch von anderen, wie zum Beispiel Pythagoras oder Demokrit (461–371 v. Chr.), herangezogen. Daher überrascht es nicht, dass die Idee eines unendlichen Kosmos und einer infiniten Pluralität von Welten in der griechischen Gedankenwelt Wurzeln schlug. Diogenes von Apollonia (5. Jahrhundert v. Chr.) zufolge gibt es *unbegrenzt viele Welten und unbegrenzt leeren Raum* (Theodossiou et al. 2010/2011, 167; vgl. auch Diogenes Laertius 1959, 469). Simplikios von Kilikien (ca. 480–560) berichtet: „Leukipp [5. Jahrhundert v. Chr.] und Demokrit sagen, dass es unendliche Welten in der unendlichen Leere gibt, die aus einer unendlichen Anzahl von Atomen gebildet wurden" (zitiert in Theodossiou et al. 2010/2011, 169; vgl. auch Simplicius 2014, 18 [202]).

Laozis oben erwähnte Reflexionen zum Weltprozess (‚die zehntausend Dinge' [*wan wu* 萬物]) als numerische Selbstentfaltung eines unendlichen (und ineffablen) ‚Weges' (*dao* 道) sind untrennbar mit dem umfassenden System und der Symbolik des altertümlichen Informationssystems des *Yijing* (*Buch der Wandlungen*) verbunden. Abgesehen davon, dass in diesem Zusammenhang so etwas wie *die Idee der trägen Materie im*

Sinne eines „toten Substrats" fehlt, wurden die numerischen Progressionen und Transformationen, die mit den Wirkungen des *Yijing* verbunden sind, als *Selbstorganisation des Lebens der Welt als Ganzes* verstanden (siehe auch den obigen Abschnitt „Yijing (Buch der Wandlungen)", und auch ebd. die Anmerkung zur Arbeit Martin Schönbergers).

Das alte chinesische Wort für den Kosmos (in heutiger Standardaussprache und -schreibung) ist *yuzhou* 宇宙. Es bedeutet wörtlich ‚Raum (und)Zeit' bzw. ‚Raumzeit' und geht auf den legalistischen Denker Shi Jiao 尸佼 (ca. 390–330 v. Chr.) zurück: „Die vier Himmelsrichtungen sowie oben und unten werden Raum genannt. Und die früheste Vergangenheit bis zum heutigen Tag wird Zeit genannt" („上下四方曰宇, 往古来今曰宙" [Shizi, n.d., engl. Ausgangsübers. DB]). Der Legalismus (*fajia* 法家) ist eine der wichtigsten Schulen altchinesischer Philosophie. In Bezug auf seine Ursprünge ist er mit dem daoistischen Denken verbunden. Seit der Han-Dynastie (202–9 v. Chr. und 25–220 n. Chr.) hat er die Entwicklung konfuzianischer Staatslehren mit beeinflusst. Das *Yijing* wurde von den meisten alten Schulen der chinesischen Philosophie verehrt – auch von den Legalisten zur Zeit der Qin-Dynastie (221–206 v. Chr.), die ansonsten intolerant gegenüber anderen Lehren waren.

Zhang Heng 张衡 (78–139), der bedeutendste Universalgelehrte und Erfinder während der Östlichen Han-Dynastie, fügte später der Definition von *yuzhou* (‚Raum (und) Zeit') von Shi Jiao folgendes hinzu: „Das Äußere des Raumes ist grenzenlos. Der Moment der Zeit ist unendlich" („宇之表里无极, 宙之端无穷" [Zhang Heng, n.d., englische Ausgangsübers. DB]). Zhang Heng unterscheidet zwischen dem beobachtbaren Raum und einem unendlichen Umfeld des Ganzen. Obwohl seine Ansichten damals von seinen Zeitgenossen größtenteils ignoriert wurden, scheinen Spuren dieser Idee gelegentlich spätere Autoren inspiriert zu haben.

Mehr als ein Jahrtausend nach Zhang Heng meldete sich Deng Mu 邓牧 (1246–1306) schließlich mit der *Idee einer Vielzahl bewohnter Welten* zu Wort:

> Himmel und Erde sind immens, doch in der Leerheit (des Alls) sind sie nichts weiter als ein einzelnes Korn in der Leere. Die Leere (der Raum) ist die Wurzel, und Himmel und Erde sind wie die Früchte (eines Baumes); die Leerheit ist wie ein Königreich, und Himmel und Erde sind wie einzelne Menschen. Was aus einer Wurzel (eines Obstbaumes) hervorgeht, kann nicht (nur) durch eine einzige Frucht repräsentiert werden; wenn ein Königreich ins Leben gerufen wird, kann dies nicht (nur) das Werk eines einzigen Menschen sein. Daher wäre es nicht vernünftig, anzunehmen, dass außerhalb (unseres) Himmels und (unserer) Erde keine anderen Strukturen wie Himmel und Erde existieren. (Deng Mu, n.d., engl. Ausgangsübers. DB)

Aus systematischer (bzw. komparativer) transkultureller Perspektive lohnt es sich, von hier aus einen Blick auf die Entwicklungen in antiken griechischen und römischen Kontexten zu werfen. Es ist bemerkenswert, dass in hellenischen Kontexten *sowohl* idealistische als auch materialistische Denker ihre eigenen Ansichten in Bezug auf das Thema des kosmischen Lebens entwickelten. Platon definiert den Kosmos (wie er ihn im zeitgenössischen Sinne sah) klar als Lebewesen (wenn auch nicht im Sinne einer Multiplizität bewohnter Welten). Die oben bereits erwähnten atomistischen Materialisten Leukipp und Demokrit verbanden ausdrücklich die Ansicht, dass (a) der Raum unendlich ausgedehnt ist und (b) eine unendliche Anzahl von Atomen enthält, mit dem Verständnis, dass (c) das Leben (im antiken Sinne Leukipps oder Demokrits atomar basiert) eine ubiquitäre Eigenschaft dieses Ganzen darstellt.

Epikur (341–270 v. Chr.), der fest an eine solche ubiquitäre Verbreitung des Lebens im gesamten Kosmos glaubte (Crowe 2008, 4–5), schreibt:

> Darüber hinaus gibt es unendliche Welten, die sowohl wie diese unsere Welt als auch ungleich dieser sind. Denn die Atome, die, wie bereits erwiesen wurde, unendlich an der Zahl sind, werden weit hinaus in den Raum getragen. Denn diese Atome, die von solcher Natur sind, dass aus ihnen eine Welt erschaffen oder von ihnen gemacht werden könnte, sind weder hinsichtlich einer Welt noch bezüglich einer begrenzten Anzahl von Welten aufgebraucht worden noch auf allen Welten, die gleich sind, oder auf denjenigen, die sich von diesen unterscheiden. Auf diese Weise spricht nirgendwo etwas gegen eine unendliche Anzahl von Welten. (Epikur 1926, 25)

Chandra Wickramasinghe bezieht sich auf einen epikureischen Denker, der wie folgt argumentiert: „Es ist unnatürlich, auf einem großen Feld nur einen Weizenhalm und im unendlichen Universum nur eine lebende Welt zu haben" (Metrodorus der Jüngere von Lampsakus [ca. 331–ca. 278 v. Chr.] zitiert in Wickramasinghe 2021; vgl. auch Crowe 2008, 5). Die Epikureer waren von Demokrits atomistischer Weltanschauung beeinflusst. Man muss auch konstatieren, wie nahe Metrodorus' Vergleich Deng Mus oben erwähnter Metapher vom Obstbaum kommt.

Chris Impey erinnert uns daran, dass Aristarch von Samos (ca. 310–ca. 230 v. Chr.) – der erste bekannte Denker, der eine (wissenschaftlich zu nennende) heliozentrische Weltanschauung entwickelte – sich ein „Universum mit einem Durchmesser von einer Milliarde Meilen [vorstellte], eine phänomenale Zahl in einer Zeit, in der die meisten Menschen nie weit von ihrem Geburtsort wegkamen" (Impey 2007, 7, Einfügung in Klammern DB).

> Archimedes [ca. 287–212 v. Chr.] nutzte sogar das aristarchische, sonnenzentrierte Modell, um die Menge der Materie im Universum zu schätzen. [… E]r schätzt, dass das Universum mehrere Billionen Meilen breit ist und berechnet, dass es erstaunliche 10^{64} Sandkörner benötigen würde, um es zu füllen. Wenn wir uns vorstellen, dass diese Körner zu Planeten verklumpt und über das viel größere Volumen des modernen Universums verteilt sind, können wir die Anzahl der Erden berechnen, die es enthalten würde: 10^{33}, eine Milliarde Billionen Billionen. (Impey 2007, 8, Einfügungen in Klammern DB)

In seiner bedeutenden Studie zu diesem Thema stellt Steven J. Dick fest, dass die Geburt der Idee anderer Welten in ihrer frühesten Form fast koinzident sei mit der Geburt der westlichen Wissenschaft im antiken Griechenland (Dick 1982, 6). Des Weiteren lenkt Dick die Aufmerksamkeit auf die Tatsache, dass der oben erwähnte Epikur daher irgendwie als Antipode zu seinem älteren Zeitgenossen Aristoteles (384–322 v. Chr.) zu sehen sei (1982, 6), der nicht nur teilweise für die Ablehnung der heliozentrischen Kosmologie des Aristarch verantwortlich war (Impey 2007, 7–8), sondern auch für die Etablierung der Position, dass es nicht einmal mehr als eine Welt geben könne (Aristoteles 1939, 69), bzw. dass die Welt einzigartig sein müsse und es nicht mehrere Welten geben könne“ (Aristoteles 1939, 75), und schließlich, dass das „Zentrum des Kosmos, das unbewegt und fest ist, von einer exklusiv ‚lebensspendenden Erde‘ besetzt ist, der Heimat und Mutter aller Arten von Lebewesen“ (Aristoteles 1955, 347, 349). Weitere Bemerkungen in der *Metaphysik* zeigen, dass „Aristoteles’ Position zur Frage anderer Welten nicht nur mit seiner Physik und Kosmologie, sondern auch mit seiner Theologie verbunden war“ (Crowe 2008, 13). Meines Wissens demonstrierte Stephen J. Dick als erster detailliert, dass diese Dichotomie von Viel-Welten-Theorie und Ein-Welt-Theorie seit „Demokrit, Epikur, Lukrez, Aristoteles [und weiter vermittelt über] Thomas von Aquin, Wilhelm von Ockham, Nicole Oresme, Johannes Kepler, John Wilkins, Bernard le Bovier de Fontenelle, Christiaan Huygens und Immanuel Kant“ (Dick 1982, 3, Einfügung DB) ein treibendes Element in der europäischen Wissenschaftsgeschichte repräsentierte.

Dies verdient auch insofern Beachtung, als die Viel-Welten-Theorien als erste, implizite Erscheinungen *transklassischer Wissenschaft* und möglicher *polykontexturaler* Verständnisweisen des Kosmos betrachtet werden können: Jede Welt ist einzigartig und unverwechselbar in ihrem eigenen systemischen Kontext eingebettet (siehe auch die folgenden Abschnitte zu Cusanus und Montaigne). Jedes dieser verschiedenen Weltsysteme ist in sich konsistent – und doch repräsentieren alle ein und denselben unendlichen kosmischen Nexus. Aus diesem Blickwinkel könnte man sagen, dass Aristoteles’ Ansatz eine Art Paradebeispiel für jene *monokontexturale Verengung* ist, die auch heute noch den Fortschritt – oder präziser, die Akzeptanz alternativer Ansichten und Versuche hemmt, die Frage nach dem Ursprung des Lebens im Sinne einer Fundierung des Kosmos selbst oder zumindest als kosmisches Phänomen im weiteren Sinne wissenschaftlich zu erforschen (siehe auch das Kapitel von Wickramasinghe in diesem Band). Fairerweise muss auch erwähnt werden, dass bereits Platon die Viel-Welten-Theorie verworfen hatte. Gotthard Günther betrachtete Platons *monokontexturale* Epistemologie einer exzeptionellen und absoluten Wahrheit, auf die hin (angeblich) alles mögliche Wissen in quasi pyramidenartiger Weise systematisch strukturiert und hinführend sein sollte, als ein weiteres Hauptmerkmal ‚klassischer Wissenschaft‘. Von hier aus könnte man auch fragen, ob Ein-Welt-Theorien oder „exzeptionalistische“ Ansichten in Bezug auf die Möglichkeiten und Ursprünge des Lebens lediglich eine (irreführende) Konsequenz dieser Monokontexturalität im Denken bedeuten.

Darüber hinaus ist es interessant, dass Viel-Welten-Theorien in Bezug auf die Idee eines unendlichen Kosmos auch in den Jahrhunderten nach Aristoteles propagiert wurden. Titus Lucretius Carus (94–49 v. Chr.) verkündet: „Nichts im Universum ist einzigartig und allein, und daher muss es in anderen Regionen andere Erden geben, die von verschiedenen Stämmen von Menschen und Tierarten bewohnt sind“ (Lucretius zitiert in Wickramasinghe 2021). Lucretius betont auch, dass *„die Natur frei und unkontrolliert von stolzen Meistern* ist und das [unendliche!] Universum von sich aus, ohne die Hilfe von Göttern, lenkt. Denn wer […] kann die Gesamtheit des *Unermesslichen* beherrschen?" (Lucretius zitiert in Crowe 2008, 7–8, Einfügung in Klammern und zweite Kursivsetzung DB) Erneut finden wir hier einen Vorläufer der panenbiotischen Weltanschauung (inklusive Potential für weitere transkulturelle Vergleiche).

In *Philosophumena* (auch: *Refutatio omnium haeresium / Widerlegung aller Häresien*), einem Werk, das früher dem römischen Kirchenvater Hippolytus (170–236) zugeschrieben wurde, wird auf die Annahme Demokrits Bezug genommen, dass bewohnbare Planeten und Leben universelle Charakteristika eines infiniten Kosmos seien:

> Die Welten sind unendlich an ihrer Zahl und variieren bezüglich ihrer Form. In einigen von ihnen existieren weder Sonne noch Mond, andere haben größere und andere haben mehr Sonnen und mehr Monde. Die Distanzen zwischen den Welten sind ungleich und in diesem Teil der Leerheit gibt es mehr Welten und in einem anderen weniger. Und andere Welten entwickeln sich noch, während andere ihren Höhepunkt erreicht haben, und andere verfallen, während andere geboren werden und andere verschwinden. Welten werden zerstört, wenn sie kollidieren. Es gibt auch Welten ohne Pflanzen und Tiere und ohne Wasser. (Hippolytus zitiert in Theodossiou et al. 2010/2011, 169; vgl. auch *Refutation of All Heresies* 2016, 47)

Nikolaus von Kues über die Idee einer unendlichen Fülle außerirdischen Lebens

Etwa zur gleichen Zeit, zu der der oben erwähnte Deng Mu in China wirkte , begann die Idee einer Vielzahl von Welten auch in Europa wieder an Fahrt zu gewinnen. Während im Hochmittelalter das monokontexturale aristotelische Dogma der Ein-Welt-Theorie zunächst vorherrschte, begann sich das Blatt schließlich im letzten Viertel des 13. Jahrhunderts zu wenden (Dick 1982, 23–28):

> In Paris vertraten Gottfried von Fontaines, Heinrich von Gent und Richard von Middleton die Ansicht, dass eine Vielzahl von Welten theologisch nicht unmöglich sei; in Oxford machten Wilhelm von Ware, Jean of Bassols und Thomas von Straßburg dieselbe Behauptung. […] Sie waren auch die ersten, die behaupteten, dass Gott andere Welten erschaffen und jede mögliche Welt die natürlichen Bewegungen ihrer eigenen Körper bestimmen könne – unabhängig davon, ob diese Körper nun ihrer Form nach von denen unserer Welt verschieden oder gleich seien. (Dick 1982, 28)

Weitere 150 Jahre später begann das Verständnis eines *unendlichen* Universums, welches *eine unendliche Zahl an Welten manifestiert*, in okzidentalen Kontexten wieder an Fahrt zu gewinnen. Für Nikolaus von Kues (1401–1464) implizierte der omnipotente, unendliche Schöpfer dessen eigene ‚Manifestation' (*apparitio*) im Sinne eines unendlichen Bildes oder einer „Projektion" in Form eines unendlichen Viel-Welten-Universums (Goerwitz 1985, 423). In *De docta ignorantia* betonte der berühmte Renaissancedenker seine Überzeugung, dass das Leben *ein ubiquitäres Attribut eines unendlichen Kosmos* sein müsse. Diese Ansicht habe, so Dick, im völligen Gegensatz zu Aristoteles gestanden (1982, 41).

Im Kontext der „implexiv-logischen" (*implicate-logical*) Fundierung (Bartosch 2022; siehe auch weiter oben, „Zur Erweiterung der klassischen Wissenschaft hin zu transkulturellen und transklassischen Sichtweisen") seines Begriffs der *coincidentia oppositorum* versteht Cusanus alles und jedes als jeweils singulären Ausdruck einer *absoluten* Synthese des Infinitesimalen (unendlich Kleinen) und des unendlichen Großen bzw. absoluten Maximums. Auf seine eigene Weise repräsentiert dabei alles und jedes eine *immanente, Raum und Zeit transzendierende Einheit.* Dazu kommt, dass Cusanus' damit korrelierende Art und Weise zu denken zahlreiche innovative Ideen generierte, die sich später als valide und von großem inspirativem Wert für nachfolgende Denker und Forscher erwiesen haben. Zum Beispiel regte Cusanus' Ansicht, dass unser Planet keine perfekte Kugel, sondern an den Polen leicht abgeflacht sei, Johannes Keplers (1571–1630) Verständnis elliptischer Planetenbahnen an. Im Sinne seiner damit verbundenen intellektuellen Umsetzung der höheren, integrativen Denkdimension der *docta ignoratia* (‚wissendes Nichtwissen') (vgl. Mojsisch 2001, 240; Bartosch 2015), ist jedes Wesen und jeder Punkt im Universum – um eines von Cusanus' eigenen philosophischen *aenigmata* zu gebrauchen – *zur selben Zeit* sowohl im Zentrum als auch an der äußersten Peripherie:

> Denn obwohl Gott das Zentrum und der Umfang aller Sternregionen ist und obwohl Naturen unterschiedlicher Erhabenheit von Ihm ausgehen und jede Region bewohnen (damit nicht so viele Orte im Himmel und auf den Sternen leer seien und somit nicht nur die Erde – vermutlich unter den geringeren Dingen – bewohnt sei), kann, wie es scheint, dennoch in Bezug auf die intellektuellen Naturen eine edlere und vollkommenere Natur nicht gegeben werden als die intellektuelle Natur, die sowohl hier auf Erden als auch in ihrer eigenen Region wohnt (selbst wenn es auf anderen Sternen Bewohner anderer Art gibt). Denn der Mensch begehrt keine andere Natur, sondern nur, in seiner eigenen Natur vervollkommnet zu werden. (Nicholas of Cusa 2001, 96)

Die Überhöhung der menschlichen Natur im Vergleich zu möglichen extraterrestrischen Wesen in dieser Passage könnte eine Konzession an den *Zeitgeist* (religiöse Dogmen) sein. Wenn Cusanus von einer „vermittelnden menschlichen Natur" (*natura media humana*) (Nicolaus de Cusa 1932, 144) spricht und den Menschen als „sekundären Gott" (*secundus deus*) (Nicolaus de Cusa 1988, 7) definiert, ist dies meiner Ansicht nach eher als ein *Fallbeispiel* für den Status aller Wesen zu verstehen, die im kosmischen Maßstab auf der Ebene des Intellekts an der (Selbst-)Reflexion des göttlichen Geistes (*mens divina*) partizipieren.

Dies lässt sich meines Erachtens auch aus dem Umstand ableiten, dass der Kusaner der obigen anthropozentrischen Eröffnung in nachfolgenden Stellen *desselben* Textes (absichtlich) selbst widerspricht. Er bringt dabei seine Idee zum Ausdruck, dass *das Universum einen unendlichen Organismus kosmischen Lebens formiert*, der als unendliche Entsprechung eines ewigen, grenzenlosen Schöpfers zu betrachten ist, welcher „sich" somit durch „seine" Projektionen reflektiert, d.h. durch endliche (lebendige bzw. inkarnierte) Geister, die fähig sind, auf sich selbst und das inhärente Prinzip dieser ‚Selbstreflexion' zu reflektieren. Da diese eine unendliche Anzahl von (endlichen) Perspektiven repräsentieren, müssen die bewohnten Regionen des Kosmos Cusanus' Ansicht nach daher auch unendlich ausgebreitet sein:

> [D]ie Bewohner anderer Sterne – welcher Art auch immer diese Bewohner sein mögen – stehen in keinem vergleichbaren Verhältnis zu den Bewohnern der Erde. [Dies gilt] selbst wenn, in Bezug auf das Ziel des Universums, jene ganze Region zu dieser gesamten Region eine gewisse *vergleichbare Beziehung beinhaltet, die uns verborgen ist* – sodass auf diese Weise die Bewohner dieser Erde oder Region durch das Medium der gesamten Region in einer gewissen wechselseitigen Beziehung zu jenen anderen Bewohnern stehen. (Zum Vergleich: Die einzelnen Segmente der Finger einer Hand stehen durch das Medium der Hand in einem Vergleiche ermöglichenden Verhältnis zum Fuß; und die besonderen Teile des Fußes [stehen], durch das Medium des Fußes, [in einem komparablen Verhältnis] zur Hand – aufgrund dessen sich alle [Glieder] in einem vergleichsfähigen Verhältnis zum ganzen Tier befinden.) (Nicholas of Cusa 2001, 96)

Wie im einleitenden Segment erwähnt, kann das Denken Nikolaus von Kues' mit Gotthard Günthers polykontexturalem Verständnis des (kosmischen) Lebens in Verbindung gebracht werden. Tatsächlich bezog sich Günther selbst jedoch nur auf den früheren Cusanus – d.h. auf Cusanus' *frühe* Darstellung der *coincidentia oppositorum* als Beispiel für die „bekannte platonische Pyramide der Konzepte" (Günther, o.D.). Hätte er den späteren Cusanus studiert, so hätte er sicherlich anerkennen müssen, dass Cusanus fast schon ein Vorläufer seiner eigenen Ideen war. Wie in der Einleitung erwähnt, vervollständigt Cusanus nicht nur Günthers Verständnis in einer Weise, die aus Sicht hegelscher Dialektik nicht möglich wäre, sondern auch die Idee der Polykontexturalität scheint sich in Cusanus' Vision divergenter und einzigartiger Lebenswelten bereits implizit anzukündigen.

An dieser Stelle ist nicht genügend Platz, um dies sehr detailliert auseinanderzulegen. Es sei nur darauf hingewiesen, dass nicht nur die menschheitsbezogene Frage nach unterschiedlichen Weltanschauungen im Kontext verschiedener historischer Gesellschaftssysteme und deren philosophischen Traditionen hier überraschenderweise indirekt eine vereinheitlichende Grundlage erhält. Sogar die (spekulative) Frage nach der Natur und Bedeutung möglicher außerirdischer Intelligenzen im Vergleich zu den Möglichkeiten menschlichen Bewusstseins könnte weiter durchdacht werden, indem man dabei von den Gedanken des Kusaners ausgeht. Der Schlüssel läge darin, jene unendlich schöpferische Kreativität manifestierenden, unterschiedlichen Subjekt-Objekt-Welten, die Günther postuliert (1980, 87), im Sinne seiner spekulativen Logik und Polykontexturalität kosmischen Lebens in Relation zu dem zu betrachten, was Cusanus in seiner letzten Phase im Sinne eines (unendlich kreativen) *posse ipsum* (‚das Können-Selbst') reflektiert. Dieser Begriff stellt, wie man es mit Max Scheler (1874–1928) formulieren könnte, Cusanus' letzten und am fortschrittlichsten entwickelten semantischen Zeigestab (Scheler 1921, 546) dar. Er verweist in Richtung einer ineffablen (nicht verstandesmäßig definierbaren, intellektiv zu reflektierenden, unendlichen) Kreativität, *die in allen möglichen Subjekt-Objekt-Universen* (als deren Repräsentationen), so wie Günther sie postuliert hat, wirksam sein sollte (bezüglich der Verbindung zu Cusanus siehe auch in dem Abschnitt „Vorüberlegungen" die Ausführungen zu Cusanus' Begriff des *mikrokosmos* – und zu Maturanas „Multiversen").

Montaignes Sicht als impliziter Vorläufer der Polykontexturalität?

Michel de Montaigne (1533–1592) war von der antiken Viel-Welten-Theorie des Lukrez inspiriert. Stephen J. Dick weist in diesem Kontext darauf hin, dass in den Jahren 1563/64 in Paris die Veröffentlichung der Lambinus-Ausgabe von Lukrez erfolgte, „ein Meilenstein in den Lukrez-Studien, da sie fast 300 Jahre lang die maßgebliche Ausgabe blieb“ (Dick 1982, 46). Montaigne, der „kein Atomist oder gar ein wissenschaftlicher Denker war“ (47), machte jedoch eine sehr besondere Entdeckung. Er durchbrach auf fundamentale Weise *den Schleier der monokontexturalen Sichtweise der Welt*: „Nun, wenn es viele Welten gibt, wie Demokrit, Epikur und fast die gesamte Philosophie gelehrt haben, woher wissen wir, ob die Prinzipien und Regeln dieser Welt auch für die anderen gelten? Vielleicht haben sie ein anderes Erscheinungsbild und andere Gesetze“ (Montaigne 2003, 474; auch zitiert in Dick 1982, 47). Diese Idee lässt sich in unseren gegenwärtigen epistemischen Kontext übertragen und im Sinne eines modernen Verständnisses rekonfigurieren. Jede Welt, jedes Sternensystem (einschließlich binärer oder trinärer Systeme) mit seinen Planeten sowie auch jeder Planet ohne Zentralgestirn konstituiert tatsächlich ein einzigartiges, konsistentes System. Wenn Montaigne von „Prinzipien und Regeln“ spricht, ist dies im vorliegenden Sinne von ‚besonderen Merkmalen‘ eines bestimmten, einzigartigen Systems zu verstehen, nicht als allgemeine Naturgesetze im modernen Sinne. Mit Gotthard Günther könnte man sagen, dass jedes Sonnensystem oder jeder vagabundierende Planet eine einzigartige Kontextur (mit einzigartigem Erscheinungsbild, einzigartiger Zusammensetzung und Konstellationen von Prozessen) im Rahmen einer unendlich komplexen Polykontexturalität darstellt – oder sollten wir sogar sagen: in einem „omnikontexturalen“ Universum? Die Inspiration, die wir aus Montaignes Vermutung ableiten können, ist, dass das, was wir unter ‚Leben‘ verstehen, eventuell in Bezug auf jeden „individuellen“ systemischen Kontext des Kosmos als jeweils andersartig sich manifestierend anzunehmen ist.

Von Bruno, Galilei, Descartes, von Guericke und anderen bis hin zu Newton und Kant

Nikolaus von Kues’ Intuition, dass die Sterne weiter entfernte Sonnen darstellen (gegebenenfalls mit weiteren Planeten, die sie umkreisen), fand ihren Weg zu Giordano Bruno (1548–1600), dessen Bemühungen „bezüglich des unendlichen Universums und unzähliger Welten“ (Bruno zitiert in Crowe 2008, 39) bekanntlich „schlecht endeten“ (Silk 2006, 181). Nachdem Galileo Galilei (1564–1642) deduziert hatte, dass „wenn Sterne Sonnen sind und Sonnen von bewohnten Planeten umkreist werden, [...] unser Universum extrem reich an Leben sein [muss]“ (Crowe 2008, 51, Einfügung DB), vertraten René Descartes (1596–1650), nachfolgende kartesische Kosmologen (Crowe 2008, 65–67) – und viele andere, wie zum Beispiel Otto von Guericke (1602–1686) – die Ansicht, dass jeder Stern das Zentrum eines Sonnensystems bilden und außerirdisches Leben im Kosmos infinit verteilt sein müsse (Goerwitz 1985). Dick (1982, 106–141) hat die Viel-Welten-Theorien derjenigen, die von Descartes beeinflusst wurden, analysiert, insbesondere die Ansichten von Christian Huygens (1629–1695), Gerhard von Vries (1648–1705) und Bernard le Bovier de Fontenelle (1657–1757). Huygens veröffentlichte ein „ganzes Buch, das der Frage des außerirdischen Lebens gewidmet ist." (Crowe 2008, 98)

Danach „war Isaac Newton (1643–1727) vielleicht der erste, der den Begriff der Schwerkraft *in einem unendlichen Universum*" (Silk 2006, 182, kursiv DB) thematisierte. Darüber hinaus haben diejenigen, die vom newtonschen Universum beeinflusst wurden, die These einer Pluralität von Sonnensystemen weiterentwickelt (Dick 1982, 142–175). In einem Werk, das zuerst 1722 publiziert und in nachfolgenden Jahrzehnten mehrmals neu aufgelegt wurde, referierte der Moralphilosoph William Wollaston (1659–1724) über „Bewohner anderer Planeten" (Wollaston 1746, 143) und seine Auffassung, dass die Fixsterne

> eher viele *andere Sonnen* mit verschiedenen umgebenden Regionen und Planetensystemen sind, […] um [in denjenigen, die ein adäquates Verständnis suchen] eine Vorstellung von ihrer unermesslichen *Zahl* und jenen *immensen Räumen* zu erwecken, die jenseits unserer *äußersten* Reichweite und sogar Vorstellungskraft liegen. (Wollaston 1746, 143, Einfügung in Klammern DB)

Im Jahre 1750 griff Thomas Wright (1711–1786), dessen Gedanken auch von Crowe diskutiert wurden (2008, 130–138), die alte Idee Nikolaus von Kues', sozusagen unter neuen (newtonschen) „Vorzeichen", wieder auf.

> Da die Schöpfung so ist, wie sie ist, ist auch der Schöpfer unermesslich erhöht, woraus wir als Folge einer Unendlichkeit und unendlichen, allwirksamen Macht schließen können, dass, so wie die sichtbare Schöpfung voller siderischer Systeme und Planetenwelten sein soll, so auch in ähnlicher Weise die endlose, unermessliche Weite, nicht unähnlich dem bekannten Universum, ein unbegrenztes Plenum von Schöpfungen ist. (Thomas Wright zitiert in Dick 1982, 167, Abb. 12)

Wright muss mit Cusanus' *De docta ignorantia* vertraut gewesen sein, denn er bezieht sich eindeutig auf dessen Überzeugung, dass die „heiligste und höchste Göttlichkeit […] wesentlich an allen anderen Orten ebenso gegenwärtig [ist,] wie an diesem, [nämlich] als ein [wesenhaftes] *Sein*, dessen Zentrum überall und dessen Umfang nirgends ist" (Wright 1750, 80, Einfügungen in Klammern DB). Einige von Nikolaus von Kues' grundlegenden Ideen waren bereits Mitte des siebzehnten Jahrhunderts in englischer Übersetzung verfügbar: Die oben genannte Idee findet sich sogar auf der entsprechenden Titelseite in Nicolaus de Cusa (1646)!

Mutatis mutandis wiederholte Wright auch Cusanus' Idee einer Interkonnektivität allen Lebens in einem unendlichen Kosmos. Gleichzeitig akzentuierte er die Auffassung von dessen sehr divergenten Manifestationen und Formen im Hinblick auf planetare Milieus mit divergierenden Merkmalen, wie verschiedene Atmosphären usw. (Wright 1750, 81). Dies weist eine gewisse systematische oder thematische Familienähnlichkeit zu Montaignes oben erwähntem Standpunkt auf. Im übertragenen Sinne könnte man, wie bereits angemerkt, auch sagen, dass mögliche außerirdische Biosphären als unterschiedliche Aspekte besonderer und einzigartiger planetarer Kontexturen (die ihre eigenen speziellen Bedingungen widerspiegeln) vorgestellt werden können.

Hinsichtlich der Möglichkeit intelligenten, außerirdischen Lebens zitiert Wright auch den oben erwähnten William Wollaston (ohne ihn namentlich zu nennen):

> Wie könnten wir ferner überdies ausschließen, dass es nicht über uns Wesen mit größeren Kräften und einem vollkommeneren Intellekt gibt, die zu gewaltigen Dingen fähig sind, dennoch aber auch *körperliche* Vehikel wie wir besitzen, aber feiner und unsichtbar? In der Tat, wer weiß, ob es nicht unter diesen viele *Ordnungen* gibt, die sich in der Würde der Natur und Amplitude der Macht eine über der anderen erheben? Es steht keineswegs unter der Würde der *Philosophie* dieser Zeiten, die es zu genießen scheint, die Kapazitäten der Materie zu erweitern, diese *Möglichkeit* zu behaupten. Aber wie dem auch sei, meine eigenen Defizite überzeugen mich hinreichend, dass ich keinen Anspruch darauf erheben kann, einem der *ersten* Ränge anzugehören, geschweige denn demjenigen *direkt unter* dem All-Perfekten. (Wollaston 1746, 196; auch zitiert in Wright 1750, 82)

Vor dem Hintergrund des Einflusses von Newton und anderen führt Immanuel Kant (1824–1804) (siehe auch die Übersicht in Crowe [2008, 138–151]) unser heutiges Verständnis einer – möglicherweise – unendlichen Vielzahl von Galaxien ein:

> Wenn die Größe eines planetischen Weltbaues, darin die Erde als ein Sandkorn kaum bemerkt wird, den Verstand in Verwunderung setzt, mit welchem Erstaunen wird man entzückt, wenn man die unendliche Menge Welten und Systemen [sic] ansieht, die den Inbegriff der Milchstraße erfüllen; allein wie vermehrt sich dieses Erstaunen, wenn man gewahr wird, daß alle diese unermeßliche Sternordnungen wiederum die Einheit von einer Zahl machen, deren Ende wir nicht wissen, und die vielleicht eben so unbegreiflich wie jene unbegreiflich groß und doch wiederum noch die Einheit in einer neuen Zahlverbindung ist. Wir sehen die ersten Glieder eines fortschreitenden Verhältnisses von Welten und Systemen, und der erste Theil dieser unendlichen Progression giebt schon zu erkennen, was man von dem Ganzen vermuthen soll. Es ist hier kein Ende, sondern ein Abgrund einer wahren Unermeßlichkeit, worin alle Fähigkeit der menschlichen Begriffe sinkt, wenn sie gleich durch die Hülfe der Zahlwissenschaft erhoben wird. (Kant, o.D. (a) [zuerst 1755], 256)

Es ist weitgehend unbemerkt geblieben, dass Kants allgemeine philosophische Motivation sehr eng mit der Prämisse verbunden zu sein scheint, dass die Menschheit und alles planetare Leben als solches sowie das unendliche Universum *ein System* kosmischen Lebens bilden. Selbst Kants berühmte Frage „Was ist der Mensch?" (Kant, o.D. (f) [zuerst 1800], 25) ist aus dieser Perspektive zu betrachten.

In dieser Hinsicht ist Kants Position sehr interessant, weil er zwischen zwei Positionen hin- und hergerissen zu sein scheint, nämlich zwischen einer eher pessimistischen und einer eher optimistischen Perspektive. Einerseits sieht er den Menschen als „aus so krummem Holze [gemacht, dass aus ihm nicht] etwas völlig Gerades gezimmert werde[n kann]" (Kant, o.D. (c) [zuerst 1793], 100). Vor dem Hintergrund seiner Annahme einer „zahllosen Weltenmenge" (Kant, o.D. (b) [zuerst 1788], 162) sowie in Ehrfurcht vor dem Geheimnis der „Lebenskraft“ (Kant, o.D. (b) [zuerst 1788], 162), schreibt Kant daher:

> Frägt man nun: ob die Menschengattung (welche, wenn man sie sich als eine Species vernünftiger Erdwesen in Vergleichung mit denen auf anderen Planeten, als von Einem Demiurgus entsprungene Menge Geschöpfe denkt, auch Rasse genannt werden kann) – ob, sage ich, sie als eine gute oder schlimme Rasse anzusehen sei: so muß ich gestehen, daß nicht viel damit zu prahlen sei. (Kant, o.D. (e) [zuerst 1798], 331)

Diese Ansicht ist derjenigen im letzten Zitat von William Wollaston oben (die auch von Thomas Wright zitiert wurde) etwas ähnlich.

Andererseits können wir, trotz Kants eher pessimistischer Sicht bezüglich unserer Unfähigkeit, unsere Interaktionen in angemessener moralischer und ethischer Gegenseitigkeit zumindest auf einer breiteren sozialen oder globalen Ebene zu entwickeln, nicht leugnen, dass Kants philosophische Werke selbst *implizit* eine Art „Prinzip Hoffnung“ (Bloch 1998) zum Ausdruck bringen – man könnte vielleicht sagen, im Sinne eines motivationalen Aspektes seines Werkes. Meiner Ansicht nach ist doch in Kants gesamtem transzendentalphilosophischen Projekt ein Funke von utopischem Optimismus spürbar. Trotz der inhaltlichen, zeitlichen und zivilisatorisch-kontextuellen Unterschiede sollte eine grundlegende „Resonanz“ mit jenem uralten zoroastrischen Optimismus („Zoroastrische Ansichten und Heraklit von Ephesus“) erkennbar sein, demzufolge moralischer und ethischer Fortschritt möglich ist.

Nach Kant hat der *kosmische* Mensch die Fähigkeit, sein inhärentes Potential in eine angemessene, ideale Existenz als *Vernunftwesen* (vernünftiges Wesen) zu transformieren (Kant, o.D. (d) [zuerst 1797], 444). Es dämmert Kant, dass alles menschliche und nichtmenschliche Leben ein verbundenes Ganzes sein muss – auf dem Planeten Erde, aber auch darüber hinaus und im Hinblick auf den weiteren kosmischen Horizont. In seinen letzten schriftlichen Gedanken in *Opus Postumum* drückt Kant daher seine Überzeugung aus, dass

> unseres lebendig gebärenden Globus[' ...] organisirende Kraft [...] auch das Ganze der für einander geschaffenen Pflanzen// und Thierarten so organisirt daß [sic] sie mit einander als Glieder einer Kette (den Menschen nicht ausgenommen) einen Kreis bilden: [...] *welches auf eine Weltorganisation (zu unbekannten Zwecken) selbst des Sternsystemes, hinweiset*[...]. (Kant, o.D. (g), 549, kursiv DB)

Indem der Mensch lernt, an diesem kosmischen Kontext bewusst teilzuhaben, schafft er sich zu einem vollständig selbstbewussten Vernunftwesen um. Nach Kant verfügen wir über die intellektiven Prozesse der transzendentalen, praktischen Vernunft. Diese Prozesse steuern unsere mögliche Erfahrung. Daher müssen wir annehmen, dass Kants berühmte Aussage von einer „immer neue[n] und zunehmende[n] Bewunderung und Ehrfurcht [... vor dem] bestirnte[n] Himmel über mir und [dem] moralische[n] Gesetz in mir“ (Kant, o.D. (b) [zuerst 1788], 161) nicht nur als rhetorische Figur zu lesen ist. Als eine *Manifestation des kosmischen Lebens* im besonderen Sinne des letzten eingerückten

Zitats oben, d.h. als ein *kosmisches „Vernunftwesen"*, sind wir in Reichweite eines höheren Vermögens, das die Selbstorganisation der Welt als solche zum Ausdruck bringt. Der Mensch ist in der Lage, eine Lebensgrundlage zu verwirklichen, die ein „selbst von der ganzen Sinnenwelt unabhängiges Leben offenbart" und die „wahre Unendlichkeit hat", so Kant (n.d. (b) [zuerst 1788], 162).

In seiner *Wissenschaftslehre* der Version von 1804 erklärt Johann Gottlieb Fichte (1762–1814), dass dieses Verständnis zu einer absolut perfekten Konvergenz von Theorie und Handlung – man könnte, in Anlehnung an Nikolaus von Kues, sagen: zu einer *coincidentia oppositorum* von Intelligibilität und Praxis – *in der unaufhörlichen inneren Gewissheit* zu geleiten vermag, dass „nur Leben [ist;] und dieses ist ewig in sich selber, *und was da ist, ist im Leben, ist so ewig, wie dies* [...]" (Fichte 1986, 90, kursiv DB).

Mit diesen Worten möchte ich die Kette der Beispiele dieses Kapitels beenden. Es wurde ersichtlich, dass auch Kant und Fichte panenbiotische Ansichten entwickelten. Weitere Forschungen in diese Richtung werden sicherlich viele inspirative Grundlagen für die Entwicklung einer *neuen transklassischen, panenbiotischen Philosophie des kosmischen Lebens* liefern. Die weitere Entwicklungsgeschichte dieses thematischen Feldes in den deutschsprachigen philosophischen Diskursen des 19. und 20. Jahrhunderts würde selbstverständlich ebenfalls eine weitere Untersuchung verdienen, z.B. in Bezug auf das Denken Georg Wilhelm Friedrich Hegels (1770–1831), Friedrich Wilhelm Joseph Schellings (1775–1854) oder den bereits erwähnten Karl Christian Friedrich Krause (1781–1832). An dieser Stelle müssen aus Platzgründen weitere Erkundungen in dieser Richtung anhängig bleiben.

Kosmisches Leben und kosmisches Licht

Die bisher in diesem Artikel präsentierten Beispiele zeigen, dass der thematische Horizont des kosmischen Lebens mit dem Thema einer ständigen Selbst(re)kreation und Transformation des Lebens als solchem verbunden ist. Aus moderner Perspektive und in Erweiterung von Kants Bemerkung im *Opus postumum* könnte man hinzufügen, dass eine „ungehinderte" terrestrische Biosphäre immer komplexere Systeme (als ihre Manifestationen) hervorbringt und dass die Reflexion dieses Prinzips einer fortschreitenden und anpassungsfähigen Selbstorganisation sogar auf das „Sternsystem[..]" (Kant, o.D. (g), 570) ausgedehnt werden könnte. Nebenbei möchte ich erwähnen, dass eben dieses Verständnis auch eine inhaltliche Brücke zu den modernen kybernetischen und systemtheoretischen Ansätzen bedeutet, die seit der zweiten Hälfte des 20. Jahrhunderts entstanden sind (Rasch 1991, 66). In dieser Richtung wurde bereits festgestellt, dass aus polykontexturaler oder transklassischer und transkultureller Perspektive (siehe zum Beispiel „Polykontexturalität in der theoretischen Erschließung kosmischen Lebens") ‚Leben' wesentlich fluider und übergängiger konzipiert werden kann als im Sinne wechselseitig exklusiver, monokontexturaler Begriffe ‚lebloser' und ‚lebendiger' Materie. Dies ist in Relation zu unserer zweiten, polykontexturalen „Globalperspektive"

(Luhmann 2008, 199) zu betrachten, in deren Kontext ersichtlich wurde, dass seit der Antike die Idee eines unendlichen Kosmos mit der einer unendlichen Verteilung bzw. Extension des Lebens verbunden ist. Im Sinne einer solchen Konjektur ist mögliches Leben „dort draußen" philosophisch gesehen als Manifestation grenzenloser Einheit in Form einer Unendlichkeit divergierender Formen und Existenzen zu erwarten. Vor diesem Hintergrund tritt ein dritter thematischer Basishorizont hervor. Dieser wird durch die folgende Frage evoziert: Was könnte der vereinheitlichende Faktor allen Lebens sein? Dies führt uns zu einem dritten (transkulturellen) Eckpfeiler einer möglichen künftigen Philosophie kosmischen Lebens – nämlich dem philosophischen Thema einer Korrelation von Leben und Licht.

Historische Perspektiven: Altägyptische, altchinesische und keltische Ansichten

‚Licht' war seit jeher ein zentrales Objekt philosophischer Reflexion. Zu Beginn des 20. Jahrhunderts wurde die Lichtgeschwindigkeit (im Sinne des modernen Physikbegriffs) zum universalen Maßstab moderner Kosmologie. Aus gegenwärtiger Sicht und in allgemeinerer philosophischer Hinsicht verdient das Thema ‚Licht' einen besonderen Platz in der Diskussion über kosmisches Leben – und zwar sowohl aus historischer und interkultureller als auch aus einer auf unseren Zeithorizont bezogenen systematischen Perspektive.

Man kann mit Sicherheit konstatieren, dass die Völker des Altertums im Allgemeinen das Licht von Sonne, Mond, sichtbaren Planeten und Sternen als eine (kosmische oder umfassende) *conditio sine qua non* für ihr Überleben auffassten. Die Bedeutung des Tageslichts ist in alten Mythen und auch in den frühesten schriftlichen Dokumenten immer positiv besetzt. Verständlicherweise war die nächtliche Reduktion des Lichts negativ besetzt. Sie bedeutete die periodische Emergenz einer Sphäre realer Gefahren – etwa das Herannahen wilder Tiere oder menschlicher Feinde usw. Außerdem bot die Nacht die dunkle Projektionsfläche für vielerlei Arten mythologisch ausgeschmückter Ängste und entsprechender Vorstellungen von magischen Kreaturen, die im Unbekannten lauern usw. Immerhin gab es aber noch das Licht des Mondes, der Sterne und Planeten.

Die mit der Wintersonnenwende verbundenen Feste der Völker in kälteren Klimazonen zelebrierten die Rückkehr der längeren Tageslichtphasen. In Bezug auf wärmere Klimazonen kann man an die Sonnenreligion des Echnaton (1427–1336 v. Chr.) denken. Hier wurde das Licht des Sonnenrunds als Quelle des Lebens beschrieben. Ebenso stand bereits in der vorhergehenden ägyptischen Überlieferung der Gott Ra für die aufgehende Sonne und wurde als „Lebensspender" glorifiziert. Ich möchte aus einer historischen Übersetzung und Interpretation zitieren, die selbst ein wichtiges Dokument in der Geschichte der Ägyptologie darstellt: „Die Wohlthat des Lebens wurde an die Strahlen der Sonne geknüpft, und ist auf den die Verehrung des *Aten*-Ra darstellenden Denkmälern bildlich ausgedrückt; die Sonnenstrahlen *laufen daselbst in Hände aus, die den Menschen das Abzeichen des Lebens reichen*" (de Rougé und Brugsch 1850, 376, kursiv DB).

Die altchinesische Kultur identifizierte das bereits erwähnte Prinzip des *yang* (siehe den Abschnitt „Yijing (Buch der Wandlungen)") als ein grundlegendstes „maskulines" Prinzip im Prozess eines unaufhörlich lebenden Universums. Es wird auch durch Zirkel und Kreis symbolisiert, die wiederum als symbolische Repräsentationen des Himmels galten. Die diesem *yang*-Prinzip zugeschriebene Funktion bestand darin, alles auf der Erde mit Leben zu „imprägnieren". Das Reich des Irdischen wiederum wurde durch den rechten Winkel und das Quadrat symbolisiert, die Sinnbilder des *yin* repräsentieren. Nach dieser Ansicht ist die „Befruchtung" durch *yang* immer noch von der Aufnahme und dem Nähren der Impulse durch das „feminine" *yin* der Erde abhängig. Nur so kann *yang* seine Funktion erfüllen. Allerdings ist *yang* als lebens*initiierendes* Prinzip definiert und dabei mit Sonnenlicht und Tageszeit assoziiert, während *yin* auch mit der relativen Dunkelheit oder Lichtarmut von sternenklaren oder mondbeschienenen Nächten in Verbindung gebracht wird.

Ursprünglich leitete sich das Schriftzeichen *yang* 陽 von der Vorstellung der Süd- bzw. Sonnenseite eines Berges und der nördlichen Biegung eines Flusses ab. Diese Bereiche erhalten das meiste Licht von der Sonne. Das zusammengesetzte Zeichen 陽 enthält das separate Schriftzeichen für ‚Sonne' und ‚Tag' (日). Die symbolische kombinatorische Matrix des *Yijing* soll geschaffen worden sein, um „den ‚*leuchtenden* Göttern' (*shenming* 神明) zu assistieren" (*Yijing*, n.d., „Shuogua," §1, engl. Ausgangsübers. DB). Aus der Perspektive der altchinesischen Astrotheologie sind diese mit den Zeit und *Licht* – und daher *Leben* spendenden Himmelskörpern zu identifizieren. Das *Yijing* vermittelt gleichsam einen Code, der aufschlüsselt, wie die *Leben spendende Information des Lichts in unserer planetarischen Umgebung sich ständig selbst transformiert, reguliert und in Form des menschlichen Bewusstseins* (das Teil dieses Leben spendenden Lichts ist) sowie durch alle lebendigen Prozesse des Ganzen hindurch seinen immanenten Wandlungen unterworfen ist.

Ein drittes Beispiel für eine antike Vorstellung des Lebens aus kosmischem Licht ergibt sich im Blick auf die alte keltische Weltvorstellung. Nicht ganz unähnlich der *yin-yang*-Komplementarität des altchinesischen Weltbildes imaginierten die Kelten ihren Kosmos als aus einem Licht *und Leben spendenden* sowie einem komplementären Aspekt bestehendes Reich vor. Letzterer Bereich ist durch Dunkelheit, „Schwere" und Materie gekennzeichnet. *Zwischen* diesen beiden kosmischen Dimensionen eines lichttragenden Himmels und Licht absorbierender Finsternis *gedeiht das (kosmische) Leben als ein drittes, intermediäres Reich.*

Antón Bousquet rekonstruiert diese Weltanschauung wie folgt: Die höchste Dimension des keltischen (lebenden) Universums ist *albios* (AΛBIOC). Dies bezeichnet die Luminosität oder das Licht oberhalb von Dunkelheit und irdischer Schwere hoch über dem irdischem Leben. *Albios* ist der Himmel, in dem das Licht reist, und der das Leben überhaupt erst ermöglicht. Ferner befähigt *albios* die Lebewesen dazu, *ihre Welten zu betrachten*. Der Himmel mit seinem Licht korrespondiert mit der Idee der Reflexion und des Denkens. Die weitere Dimension der Dunkelheit hieß *dubnos* (ΔOYBNOC). Der Name der dritten und intermediären Dimension kosmischen Lebens ist *bitu* (BITOY). Das Wort ist etymologisch verwandt mit dem englischen Verb ‚(to) be', dessen russischem Äquivalent быть sowie dem deutschen ‚(du) bist'. (Englisch, Russisch, Deutsch und die alten keltischen Sprachen zählen alle zur indoeuropäischen Sprachfamilie.) *Bitu* lässt sich am besten als ‚Leben und Sein', d.h. im Sinne der Bedeutung von *ewigem kosmischen Leben an sich*, übersetzen. *Bitu* existiert oberhalb des großen Körpers der Dunkelheit (*dubnos*) (Bousquet 2018, 10). Die integrale *Einheit* individuellen Lebens und Sterbens an der Wurzel des unaufhörlichen, universellen *Lebens an sich* (siehe auch: „Kosmisches Leben als fortwährende transformative Selbst(re)kreation") wird durch den keltischen Gott Biturix symbolisiert. Dieser wurde als an der „Schwelle" von *albios* und *dubnos* stehend vorgestellt. Biturix repräsentierte die Gesamtbalance und Ausgewogenheit allen Lebens und aller lebendigen Prozesse (Delamarre 2003, 76–77).

(Neu-)Platonische Traditionen

Für platonische und neuplatonische Denker (wie zum Beispiel Plotin, der bereits im zweiten Hauptsegment erwähnt wurde) war die Idee eines lebendigen Universums intrinsisch mit ihren Konzeptualisierungen des *Lichts* verknüpft. Für Platon bedeutete die Sonne eine Analogie oder sogar ein direktes Erscheinungsbild der höchsten Idee eines ewigen und grenzenlosen Guten. So wie die Strahlen und die Wärme der Sonne die notwendige Bedingung für alles Leben auf der planetarischen Oberfläche (der ‚tellurischen' Sphäre) bedeuten, wurde das *geistige Licht* der *Idee* (ἰδέα) des Guten als Ursprung aller Denk-, Erkenntnis- und Erfahrungsprozesse angesehen.

Sogar das Wort ἰδέα (*Idee*), das auf das zentrale Prinzip der platonischen Philosophie referiert, leitet sich von der Bedeutung des *Sehens* und des Erscheinens von etwas (Visualität) ab. Es steht in direktem Bezug zum ‚Licht'. Für Platon ist das menschliche Auge sonnenähnlich, und im *Timaios* erklärt er: „Unter den Sinneswerkzeugen bildeten sie [die Götter] zuerst die lichtbringenden Augen […]" (Platon 2016bc, 77 [45b]). Das Auge ermöglicht es uns, die Sterne zu sehen und mathematische Prinzipien zu erfassen. Es ist eine grundlegende Voraussetzung dafür, dass wir schließlich die Philosophie und das höchste Prinzip des Guten selbst zu entdecken vermögen (Platon 2016c, 81, 83 [47a–b]). In Anbetracht dieser lichtspendenden und lichttragenden Grundlagen charakterisiert Platon im Dialog *Phaidros* das Leben als selbstbewegt (Platon 2016b, 67–69 [245c–d]). Diese Definition ist nicht auf einzelne Lebewesen beschränkt. Neben der individuellen Seele, die sich selbst bewegt, postuliert Platon im *Timaios*, dass der ganze Kosmos belebt und selbstbewegt sei (Platon 2016c, 47 [34a]). Er betrachtet das *ganze Universum als ein vollkommenes, unsterbliches Lebewesen* (Platon 2016c, 43, 45 [32d–33b]).

Diese allgemeinen Ansichten wurden seit der Spätantike von neuplatonischen Denkern weiterentwickelt. Basierend auf Platons Ansichten interpretiert Plotin ‚Licht' als den eminenten, lebensspendenden Repräsentanten des „Einen Guten" (ἕν–ἀγαθόν) (Aubry 2020, 211), d.h. *als die Quelle des lebendigen Universums.*

> Und die Sonne ist auch ein Paradigma hiervon, wie das Zentrum des Kreises in Relation zu dem von ihm ausgehenden Licht, das von ihm abhängt. Denn das Licht ist wahrhaftig überall mit ihm und ist nicht von ihm abgeschnitten. Selbst wenn man es an einem Ende abschneiden wollte, bleibt das Licht bei der Sonne. (Plotin 2018, 106 [*Enn.* 1.7(54).1])

Es ist wichtig, über die Entsprechung zwischen einem allumfassenden Intellekt und der Weltseele einerseits und der luminösen, wärmespendenden Natur des Sonnenlichts andererseits zu sprechen:

> Dieser Kosmos wird daher in plausibler Weise als ein Bild bezeichnet, das immer von seiner Quelle [dem Einen Guten] abhängig bleibt. Das erste und das zweite Prinzip [Intellekt und (Welt-)Seele] sind in Ruhe, und das dritte [die Natur] ist an sich selbst in Ruhe, aber auch akzidentell in der Materie bewegt. Denn solange Intellekt und Seele existieren, werden die zum Ausdruck gebrachten Prinzipien in diese *Form der* Seele fließen [dieses Lebensprinzip *individueller* organischer Wesen, das mit Plotins ‚Natur' zusammengeht, ist vom höheren Prinzip der Seele des Kosmos als Ganzem, d.h. der Weltseele, zu unterscheiden]; *genauso wie, solange die Sonne existiert, all das Licht, das von ihr ausströmt, vorhanden sein wird.* (Plotin 2018, 163 [*Enn.* 2.3(52).18], Einfügungen in Klammern und kursiv DB)

Laut Plotin partizipiert alles Leben in verschiedenen Graden am Prozess des kosmischen Bewusstseins: Selbst Pflanzen haben Empfindungen, und die menschliche Fähigkeit, höhere Ebenen der Weltseele zu partizipieren und sogar eine (Selbst-)Reflexion des überindividuellen Prinzips des Intellekts zu verwirklichen (d.h. ein ungebundenes Denken des Denkens bzw. eine Intellektion der Intellektion als Reflexion des Einen Guten) bedeutet lediglich eine höhere Darstellung eines Prozesses theoretischer bzw. kosmisch-intellektiver Selbstentfaltung, der sich in allen Formen organischen Lebens vollzieht (Bartosch 2023).

Spätere Neuplatoniker, wie z.B. Proklos (412–485), überwanden Plotins Dichotomie einer dunklen (absolut lichtlosen) bzw. bösen physischen Materie (Bloch 1972, 149–150) sowie dem sehend machenden Licht des Einen Guten (Proklos 2003, 58, 65, etc.). Licht muss natürlich auch in lebender Materie vorhanden sein, und für Proklos konnte Materie daher nicht mehr als Quelle des Bösen gelten (Opsomer und Steel 2003, 17). Alles wird *im* „Licht" des *unendlichen Prinzips des Lichts* gesehen, und alles ist Repräsentant desselben. Dies ermöglichte es Johannes Scotus Eriugena (ca. 800–877) und Meister Eckhart (ca. 1260–1327/28), Natur und Lebewesen als materielle Ausdrücke und Erscheinungen des höchsten, ansonsten verborgenen Prinzips von allem, des Einen Guten, zu sehen – sowie seines ‚Lichtes', das alles belebt, uns sehen lässt und eine Analogie des geistigen „Lichtes" darstellt, das sich in Form unseres Denkens manifestiert.

Auch Nikolaus von Kues zufolge wird dieses *unendliche* luminöse Lebensprinzip in der Selbstreflexion partizipiert, d.h., wenn wir verstehen, dass *wahre (unendliche) Einheit* nur als grenzenlose Einheit *durch* Differenz reflektiert werden kann, oder, anders ausgedrückt, als die *Einheit von Einheit und Differenz* (Bartosch 2015, 2022). Solange dieses lebensspendende Prinzip, repräsentiert durch jene Aspekte des kosmischen Lichts (*mutatis mutandis* in der Sprache der heutigen Physik: das elektromagnetische Spektrum), auf die wir planetar abgestimmt sind (vorwiegend im sichtbaren Spektrum und als thermische Strahlung), als abgetrennt von (endlichem) individuellem Leben und von unserer „persönlichen", organischen Existenz gedacht wird, wird es in Form eines Konzepts rekonstruiert, das diesbezüglich fälschlicherweise eine (zählbare) *Einheit* neben anderen Einheiten nahelegt.

Diese grundlegende Einsicht führte Nikolaus von Kues zur Formulierung seines dialektischen Prinzips des ‚wissenden Nichtwissens' (*docta ignorantia*) (Mojsisch 2001; Bartosch 2015, 2021, 2022). Im übertragenen – philosophischen – Sinne beschreibt Cusanus seine erste „Aha-Erfahrung" (Karl Bühler, 1879–1963) in dieser Hinsicht als eine „Gabe vom Vater der Lichter" (*dono a patre luminum*) (Nicolaus de Cusa 1932, 163; vgl. auch Bartosch 2015, 236). Es ist höchst bemerkenswert, dass Cusanus dabei das ganze (unendliche) Universum (mit diversen Lebensformen bevölkert) als einen reziproken Akt des *Sehens* versteht; es ist „gemacht aus" Kreaturen, die endliches Bewusstsein in „ihren" besonderen Perspektiven und Entfaltungen personalisierter Zeiten und Räume (in Relation zu ihren organischen Strukturen und Prozessen) erfahren, nämlich als jeweilige *Manifestation oder Erscheinung* eines infiniten Schöpfers und eines unendlich komplexen Aktes kontinuierlicher Schöpfung. Der Akt des Sehens selbst wird als intentionaler, prozessualer Akt der Begegnung mit dem Licht des Einen (*unum*), projiziert von der Sonne und anderen Himmelskörpern, verstanden, d.h., es wird „betrachtet" als eine qua sichtbaren Lichtes sich fortwährend aktualisierende Selbstintegration des Unendlichen unter den Bedingungen der Endlichkeit.

Stärker systematisch: Transkulturelle Grundlagen und innovative (unorthodoxe) Ansätze

Um in Anbetracht der Frage voranzukommen, was Leben generell sei und wie irdisches Leben mit dem Kosmos zusammenhängen könnte – welcher daher möglicherweise im Ganzen als infinites ‚Leben' (siehe auch das Kapitel von John B. Cobb, Jr.) betrachtet werden muss (von der Gaia-Hypothese zur „Gaia-Uranus-Hypothese", wie man es auch ausdrücken könnte) – müssen wir dringend damit beginnen, die Relikte monokontexturaler Paradigmen und Glaubenssysteme entsprechend zu transformieren, die in so vielen Bereichen möglichen Fortschritt hemmen. Die Aufgabe besteht darin, scheinbar unverbundene Disziplinen und philosophische Traditionen in neu emergierenden, polykontexturalen „Metaversen" offen-systemischen und progressiven Denkens zu integrieren. Auf diese Weise können wir ein Maximum nützlicher Gedanken einbeziehen, die vergangene und moderne Zivilisationen zu bieten haben, neue Verbindungen zwischen diesen Gedanken etablieren und weiter inspiriert werden, unseren infiniten Kosmos aus den Blickwinkeln innovativer Beobachterpfade zu erkunden. Dies kann natürlich nicht einen Verlust kritischer Differenzierung, geschweige denn Beliebigkeit in diesen Prozessen der Gewinnung neuer Erkenntnisse bedeuten. Die Komplexität des Verstehenssystems kann nur auf dem Fundament der Logik sowie etablierter Verifikations- und Falsifikationsprozeduren erhöht werden. Zugleich – und weil (aus dieser transklassischen Perspektive der Polykontexturalität) keine Theorie für sich beanspruchen kann, eine absolute Wahrheit zu repräsentieren – werden gegenseitige Anerkennung oder zumindest wechselseitige Toleranz divergierender Standpunkte und unterschiedlicher Hypothesen ganz wichtige Vorbedingungen im weiteren Diskurs über kosmisches Leben bedeuten.

Überdies impliziert die Annahme der Idee der Polykontextualität in der Wissenschaft sowohl die Ermöglichung der Entwicklung und Entfaltung einer präziseren Methode des Denkens in Richtung eines unendlichen Horizonts manifestierter Möglichkeiten als auch eines pluralistischeren oder „demokratischeren" Zugangs zu diversen Propositionen. Dies wird es uns erlauben, mit dem enormen Reichtum an Daten und wissenschaftlichen Interpretationen umzugehen, der sich heute in beschleunigender Weise direkt vor unseren Augen entfaltet. Wir werden einen neuen Weg finden müssen, die Erkenntnisse zu „lesen", die uns künstliche Intelligenzsysteme (KI) liefern und noch liefern werden. Transklassische Wissenschaft kann uns auch helfen, einen Weg zu finden, die richtigen Fragen stellen zu lernen, um die neuen Möglichkeiten effektiver zu nutzen. Um eine künftige Philosophie kosmischen Lebens zu entwickeln, muss ein ausgeklügelter Ansatz den Weg für einen hochkomplexen, pluralistischen Rahmen verschiedener zivilisatorischer und kultureller Einflüsse ebnen, in welchem all diese verbunden sind, ohne dabei ihre intrinsischen Differenzen zu negieren oder aufzulösen. Auf diese Weise wird es möglich, ihren jeweiligen Wert für ein umfassendes Verständnis im Hinblick auf die verschiedenen allgemeinen Problemfelder und thematischen Horizonte des Themas kosmischen Lebens zur Geltung zu bringen.

Innovative Theorien im Bereich der Naturwissenschaften und in transdisziplinären Kontexten (die längst überholte gegenseitige Abgrenzungen von Naturwissenschaften, Sozialwissenschaften und Geisteswissenschaften überwinden) werden nur in einem inklusiven und pluralistischen Umfeld eine Chance haben. Im Hinblick auf eine zukünftige Philosophie des kosmischen Lebens müssen traditionelle und nicht-traditionelle Systeme der Philosophie und Wissenschaften sowie ihre jeweiligen „Wahrheitsapproximationen" (innerhalb ihrer besonderen kontextuellen Parameter) wie gesagt unter dem Banner wechselseitiger Anerkennung oder zumindest Toleranz – und im besten Fall: gegenseitiger Wertschätzung in Diversität – gepflegt werden. Eine philosophische Aufgabe wird hierbei sein, die logischen Grundlagen (auch im Sinne von Beispielen ihrer praktischen Anwendung) zu schaffen, um alle singulären Ansätze besonderer Untersuchungen und ihrer „wahrähnlichen" (Nikolaus von Kues: *verisimile*) Ergebnisse (inklusive der komplexeren Umgebungen ihrer besonderen Fragen und Probleme) in einer Weise zu verknüpfen, die eine weiter ausgreifende Entwicklung und Koordination von Erkenntnissen ermöglicht.

Weitere Gedanken im Hinblick auf Niklas Luhmann und Gotthard Günther

Alle hier diskutierten philosophischen Positionen und Zugänge zum Problemhorizont des kosmischen Lebens sind Manifestationen bestimmter sozialer Systeme der Vergangenheit. Sie repräsentieren Subsysteme philosophischer Kommunikation innerhalb dieser umfassenden Prozesse. Im Lichte Niklas Luhmanns könnte man konstatieren, dass die Basis jener (sozialen) Systeme durch die Akte der Kommunikation selbst repräsentiert wird – im Sinne sprachlicher Kommunikation, aber auch anderer Formen symbolischer Inter*aktion* (Bednarz 1989, x). Alle hier erwähnten *historischen* Ansichten sind Produkte der philosophischen Subsysteme spezifischer Gesellschaften im Engagement mit einer natürlichen bzw. kosmischen Umwelt, die als weit komplexer anzunehmen ist als die reflektierenden Diskurse bzw. deren Denkmuster selbst. Aus *philosophischer* Perspektive können wir nicht sagen, dass eine dieser älteren oder neueren Ansichten in höherem Maße gültig sei als eine andere. Als methodisch gestützte Bemühungen ähneln sich diese Kontexturen dahingehend, dass sie sich alle dem Bereich einer infiniten (kosmischen) Kreativität annähern, d.h. einem universellen Noumenon, das auch die Grundlage unerschöpflicher wissenschaftlicher Kreativität ist und dessen Reflexion niemals zu einem endgültigen (endlichen) Abschluss gebracht werden kann und wird. Die Perspektive des wissenden Nichtwissens (*docta ignoratia*), d.h. zu wissen, dass es unmöglich ist, das Unendliche qua endlicher Begriffe des Denkens zu wissen bzw. zu erkennen (Bartosch 2022), beinhaltet dabei implizit den Schlüssel, um von einem historischen kommunikativen Gedächtnis zu denen anderer soziohistorischer philosophischer Subsysteme zu wechseln, nämlich als integrierte Beobachter in der transklassischen Generativität eines nun umfänglicheren Verstehenshorizontes. Selbstredend bedeutet dies nicht, wissenschaftlichen Fortschritt zu ignorieren, ist aber auch mit dem zusätzlichen Eingeständnis verbunden, dass einige Fortschritte in Sackgassen geführt haben bzw. führen können. Wenn wir alle divergierenden Kontexturen gleichzeitig pflegen, werden wir mehr Grundlagen und Materialien zur Verfügung haben, um unsere Beobachterpfade des Verstehens jeweils auf möglichst progressive Weise verändern oder revitalisieren zu können.

Um in einem expandierenden globalen System, das sich seiner hyperkomplexen kosmischen Umgebung auf immer mehr (und oft ökologisch verheerende) Weisen nähert, zu überleben oder gar ökologische Balance zu erreichen, haben wir keine andere Wahl, als unser gegenwärtiges und stärker vernetztes Teilsystem philosophischer und wissenschaftlicher Kommunikation *komplexer* zu gestalten (zum Thema Komplexität im Allgemeinen vgl. auch Woermann 2016). Aus der Perspektive der Philosophie des kosmischen Lebens kann dieses Problem nicht auf die ‚tellurische' Umgebung (siehe hier den Abschnitt „Vorüberlegungen") des organischen Lebens auf der Erde beschränkt werden. Es versteht sich von selbst, dass diese Komplexitätssteigerung im übertragenen Sinne eines „extropischen Prozesses" zu denken ist. Hier ist eine „organisierte" (Rasch 1991, 65) – oder besser: eine *selbstorganisierende* Komplexitätssteigerung – gemeint.

> In *Ökologische Kommunikation* verwendet Luhmann das Konzept der ‚Resonanz', um dieses System/Umwelt-Zusammenspiel zu bezeichnen. Aber während Komplexität – Umweltkomplexität – immer ein Problem für ein System darstellt, ist sie, qua Erhöhung der eigenen Komplexität des Systems, zugleich der Schlüssel zur Lösung [des Problems selbst]. (Bednarz 1989, ix, Einfügung DB).

Die wichtigste Frage in diesem Zusammenhang ist die nach dem kosmischen Leben. Die Komplexität, die der neue Problemhorizont bietet, wird hilfreich sein, um die Komplexität unserer Kommunikation in einem vernetzten planetarischen Sozialsystem zu erhöhen. Ein erster Schritt besteht darin, die Ansichten verschiedener historischer Manifestationen divergenter (lokaler) philosophischer Traditionen zusammenzuführen. Hierbei ist es von essentieller Bedeutung, eine logische Position ins Spiel zu bringen, die uns davor bewahrt, einem Absoluten bzw. der (vermeintlichen) „einen Wahrheit" oder einem (vorgeblich) exklusiven wissenschaftlich-theoretischen Paradigma entgegenstreben zu wollen. Wir haben auf einen Ansatz zu rekurrieren, der uns hilft, unterschiedlichen Perspektiven und Standpunkte beständig im Sinne eines weiten, sich ständig entwickelnden und selbstentfaltenden Feldes transdisziplinärer und transkultureller Kommunikationsakte zu verknüpfen. Wiederum wird das „verbindende Gewebe" dabei bereitgestellt durch die Anwendung der implexiv-logischen (*implicate-logical*) Grundlage der Einheit von Einheit und Differenz (Bartosch 2022) auf den Problemhorizont des kosmischen Lebens selbst.

Die Metapher des Horizontes, die sich bereits in der Philosophie des Nikolaus von Kues findet, suggeriert auch, dass es *immer* etwas Neues zu entdecken gibt – wir müssen uns nur beständig darauf zubewegen, d.h. bestrebt sein, einen jeweils gegenwärtigen Horizont weiter zu überschreiten. Philosophie und Wissenschaft sind niemals als quasi-religiöse Formen des Denkens , d.h. als feste Glaubenssysteme misszuverstehen. Philosophie und Wissenschaft sind nicht finalisierbar (Bartosch 2019). Beide müssen sich weiterentwickeln und von Kontextur zu Kontextur in Form(en) einzigartiger explorativer Beobachterpfade (auch Maturana 2003, 57–58) „gestaltwandlerisch" explorativ tätig sein. Eine solche Transformativität impliziert transdisziplinäre Verbindungen, verwandte Segmente von Pfaden eines verflochtenen Verständnisses. Philosophie und Wissenschaft basieren nicht auf habituellem Glauben an eine unbegründete Erzählung. Dogmatische Setzungen liegen nicht im Bereich echter Wissenschaft und Philosophie. Das Problem des kosmischen Lebens liefert, wenn es angemessen behandelt wird, den Schlüssel, um diesen „Raum" des wahren, d.h., *sich ständig weiterentwickelnden* Verständnishorizontes zu betreten.

Ich habe auf Gotthard Günthers Ansatz der polykontexturalen Logik verwiesen, die – und hier ist mit Günther über Günther hinauszugehen – selbst als Manifestation eines unendlichen Prinzips betrachtet werden kann, das in jedem einzelnen Wort *auf unaussprechliche Weise* „gewortet" (Cusanus: „*verbatur*") wird (Nikolaus von Kues 1959, 54). Anstatt zu versuchen, sich einem Absoluten durch höhere und umfassendere Synthesen zu nähern, zum Beispiel im Sinne einer angeblichen „Theorie von allem", spricht das *wahre* Absolute der Philosophie *bereits* implizit in der Entfaltung des folgenden Ansatzes: „Damit wird deutlich, dass es nicht die Aufgabe der Vermittlung ist, den einfachen Wertgegensatz von Positivität und Negativität überhaupt in progressiven Stufen zu versöhnen, *sondern den Relationsgehalt und die Deutungskapazität der Realität zu erweitern*“ (Günther 2005, 7, kursiv DB). Es gibt keinen einzigen absoluten Punkt der Wahrheit, sondern nur eine nie endende Ausdehnung (oder unendliche Weite) von Wahrheiten bzw. Wahrheitsapproximationen in einer potentiell unendlichen Anzahl von Reflexionen und einen permanent sich verschiebenden und expandierenden Horizont endlicher und spezifischer Wissensfelder.

Im Kern wird die gesamte Entfaltung individueller Beobachterpfade durch die Rätsel eines polykontexturalen Universums angetrieben, im Sinne der paradoxen Aussage, dass „es keine absolute Wahrheit gibt“. *Die Aussage selbst impliziert, was ihre Bedeutung leugnet.* Keine Kontextur, keine einzelne Ansicht kann die absolute Wahrheit dessen vermitteln, was durch alle besonder(t)en (bzw. perspektivischen) „Wahrheiten“ hindurchläuft, nämlich in Analogie zum unbestimmten *dao* 道 oder *apeiron* (ἄπειρον), das alle einzelnen Zahleinheiten (die eine infinite Menge von ganzen Zahlen bilden) als deren immanente *und* doch unergründliche (transzendente) Grundlage konstituiert. Die absolute Wahrheit durchzieht *ex negativo* die Differenz zwischen allen Kontexturen. Sie kann nicht im Sinne eines konkreten bzw. spezifischen Wissens erkannt werden. Was aber gewusst werden kann, ist, dass sie nicht gewusst werden kann. In diesem Sinne repräsentiert die Aussage, dass keine absolute Wahrheit zugänglich ist, eine absolute Wahrheit *im negativen Sinne*.

Vor diesem unendlichen Möglichkeitshintergrund selbstreflexiver (selbstreferenzieller) Negativität soll unser offenes und doch in sich ruhendes System philosophischer und wissenschaftlicher Kommunikation hinsichtlich seiner Komplexität gesteigert werden. Unser Problemhorizont des kosmischen Lebens ist dabei in so viele Richtungen wie möglich zu erkunden, insbesondere um „weitere kommunikative Alternativen“ (Bednarz 1989, x) aufzusuchen und zu erhalten. Ich möchte mich hier bewusst wiederholen: Ein erweiterter güntherscher Ansatz (auch im Sinne dessen, was bereits in der Einleitung gesagt wurde) vermag den perfekten (implexiv-)logischen (Bartosch 2022) Rahmen zu bieten, um historische und gegenwärtige Ansätze in einem weiten Feld neuartiger transkultureller und transdisziplinärer Perspektiven miteinander in Beziehung zu setzen.

Es wurde ersichtlich, dass es bestimmte grundlegende „kommensurable“ Themen des ‚kosmischen Lebens‘ gibt, die, aus vorliegender Metaperspektive als vergleichbare systematische Inhalte genommen, zur Einsicht in permeable Problemhorizonte verschiedener Kommunikationssysteme (alte indische, chinesische, persische, griechische usw. Philosophien) führen. Mit anderen Worten, die transkulturelle Untersuchung hat gezeigt, dass in Bezug auf das *Problem* des kosmischen Lebens unter den Philosophien vieler Epochen und Orte eine gewisse „Resonanz“ besteht. Es wurde deutlich, dass die Idee einer immerwährenden Natur des Lebens als Ganzem (die individuellen Tod und auch Konsumation durch andere „individuelle“ Lebensformen impliziert), ferner die Auffassung einer räumlich infiniten Proliferation des Lebens oder zumindest Viel-Welten-Theorien und nicht zuletzt die Idee einer Lichtnatur des Lebens sogar unabhängig in mehreren altertümlichen, aber auch in späteren philosophischen Kontexten erschienen sind. Dies böte eine Grundlage, um holistischere und pluralistischere Rahmenwerke und polykontexturale Netzwerke zu etablieren, die dann auch die Inklusion „unorthodoxer" *moderner Theorien* ermöglichen würden, d.h. Standpunkte, die vernachlässigt oder unterschätzt wurden oder werden, weil sie nicht den jeweils gängigen monokontexturalen „Standards" entsprachen bzw. entsprechen. Bei näherer Betrachtung basieren solche „Standards", d.h. paradigmatische oder geradezu dogmatische wissenschaftliche Gewohnheiten und soziale Glaubensstrukturen, auf der Annahme, dass alles Wissen eines Tages in einem einzigen Wahrheitspunkt konvergieren sollte, und sie stehen meist in Bezug zu Nutzenfaktoren außerhalb der rein wissenschaftlichen Erkenntnisinteressen selbst.

Photonen, Leben und Bewusstsein

Vor diesem Hintergrund lassen sich altertümliche Ansichten zur Korrelation von natürlichem Licht, Leben und Bewusstsein als indirekte, vorwissenschaftliche Inspirationen oder Vorläufer fortgeschrittener, aber marginalisierter wissenschaftlicher Theorien unserer Zeit interpretieren. Nicht zuletzt im Sinne einer weiteren allgemeinen Schlussfolgerung möchte ich hier die folgende zusätzliche These postulieren:

Leben, d.h. kosmisches Leben, ist als ein Aspekt des Lichts zu betrachten. Im Licht gibt es Leben. Licht muss komplexer sein als Leben. Ein Grundprinzip des Lebens (als Teil des Lichts) ist seine selbstinduzierte Bewegung oder Bewegung. Wenn etwas von sich aus Licht ausstrahlt, so partizipiert es am (kosmischen) Leben. Wenn etwas nur Licht reflektiert oder absorbiert, ist es kein Leben bzw. es ist nicht lebendig. Wenn etwas aktiv sichtbare oder nicht sichtbare Formen von Licht (elektromagnetische Strahlung, photonische Energie) *ausstrahlt, nimmt es am kosmischen Leben teil. Menschliches Bewusstsein bedeutet eine solche Ausstrahlung von Energie, von ‚Licht' im erweiterten Sinne.*

Die ersten beiden Sätze korrelieren auch mit der etablierten Erkenntnis, dass

> [w]enn man einfache nicht-organische Moleküle wie Wasser, Ammoniak, Methan, Kohlendioxid und Cyanwasserstoff mit fast jeder Form intensiver Energie, wie beispielsweise ultraviolettem Licht, anregt, reorganisieren sich einige der Moleküle zu Aminosäuren, ein Ergebnis, das vor etwa dreißig Jahren von Stanley Miller und Harold Urey demonstriert wurde. (Hoyle 1983, 18)

Philosophisch betrachtet folgt daraus jedoch nicht,

> dass die korrekten Anordnungen von Aminosäuren, wie die Ordnungen in Enzymen, mit dieser Methode produziert werden können. […] Dennoch haben viele Wissenschaftler diesen Sprung gemacht […]; trotz der offensichtlich großen Unwahrscheinlichkeit, dass ein solches Ereignis jemals auf der Erde stattgefunden hat, hat sich diese völlig ungerechtfertigte Schlussfolgerung irgendwie bis heute gehalten. (Hoyle 1983, 18)

Tatsächlich ist Hoyles Kritik immer noch berechtigt, denn diesem Schluss inhäriert ein logischer Fehler: Aus dem oben genannten physikalischen Faktum photonischer

Energieeinwirkung auf unbelebte Materie kann nicht auf die *aktiven* Prozesse einer *lebendigen* Autopoiesis und auf selbstinduzierte Bewegung geschlossen werden. Dies wäre als Kategorienfehler zu werten. Dies gilt übrigens auch bezüglich entsprechender Interpretationen neuerer Befunde, denen zufolge„[w]ässrige Mikrotropfen die abiotische Synthese und Kettenverlängerung einzigartiger Peptid-Isomere aus freien Aminosäuren ermöglichen." (Holden et al. 2022) Der Fehlschluss wird noch evidenter, wenn berücksichtigt wird, dass der lebendige menschliche Körper – und dies ist eine gesicherte Tatsache – „direkt und rhythmisch Licht emittiert [sowie] tageszeitliche Veränderungen der Photonenemission mit Änderungen im Energiestoffwechsel korrelieren." (Kobayashi et al. 2009, [1])

Meinem Postulat zu Beginn dieses Unterabschnitts gemäß müssen wir nach Theorien in den Naturwissenschaften suchen, die die allgemeine philosophische Idee, dass Leben ein Phänomen ist, das ‚Licht' (hier im weiteren, „versammelnden" Sinne einer vergleichenden Kategorie) partizipiert, in Bezug auf experimentelle Kontexte und vor dem Hintergrund moderner wissenschaftlicher Weltbilder zugänglich werden lassen.

Die Herausforderung in diesem Kontext besteht darin, *dass das Konzept des Lebens selbst zu erweitern ist* – nämlich weg von jenen „Einkapselungen" des Denkens, die auf eine Ära zurückzuführen sind, in der die Welt in Analogie zu mechanischem Gerät erklärt wurde, wie z.B. im Falle von Julien Offray de La Mettrie (1709–1751). Allgemein gesprochen, besteht die adäquate Alternative darin, dass das Universum selbst, um Attila Grandpierres Ausdruck zu gebrauchen, *lebenszentriert* ist. ‚Leben' manifestiert sich nicht nur in Zuständen „fester" Materie und ist daher nicht mechanizistisch zu erklären. ‚Leben' manifestitiert sich primär auch in Form von Strahlungsprozessen und daraus abzuleitenden Formen der *Energieumwandlung*.

Es ist eine bemerkenswerte, aber weitgehend ignorierte Tatsache, dass „der menschliche Körper wie Supernovae vor dem Sterben Licht emittiert" (Carrasco 2021). Hier können wir daher sogar auf Moses Hess' eingangs angeführte Parallelisierung des „Ablebens" von Sternen (Supernovae) und des Todes irdischer, biologischer Organismen zurückgreifen. Der Lichtausbruch im Moment des Todes ist so immens, dass er für bestimmte Nahtoderfahrungen verantwortlich gemacht wird.

> Wenn dieser Überschuss an biolumineszenter Photonenausstrahlung in retinotopischen visuellen Bereichen einen Schwellenwert überschreitet, kann dies in Form (phosphener) Lichter erscheinen, weil das Gehirn diese intrinsischen retinotopischen biolumineszenten Photonen so interpretiert, als ob sie aus der äußeren physischen Welt stammen. (Bókkon et al. 2013)

Bevor wir fortfahren, möchte ich schnell hinzufügen, dass zumindest bei dieser Gelegenheit die Aufgabe nicht darin bestehen kann, spekulativ den Boden für alternative Theorien über den Ursprung des Lebens zu sondieren, zum Beispiel, wie Licht/Strahlung und das Entstehen organischer Materie in Kombination mit Wasser – zum Beispiel auch im Kontext von Asteroiden wie Itokawa (Chan et al. 2021) – uns helfen könnten, die Aufmerksamkeit von der gängigen, wenn ich so sagen darf, „tellurischen Fixierung" abzulösen, oder in welchem Sinne irdische Abiogenese durch eine völlig andere Hypothese ersetzt werden könnte. Bevor man daran denken kann, solcherlei Arten progressiver Fragestellungen anzugehen, muss aus philosophischer Sicht eingehender diskutiert werden, was ‚Leben' überhaupt bedeutet bzw. hier bedeuten soll. Die Entwicklung und Entfaltung eines angemesseneren philosophischen Konzepts von ‚Leben' hat als Einstiegspunkt für eine darauf basieren könnende, sich weiter verzweigende Erweiterung unseres Verständnisses Priorität.

Dabei ist auch der philosophische Denkhintergrund von ‚Licht' selbst in einer erweiterten Weise zu vertiefen. Im Sinne des „Mehrfachblickwinkels" des polykontexturalen Ansatzes möchte ich die Aufmerksamkeit dabei auch auf unorthodoxe Theorien in Bezug auf die Korrelation von Licht und Leben lenken, die wichtig genug sind, dass man sie zumindest wahrnehme und kenne. Sie wurden bisher mehr oder weniger ignoriert – nicht etwa aufgrund mangelnder Validier- oder Falsifizierbarkeit, sondern aus dem einfachen „kulturellen" Grund, dass sie nicht mit der „One-size-fits-all-Mentalität" paradigmengebundener Ansichten bzw. habitueller Überzeugungen in den sozialen Teilsystemen der spezialisierten und sehr oft „industrialisierten" Wissenschaften unserer Zeit harmonieren.

Diese innovativen Ansätze dürfen jedoch nicht ignoriert werden. Im gegenwärtigen Kontext und insbesondere aus philosophischer Sicht sollten gerade solche Perspektiven hilfreich sein, das Konzept des ‚kosmischen Lebens' weiterzuentwickeln, d.h. das Konzept, das wir auch benötigen werden, um zu einem späteren Zeitpunkt die Frage möglicher Lebensursprünge eventuell weiterführend beantworten zu können. Um Fortschritte zu ermöglichen, ist die Komfortzone temporärer Paradigmen bzw. Manifestationen „wissenschaftlichen Glaubens" (Bartosch 2019) zu verlassen. Analog zum Erlernen einer neuen Sprache sollte es Wissenschaftlern „erlaubt" sein, unkonventionell zu denken – und dabei sogar Fehler zu machen oder das Risiko einzugehen, falschen Spuren zu folgen – ohne sofort stigmatisiert oder gar aus der wissenschaftlichen Gemeinschaft verbannt zu werden. Wenn Wissenschaftlern nicht ermöglicht wird, „out of the box" zu denken, und sie am Ende nur als „Arbeiter" in einer „Publikationsfabrik" herhalten müssen – etwa, um das „Niveau" universitärer Rankings in Bezug auf bloße Quantitäten an „Output" zu erhöhen – wird der ursprüngliche und eigentliche Sinn von Wissenschaft in großem Maße geschwächt. Um ausgewogene Fortschritte bezüglich eines besseren Verständnisses des (kosmischen) Lebens zu ermöglichen, müssen auch „heterodoxe" und neuartige Ansätze Berücksichtigung und Anerkennung finden. Sie *sollten für das hochgehalten werden, was sie repräsentieren*: die Möglichkeit des Fortschritts, *die das Kernmerkmal aller wissenschaftlichen Bestrebungen im wahren Sinne des Wortes von ‚Wissenschaft' ist.*

Biophotonen: Fritz-Albert Popp

In Bezug auf das Problem des *kosmischen Lebens* scheint das Thema der Biophotonen sehr vielversprechend zu sein. Es sollte erneut untersucht werden (vielleicht mit neuen Methoden und fortschrittlicheren Experimentalsystemen als bisher). Laut dem Biophysiker Fritz-Albert Popp (1938–2018) gibt es zwei grundlegende Theorien zu Biophotonen: Sowohl die physikalistische, biochemische Theorie (BCT) als auch die von Popp entwickelte, innovative Kohärenztheorie (CT) akzeptieren, dass Biophotonenemissionen ein allgemeines Phänomen lebender Systeme repräsentieren. Die physikalistische biochemische Theorie behauptet, das Phänomen sei lediglich eine Art „Abfallprodukt" beständig in den Zellen ablaufender Stoffwechselvorgänge, während „die CT auf die niedrige Intensität als Indiz für nichtklassisches Licht verweist, das eventuell sogar subpoissonische Photocount-Statistiken aufweist und somit einen optimierten optischen Kommunikationskanal in biologischen Systemen innerhalb lebender Materie von ‚optimierter' hoher optischer Dichte bieten könnte" (Popp, n.d., 2–3; vgl. auch Bischof [1998] sowie Creath und Schwartz [2005]). Auch aus dieser Perspektive muss (kosmisches) Leben *viel mehr sein als bloß die Summe der einzelnen Moleküle, die ein lebendes System beinhaltet* (Maturana 2003, 105).

Dass diese Theorie von der Mehrheit (physikalistisch bzw. mechanizistisch ausgerichteter) Zeitgenossen ignoriert wurde, bedeutet keineswegs, dass sie damit auch falsifiziert wurde. Eine Theorie wird nicht falsifiziert, bloß weil sie möglicherweise im Widerspruch zu gängigen Ansichten steht oder weil sie die Vorstellungskraft oder ein enges Setting akzeptierter Möglichkeiten einer Mehrheit von „Lehrbuchgläubigen" übersteigt. Es ist kein großes Geheimnis, dass mögliche mangelnde Akzeptanz innovativer oder sogar „heterodoxer" bzw. gegen ein Paradigma gerichteter Ansätze auch mit sozialen und kommunikativen Aspekten wissenschaftlicher Gemeinschaften zusammenhängen kann. Man könnte hierbei z.B. an die Ablehnung von Galileis Vorschlägen im soziohistorischen Kontext seiner Zeit denken. Fortgeschrittenere wissenschaftliche Theorien (und manchmal sogar zufällige Entdeckungen oder bestimmte Erfindungen in diesem Zusammenhang) können mitunter auch jeweilige wirtschaftliche, politische oder religiöse Machtbasen und persönliche Interessen bedrohen. Häufig werden sie aus solch einfachen „menschlichen" Gründen ignoriert, unterdrückt oder „neutralisiert". Ferner ist zu bedenken, dass wissenschaftliche Gemeinschaften in diesen Kontexten mit der Frage der Allokation von Forschungsmitteln konfrontiert sind (inklusive damit verbundener „Verteilungskämpfe").

Nichts hindert uns jedoch daran, die Idee im gegenwärtigen Reflexionskontext weiterzuverfolgen. Es sei daran erinnert, dass gemäß der oben angeführten Definition alles, was von sich aus Licht emittiert, in einem viel umfassenderen und sogar transklassischen Sinne als an kosmischem Leben partizipierend zu betrachten ist. Ein Vorschlag von philosophischer Seite wäre, die Biophotonentheorie vor dem Hintergrund ihrer weiterreichenden kosmo(bio)logischen Implikationen einmal weiterzuverfolgen. In diesem Sinne müssten biologische Theorien des Selbstbewusstseins, wie sie im Kontext des Konzepts der Autopoiesis von Humberto R. Maturana und Francisco Varela (z.B. Maturana 2003) entwickelt wurden, heute weiterentwickelt werden – insbesondere im Hinblick auf eine mögliche nicht-chemische Form der Kommunikation in lebenden Körpern (wie von Popp und anderen vorgeschlagen und dokumentiert). Dabei könnte eine neue transklassische Wissenschaft des (kosmischen) Lebens auch wieder mit der Philosophie sowie mit ihren vielen historischen Werdeverläufen (und sogar mythologischen Vorgeschichten) im grundlegendsten Sinne einer neuen Form globaler Philosophie rückverbunden werden, die somit in eine Vielzahl sich dabei mit entfaltender transkultureller und interdisziplinärer Denkwege eingebettet sein würde. Das antike platonische Verständnis, dass Bewusstsein, der Geist, eine Art unsichtbares Licht sei, gewinnt von hier aus eine ganz neue wissenschaftliche Dimension – insbesondere auch dann, wenn z.B. im Weiteren mit bedacht wird, dass der alte chinesische Code des *Yijing*, der mit der Grundidee des lebensspendenden Zusammenspiels von Licht (*yang*) und Dunkelheit/Absorption von Licht (*yin*) verbunden ist, eine direkte formale Parallele zur Code-Struktur der DNA präsentiert (siehe „Yijing (Buch der Wandlungen)").

Verfolgt man Popps Richtung aus einer stärker philosophischen Warte, so kann die kohärente Emission von Biophotonen aus lebenden Zellen weiter hinsichtlich der Frage nach den Quellen des Bewusstseins reflektiert werden. Durch die „[K]ombination des Ultra-schwachen Biophotonen-Bildgebungssystems (UBIS) mit dem Biophotonen-Spektralanalysegerät (BSAD)" konnte aufgezeigt werden,

> dass glutamatinduzierte biophotonische Aktivitäten und Übertragungen im Gehirn, die kürzlich als neuartiger Mechanismus der neuronalen Signalübertragung nachgewiesen wurden, eine spektrale Rotverschiebung von Tieren (in der Reihenfolge: Frosch, Maus, Huhn, Schwein und Affe) bis hin zu Menschen aufweisen, sogar bis zu einer nahinfraroten Wellenlänge (~865 nm) im menschlichen Gehirn. Diese Eigenschaft des Gehirns könnte eine wichtige biophysikalische Grundlage zur Erklärung der hohen Intelligenz des Menschen sein, da die biophotonische spektrale Rotverschiebung ein ökonomischeres und effektiveres Maß für biophotonische Signalübertragungen und Informationsverarbeitung im menschlichen Gehirn darstellen könnte. (Wang et al. 2016, 8753)

Im Sinne weiterer Denkanstöße für die Zukunft sei ebenfalls daran erinnert, dass bereits Max Planck (1858–1947) feststellte, dass Photonen, die einen Lichtstrahl bilden, sich wie intelligente menschliche Wesen verhalten würden: Aus allen möglichen Kurven, so Planck, würden sie immer diejenige auswählen, die sie am schnellsten zu ihrem Ziel führe (Planck 1950, 178). Darüber hinaus wurden Photonen allgemein als Träger des Bewusstseins vorgeschlagen (Romijn 2002; Moro et al. 2022). Aus dem vorliegenden Blickwinkel einer polykontexturalen Interpretation der Existenz und unserer (selbst-)bewussten Reflexionsmuster (als Systembeobachter) könnte auch angemerkt werden, dass der Welle-Teilchen-Dualismus des Lichts bzw. der elektromagnetischen Strahlung selbst ein grundlegendstes polykontexturales Phänomen darstellt. Es wäre auch lohnenswert, Niklas Luhmanns Konzept der *strukturellen Kopplung* in diesen wesentlich weiter zu fassenden bzw. auch physik- und biologiebezogenen Problemhorizont zu projizieren. Meines Erachtens ließe sich aus diesen Perspektiven viel für ein zukünftiges panenbiotisches Konzept des kosmischen Lebens ableiten.

Die Verbindungen ersehen im Lichte der Solarastronomie: Attila Grandpierre

Im Sinne seines Konzepts einer ganzheitlichen oder umfassenden Wissenschaft zeigt der ungarische Solarastronom Attila Grandpierre einen Weg auf, wie das erdzentrierte Konzept des Lebens zu einer wissenschaftlichen Vision kosmischen Lebens erweitert werden kann. Grandpierres Ausgangspunkt, der in gewisser Weise die Idee einer universellen Intentionalität des Lebens erweitert (siehe das zweite Schrödinger-Zitat im Unterabschnitt über Uddalaka Aruni), wird von ihm wie folgt zusammengefasst:

> Wir fanden die Analogie zu solarer Aktivität in biologischen Handlungen, wie dem Beugen unseres Fingers. In der Tat: Wenn wir unseren Finger beugen, so agieren wir vom globalen Niveau unseres Geistes bis zur lokalen Ebene unseres Fingers. Die Kausalkette solarer Aktivität beginnt jenseits des gigantischen Netzwerks physikalischer Ursachen, das sich über das gesamte beobachtbare Universum erstreckt. Die Sonne initiiert biologische Ursachen aus einer tieferen Schicht des Universums, die jenseits des Quantenvakuums existiert, indem sie virtuelle Teilchen erzeugt, die geeignet sind, biologische Ursachen zu realisieren, d.h. die Regeneration solarer Aktivität. Sowohl die Sonnenaktivität als auch das Beugen unseres Fingers sind genuine, selbst initiierte und gesteuerte Aktionen, die eine Top-Down-Kausalität beinhalten. Auf diese Weise habe ich unter der Bezeichnung Helios-Theorie eine vollständige Theorie der eigentlichen Aktivität der Sonne entwickelt […]." (Grandpierre 2018, 121)

Aus systemtheoretischer Sicht könnte man dieses Verständnis folgendermaßen reformulieren: Die Sonne zeigt eines der Kerncharakteristika allen Lebens – *autopoietisches Verhalten* – was uns, *mutatis mutandis*, auf neuartige und zeitgemäße Weise gewissermaßen auch wieder mit den Intuitionen Moses Hess' vom Beginn des vorliegenden Buchkapitels in Verbindung bringt.

Noch faszinierender ist in diesem Kontext Grandpierres Wiederentdeckung und Weiterentwicklung der biologischen Ideen Ervin Bauers (1890–1938) sowie die Anwendung von dessen systematischer biologischer Definition des Lebens (z.B. Bauer 1935) auf die Sonne.

Um auf Bauers noch weitgehend unbekannte oder vergessene Ideen hinzuführen, kann man zunächst auf den Physiker Erwin Schrödinger verweisen, gewissermaßen als inhaltliche Vorbereitungsstufe bzw. sozusagen als „Vermittler" zur Gewinnung eines Vorverständnisses. In seinem berühmten Werk *What is Life?* (1944), das die Entdeckung des DNA-Moleküls inspirierte, vertrat Schrödinger die Ansicht, dass „[…] lebende Materie, obschon sie den bis heute etablierten ‚Gesetzen der Physik' nicht entgeht, wahrscheinlich ‚andere Gesetze der Physik' mit einbezieht, die bislang unbekannt sind, welche jedoch, einmal enthüllt, genauso integraler Bestandteil der Wissenschaft sein werden, wie die ersteren" (Schrödinger 2013, 68). Schrödinger diskutierte auch das „charakteristische Merkmal des Lebens" (69), das er, um diesen wichtigen Punkt noch einmal zu betonen, als die Vermeidung des „Zerfalls bis zum thermodynamischen

Gleichgewicht (Tod)“ (73) durch „Ernährung von ‚negativer Entropie‘“ (70; vgl. auch das Schrödinger-Zitat im Unterabschnitt über Uddalaka Aruni) beschreibt.

Es scheint, dass Schrödinger die Arbeiten von Bauer nicht kannte. Bauer hatte seine Gedanken auf Deutsch (1920) (was Schrödinger zugänglich gewesen wäre) und auf Russisch (1935) publiziert. Es zählt zu den größten Tragödien in der Wissenschaftsgeschichte des 20. Jahrhunderts, dass Bauer während des Großen Terrors in der Sowjetunion im Januar 1938 ums Leben kam. Er hatte nichts auf Englisch veröffentlicht und seine wichtigen Ideen wurden 1937 in der Sowjetunion verboten. Seine nachträgliche Rehabilitierung durch die sowjetischen Behörden im Jahr 1954 konnte nicht verhindern, dass seine Theorie bis vor Kurzem vergessen blieb. Es sollte jedoch nie vergessen werden, dass Bauer 24 Jahre vor Schrödingers *What is Life?* die folgende, äußerst wichtige Erkenntnis veröffentlichte:

> Jedes Lebewesen hat das Charakteristische, daß es ein System ist, welches bei der gegebenen Umgebung nicht im Gleichgewichtszustand ist und so eingerichtet ist, daß die Energiequellen und Energieformen seiner Umgebung in demselben in solche Energieformen umgewandelt werden, die bei der gegebenen Umgebung gegen den Eintritt des Gleichgewichtszustands wirken. (Bauer 1920, 10)

Auf der Grundlage der Arbeiten Attila Grandpierres und weiterer ungarischer Gelehrter wurden Bauers Ideen und Forschungen mittlerweile in die philosophische und wissenschaftliche Diskussion eingeführt. Anders als Schrödinger, der die Sonne lediglich als Verteiler freier Energie für die Biosphäre sah, ist es Grandpierre gelungen, das Konzept des Lebens auf die Sonne selbst auszudehnen – was eine Idee darstellt, die sich als eine der bedeutsamsten Einsichten unserer Zeit erweisen könnte:

> [Wenn] das Wesen des Lebens so formuliert werden kann, dass sich das Bauer-Prinzip (BP) in virtuellen Interaktionen manifestiert, die biologische Kopplungen erzeugen, die zur Investition von Arbeit ΔW führen, was wiederum thermodynamisch aufwärts gerichtete Prozesse erzeugt, welche die Extropie erhöhen ($\Delta\Pi > 0$) […] [, so ergab sich durch die] Anwendung [des] Bauer-Prinzips auf die Sonne [...], dass die Sonne ein lebender Organismus ist. In den stellaren Aktivitätszyklen wird eine kosmische Lebensform ersichtlich. Durch nachfolgende, verallgemeinernde Anwendung des Bauer-Prinzips fanden wir neue Arten kosmischer Lebensformen, wie mikroskopische, intermittierende und verborgene Lebensformen. Es hat sich ergeben, dass das erste Prinzip der Biologie im gesamten Universum durch virtuelle Interaktionen manifestiert werden kann. Dieses Ergebnis führte zur Anerkennung einer neuen *kosmischen Lebensform im Vakuum, die wir universelles Leben nennen.* (Grandpierre 2008, 369, Kursivschrift DB)

Auch von hier aus kann (kosmisches) Leben wieder als ein Element oder als Manifestation kosmischen Lichts betrachtet werden – oder anders ausgedrückt: elektromagnetischer Energie (Sanders 2014). Grandpierre schlägt vor, dass, da allgemein akzeptiert werde, dass Lebewesen als natürliche Systeme definiert werden können, die durch Information gesteuert werden, sowie „da die Sonnenaktivität durch ihren Informationsgehalt entsprechend ihrer gesetzlichen algorithmischen Komplexität gesteuert wird, die

Sonne ein lebendes System ist" (Grandpierre 2008, 381). Farhadi et al. (2007) zeigen, „dass menschliche Zellen in Kultur ihre internen chemischen Prozesse synchronisieren konnten, obwohl sie mechanisch, chemisch und elektrisch voneinander isoliert waren. Die Zellen schienen durch den Austausch von Photonen zu kommunizieren" („The emerging field of biophotonic communication", 2009). Wie im Fall von Fischeiern und Froscheiern beobachtet, wurde bereits gezeigt, dass Formen organischen Lebens über „Photonenstrahlung in Form von kurzen, quasi-periodischen Ausbrüchen […] [durch ein] Kommunikationsmechanismus […] ähnlich dem Austausch von binär codierten Daten in Computernetzen via noisy channels [kommunizieren]." (Mayburov 2012, Einfügungen DB). „Sicherlich hat […] das biologische Leben auf der Erde bereits herausgefunden, wie es den ungeheuren bzw. astronomischen Fluss biologisch nützlicher Informationen, die von der Sonne zur Erde gelangen, nutzen kann." (Grandpierre 2008, 381)

Meiner Ansicht nach ist Grandpierres Verwendung des Wortes ‚Fluss' an dieser Stelle hervorhebenswert. Wenn wir verstehen wollen, wie (kosmisches) Leben auch ein Merkmal des ‚Lichts' ist (im Sinne dessen, was bisher diskutiert wurde), sollten wir nicht so sehr fragen, was Licht ist, *sondern „warum" es Licht gibt.* Wir sollten uns nicht zu einseitig auf die physikalischen Eigenschaften des Lichts konzentrieren. Stattdessen müssen wir auch die *Tendenz* oder die *Tendenzen* des Lichts sehen. Im übertragenen Sinne könnten wir fragen: Welche „Rolle(n)" tendiert es, „zu spielen"? Ein Fluss kann nicht einfach dadurch definiert werden, dass er aus H_2O besteht, sondern nur im Blick auf seine charakteristische bzw. besondere Tendenz *als Ganzes* zu fließen, seine verschiedenen Eigenschaften unter jeweils einzigartigen „Umständen", das biologische Leben, das er nährt, die Substanzen, die er mit sich führt, seine Umgebungen , und seine Einbettung in den irdischen Wasserkreislauf usw. *Ebenso müssen wir Licht im Sinne eines Energietransfers verstehen, der irgendwo beginnt und irgendwo ankommt.* Vor dem Hintergrund von Grandpierres bemerkenswerten solarastronomischen Einsichten (im Hinblick auf Bauers Lebenskonzept) und auch vor dem Hintergrund von Schrödingers alter Annahme, dass die Sonne die freie Energie für die Komplexitätssteigerung bereitstellt, die das Leben der planetarischen Biosphäre als solche charakterisiert (Schrödinger 2013, 74; Rasch 1991, 66–67), scheint es mir vielversprechend zu sein, über ‚kosmisches Leben' als Teil dieses ‚Flusses' kosmischen Lichts nachzudenken – also nicht nur im Sinne einer passiv empfangenden Seite, sondern auch als (selbst-)bewusster, aktiver Übermittler photonischer Energie (und von Informationen).

Schlussbemerkungen

Als offenes, beständig evolvierendes und zugleich selbstreferenzielles Denksystem wird eine zukünftige Philosophie des kosmischen Lebens notwendigerweise immer im Entstehen bzw. im Werden begriffen sein müssen. Im Sinne einer sich ständig selbst organisierenden Komplexität wird dieser polykontexturale Diskurs so viele Verständnisweisen von ‚Leben' aus so vielen philosophischen oder spirituellen Hinterlassenschaften wie möglich mit so vielen entsprechenden innovativen Entwicklungen gegenwärtiger Philosophie und transdisziplinärer (transklassischer) Ansätze in den Wissenschaften wie möglich zusammenzubringen haben. Fortschritt in diversen Richtungen wird oft durch expliziten oder sogar ungewollten Dogmatismus gehemmt, nämlich wenn uns bestimmte gewohnheitsmäßige Überzeugungen im Wege stehen. Auch Wissenschaftler und Philosophen können in die Falle von Vorurteilen tappen, die möglicherweise, ohne dass man sich dessen bewusst sein müsste, aus nicht-wissenschaftlichen und nicht-philosophischen Narrativen (bzw. bestimmten „Atavismen" veralteter Sichtweisen oder Denk- oder Glaubensweisen, wie man es auch ausdrücken könnte) herrühren können. Dies trübt des Öfteren die Sicht auf neuartige Ansätze bzw. auf das, was überhaupt für vorstellbar gehalten bzw. für denkbar oder möglich erachtet wird. Das Verständnis dessen, was „echte Wissenschaft" oder Philosophie ausmacht, ist mitunter unbemerkt fehlgeleitet durch Einflüsse, die selbst weder als wissenschaftlich noch als philosophisch charakterisiert werden können.

Selbstverständlich bedeutet das Eintreten für neuartige Sichtweisen nicht, die Errungenschaften akzeptierter und bestehender Grundlagen der Naturwissenschaften oder bestimmter philosophischer Disziplinen schmälern oder gar vernachlässigen zu wollen. Im Gegenteil, ohne die bestehenden Grundlagen und Theorien wäre Fortschritt nicht möglich. Aber eine weitere Bedingung für Fortschritt ist, dass diese Grundlagen auch offen sind für grundlegende Veränderungen, Erweiterungen oder weitere Hinzufügungen – auch im Blick auf die besagte Notwendigkeit einer Erhöhung der systemischen Komplexität unserer Kommunikation sowie unserer spezifischen Reflexionen und Verständnisweisen.

Es wurde bereits betont, dass ‚transklassische Wissenschaft' weder eine Antithese noch die Exklusion des Herkömmlichen bedeutet, sondern im Gegenteil die fruchtbringende Erweiterung und Einbeziehung ‚klassischer Wissenschaft' in eine neue Denkweise. Metaphorisch gesprochen bedeutet transklassisches Denken die „kambrische Explosion", die vom monokontexturalen zum polykontexturalen, zum „mehrzelligen" Problemlösungsansatz überleitet; es bedeutet eine Integration und gleichzeitige „Erhöhung" aller bestehenden Methoden, Wege und Verständnisweisen hin zu einem viel umfassenderen Feld transdisziplinärer und transkultureller Kommunikation in den Wissenschaften und im Sinne von Weltphilosophie. Die polykontexturale Grundlage ist nicht weniger wissenschaftlich, sondern impliziert eine höhere Wissenschaftlichkeit. Anders gesagt: Der transklassische Ansatz wird von der Einsicht geleitet, dass die Aussage, es gebe keine absolute Wahrheit, auf eine grundlegende Aporie verweist, die nicht überwunden werden kann. Es handelt sich um ein Paradoxon, weil die Aussage implizit das behauptet, was sie durch ihre Verneinung dementiert. Der einzige Weg, diesem metaparadoxalen, grundlegendsten Prinzip des Verstehens quasi gerecht zu werden, besteht aber darin, es beständig so gut und so gründlich als möglich zu entfalten. Alles Wissen muss gültiges Wissen sein, aber es kann niemals als absolutes Wissen oder absolut vollständiges Wissen beansprucht werden. Daher wird es, um dies erneut zu sagen, stets im Werden begriffen sein müssen.

Wenn wir wirklich die Frage des kosmischen Lebens angehen wollen, wird die exklusive Entscheidung für eine einzelne Theorie nicht hinreichend sein. Stattdessen ist die Form einer offenen und expandierenden Polykontexturalität miteinander verbundener, unterschiedlicher Perspektiven und Alternativen zu kultivieren. Wie im Falle einiger der in diesem Kapitel bzw. im vorliegenden Band diskutierten Theorien und Standpunkte mögen diese nicht immer beispielsweise mit aktuellen (monokontexturalen Strukturen des Glaubens an) Ein-Welt-Theorien des Lebens oder fortgeschrittenen Visionen planetarer Abiogenese vereinbar sein. Aber solange sie innerlich konsistent und zugleich offen sind für Verifikation, Falsifikation oder Weiterentwicklung, sollten sie auch nicht ignoriert, marginalisiert, oder gar von allgemeinen Diskussionen ausgeschlossen werden. Und möglicherweise müssen, um neue Verständnisebenen zu erreichen, bisweilen unterschiedliche Perspektiven komplementär umgesetzt werden. Es sei daran erinnert, dass die Verbindungsmöglichkeit aller Arten von divergenten („orthodoxen" und „heterodoxen") Theorien (und ihrer Variationen) sowie sogar radikal neuer Standpunkte im verborgenen Fundament allen Denkens selbst aufzusuchen ist, nämlich in der „implicate logic" (Bartosch 2022) der Einheit der Einheit und Differenz (siehe „Zur Erweiterung der klassischen Wissenschaft hin zu transkulturellen und transklassischen Sichtweisen"). Es ist dieses Fundament, das es uns überhaupt erst ermöglicht, zwischen wahr und falsch zu unterscheiden. Die Aktivität und das Vermögen zur Bildung von Theorien auf dieser Grundlage sind unbegrenzt. Es repräsentiert jene Offenheit, die von einer der wichtigsten und ältesten Annahmen der Philosophie im alten China (Konfuzius), im antiken Griechenland (Sokrates) und anderen Denkkulturen vermittelt wird: Ich weiß, dass ich (noch) nicht weiß (vgl. auch Bartosch 2021). Der aktuelle Status quo in verschiedenen Zweigen der Naturwissenschaften oder philosophischen Diskursen stellt kein Privateigentum dar, das vor Veränderungen oder Weiterentwicklungen in den Köpfen anderer geschützt werden dürfte. Je mehr unterschiedliche, konsistente Reflexionen wir anwenden können, umso besser. Nur so wird es möglich, dass wir uns weiterhin der Unermesslichkeit des Kosmos und seines Lebens annähern. Insbesondere in Bezug auf die brennenden Fragen der Zukunft haben wir hier den Umfang unserer Perspektiven und Verständnisweisen auf extremste (und mutigste) Weise zu erweitern, auszudehnen und zu pluralisieren. Im Sinne einer mathematischen Allusion formuliert, gibt es nicht einmal bloß eine Unendlichkeit. Den Pluralismus möglicher wissenschaftlicher Ansichten dadurch verringern zu wollen, dass man das Unbekannte eines bestimmten Problems durch irgendeine implizite oder explizite (monokontexturale) Form des Dogmatismus festschreibt, gleicht stets dem Versuch, eine Insel erkunden zu wollen, ohne sich dabei bewegen zu dürfen. Um ein wachsendes polykontexturales Verständnis für die Thematik des kosmischen Lebens zu entwickeln, sollte man hingegen offen dafür sein, nicht nur eine „Insel" aus Sicht einer einzigen wissenschaftlichen Unterdisziplin, aktuellen Theorie oder wissenschaftlichen Sichtweise, sondern gar viele „Länder und Meere" auf verschiedenen Wegen zu erforschen.

Literatur

F. Aaserud, A complementary relationship: Niels Bohr and China. Niels Bohr Archive (n.d.), https://www.nbarchive.dk/doc/Aaserud-confucius.pdf. Aufgerufen am 18. Oktober 2022

L. Anagarika Govinda, Introduction, in *Schönberger* (1992), S. 15–23

Aristotle, *On the Heavens.* Greek-English edition, with an English translation by W.K.C. Guthrie. The Loeb Classical Library, vol. 338 (W. Heinemann, London; Harvard University Press, Cambridge, MA, 1939)

Aristotle, *On Sophistical Refutations. On Coming-To-Be and Passing-Away.* Greek-English edition, with English translations of both texts by E.S. Forster. *On the Cosmos.* Greek-English edition, with an English translation by D.J. Furley. Loeb Classical Library, vol. 400 (W. Heinemann, London; Harvard University Press, Cambridge, MA, 1955)

Aristotle, *The Metaphysics, Vol. I-IX.* Greek-English edition, with an English translation by H. Rackham. The Loeb Classical Library, vol. 271 (W. Heinemann, London; Harvard University Press, Cambridge, MA, 1956)

G. Aubry, An alternative to Cartesianism? Plotinus's self and its posterity in Ralph Cudworth, in *Self-Knowledge in Ancient Philosophy: The Eighth Keeling Colloquium in Ancient Philosophy,* ed. by F. Leigh (Oxford University Press, Oxford, 2020), S. 210–229

D. Bartosch, *»Wissendes Nichtwissen« oder »gutes Wissen«? Zum philosophischen Denken von Nicolaus Cusanus und Wáng Yángmíng* (W. Fink, Paderborn, 2015)

D. Bartosch, Karl Jaspers' *philosophischer Glaube* (philosophical belief) and Wang Yangming's *zixin* 自信 (self-believing). Minima Sinica **31**, 45–64 (2019)

D. Bartosch, The understanding of understanding: a philosophical reflection from a transcultural perspective. Int. Commun. Chin. Cult. **8**(1), 121–143 (2021). https://doi.org/10.1007/s40636-021-00211-7

D. Bartosch, Transcultural philosophy and its foundations in implicate logic. Asian Stud. **10**(3), 107–126 (2022). https://doi.org/10.4312/as.2022.10.3.107-126

D. Bartosch, Plotinus and Wang Yangming on the structures of consciousness and reality: a transversal prospection in view of affinities of their positions. Asian Stud. **11**(1), 91–135 (2023). https://doi.org/10.4312/as.2023.11.1.91-135

E. Bauer, *Die Grundprinzipien der rein naturwissenschaftlichen Biologie und ihre Anwendungen in der Physiologie und Pathologie*. Vorträge und Aufsätze über Entwicklungsmechanik der Organismen (J. Springer, Berlin, 1920)

E. Bauer, Э. С. Бауер, *Теоретическая Биология* [*Theoretische Biologie*] (Издательство Всесоюзного Института Экспериментальной Медицины, Москва, 1935)

J. Bednarz Jr., Translator's introduction, in *Luhmann* (1989), S. vii–xvi

M. Bischof, *Biophotonen: Das Licht in unseren Zellen*, 9. Auflage (Zweitausendundeins, Frankfurt am Main, 1998)

E. Bloch, *Das Materialismusproblem, seine Geschichte und Substanz.* Werke, Band 7 (Suhrkamp, Frankfurt am Main, 1972)

E. Bloch, *Das Prinzip Hoffnung*, 3 Bände, 5. Auflage. Werke, Band 5 (Suhrkamp, Frankfurt am Main, 1998)

I. Bókkon, B.N. Mallick, J.A. Tuszynski, Near death experiences: a multidisciplinary hypothesis. Front. Hum. Neurosci. **7**, article 533 (2013). https://doi.org/10.3389/fnhum.2013.00533

A. Bousquet, *The World of the Gauls: Foundation(s) of a Celtic Philosophy* (Koadig, 2018)

H.G. Bronn, *Handbuch einer Geschichte der Natur*, Band 1: *Einleitung. I. Theil: Kosmisches Leben. II. Theil: Tellurisches Leben.* Naturgeschichte der drei Reiche, Band 13 (E. Schweitzerbart, Stuttgart, 1841)

H.G. Bronn, *Handbuch einer Geschichte der Natur*, Band 2: *III. Theil: Organisches Leben.* Naturgeschichte der drei Reiche, Band 14 (E. Schweitzerbart, Stuttgart, 1843)

H.G. Bronn, *Handbuch einer Geschichte der Natur*, Band 3: *III. Theil: Organisches Leben (Schluß). Index palaeontologicus oder Übersicht der bis jetzt bekannten fossilen Organismen*, bearbeitet unter Mitwirkung von H.R. Göppert und H. v. Meyer. *B. Enumerator palaeontologicus: Systematische Zusammenstellung und geologische Entwickelungs-Gesetze der organischen Reiche. IV. Theil: Vernunftleben.* Naturgeschichte der drei Reiche, Band 15 (E. Schweitzerbart, Stuttgart, 1849)

M. Boyce, *A History of Zoroastrianism*, vol. 1: *The Early Period,* 3rd edn., with corrections (Brill, Leiden, 1996)

I. Carrasco, Like supernovas, the human body emits bursts of light before dying. Cultura Colectiva: Inspiramos ideas, movemos mundos (2021). https://culturacolectiva.com/technology/human-body-emits-light-like-supernovas-before-dying/. Aufgerufen am 13. Oktober 2022

Q.H.S. Chan, A. Stephant, I.A. Franchi, X. Zhao, R. Brunetto, Y. Kebukawa, T. Noguchi, D. Johnson, M.C. Price, K.H. Harriss, M.E. Zolensky, M.M. Grady, Organic matter and water from asteroid Itokawa. Sci. Rep. **11**, article 5125 (2021). https://doi.org/10.1038/s41598-021-84517-x

J.B. Cobb, Jr., *Whitehead Wordbook: A Glossary with Alphabetical Index to Technical Terms in Process and Reality* (P&F Press, Claremont, CA, 2008)

K. Creath, G.E. Schwartz, Biophoton interaction in biological systems: evidence of photonic info-energy transfer? in *Proceedings SPIE*, vol. 5866. The Nature of Light: What Is a Photon? (2005), S. 338–347. https://doi.org/10.1117/12.620846.

M.J. Crowe, *The Extraterrestrial Life Debate: Antiquity to 1915; A Source Book.* With a commentary by M.J. Crowe (University of Notre Dame Press, Notre Dame, IN, 2008)

Daodejing, 《道德經》 [*Tao Te Ching*] [= *Laozi*, 《老子》], Chinese Text Project (n.d.). https://ctext.org/dao-de-jing. Aufgerufen am 12. September 2022

M. Davis, *The Universal Computer: The Road from Leibniz to Turing*, 3rd edn. (CRC Press/Taylor & Francis Group, Boca Raton, 2018)

E.V. de Rougé, H. Brugsch, Stück eines ägyptischen Hymnus an die Sonne. Zeitschrift der Deutschen Morgenländischen Gesellschaft **4**, 374–377 (1850)

X. Delamarre, *Dictionnaire de la langue gauloise: une approche linguistique du vieux-celtique continental*, 2ème édn. (Erranc, Paris, 2003)

Deng Mu, 邓牧,《伯牙琴》, 正文·补遗: 超然馆记, 國學大師 Guoxuedashi.net (n.d.). http://www.guoxuedashi.net/a/901haxl/20733z.html. Aufgerufen am 3. Januar 2022

Der Bundehesh. Herausgegeben, transkribiert, übersetzt und mit Glossar versehen von F. Justi (F.C.W. Vogel, Leipzig, 1868)

S.J. Dick, Plurality of Worlds: The Origins of the Extraterrestrial Life Debate From Democritus to Kant. (Cambridge University Press, Cambridge, 1982)

Diogenes Laertius, *Leben und Meinungen berühmter Philosophen*, Band 1: *Buch I-VII.* Übersetzt und erläutert von O. Apelt. Philosophische Bibliothek, Band 53 (F. Meiner, Leipzig, 1921)

Diogenes Laertius, *Lives of Eminent Philosophers*, vol. 2: *Books 6–10.* Greek-English edition, with an English translation by R.D. Hicks. The Loeb Classical Library, vol. 185 (Harvard University Press, Cambridge, MA; W. Heinemann, London, 1959)

M. Drieschner (ed.), *Carl Friedrich von Weizsäcker: Major Texts in Philosophy.* Springer Briefs on Pioneers in Science and Practice: Texts and Protocols, vol. 23 (Springer, Cham, 2014)

Epicurus, *The Extant Remains.* With short critical apparatus, translation, and notes edited by C. Bailey (Clarendon Press, Oxford, 1926)

A. Farhadi, C. Forsyth, A. Banan, M. Shaikh, P. Engen, J.Z. Fields, A. Keshavarzian, Evidence for non-chemical, non-electrical intercellular signaling in intestinal epithelial cells. Bioelectrochemistry **71**, 142–148 (2007). https://doi.org/10.1016/j.bioelechem.2007.03.001

J.G. Fichte, *Die Wissenschaftslehre: Zweiter Vortrag im Jahre 1804*. Gereinigte Fassung herausgegeben von R. Lauth und J. Widmann unter Mitarbeit von P. Schneider., 2. Auflage. Philosophische Bibliothek, Band 284. (F. Meiner, Hamburg, 1986)

J. Gebser, *Ursprung und Gegenwart*, Band 1: *Die Fundamente der aperspektivischen Welt* (Deutscher Taschenbuch Verlag, München, 1973)

R.L. Goerwitz III, Extraterrestrial life: a study of the intellectual context of Emanuel Swedenborg's earths in the universe. New Philos. **88**, 417–446 (1985)

A. Grandpierre, Cosmic life forms, in *From Fossils to Astrobiology: Records of Life on Earth and Search for Extraterrestrial Biosignatures*, ed. by J. Seckbach, M. Walsh (Springer, Dordrecht, 2008), S. 369–385. https://doi.org/10.1007/978-1-4020-8837-7

A. Grandpierre, The fundamental biological activity of the universe, in *Eco-Phenomenology: Life, Human Life, Post-Human Life in the Harmony of the Cosmos*, ed. by W.S. Smith, J.S. Smith, D. Verducci. Analecta Husserliana, vol. 121 (Springer, Cham, 2018), S. 115–140. https://doi.org/10.1007/978-3-319-77516-6

G. Günther, Life as poly-contexturality, in *Beiträge zur Grundlegung einer operationsfähigen Dialektik*, Band 2: *Wirklichkeit als Poly-Kontexturalität; Reflexion – Logische Paradoxie – Mehrwertige Logik – Denken – Wollen – Proemielle Relation – Kenogrammatik – Dialektik der natürlichen Zahl – Dialektischer Materialismus*, von G. Günther (F. Meiner, Hamburg, 1979), S. 283–306

G. Günther, Das Problem einer transklassischen Logik, in *Beiträge zur Grundlegung einer operationsfähigen Dialektik*, Band 3: *Philosophie der Geschichte und der Technik; Wille – Schöpfung – Arbeit, Strukturanalyse der Vermittlung, Mehrwertigkeit – Stellen- und Stellenwertlogik, Kenogrammatik – Theorie der Zeit*, von G. Günther (F. Meiner, Hamburg, 1980), S. 73–94

G. Günther, *Idee und Grundriss einer nicht-aristotelischen Logik: Die Idee und ihre philosophischen Voraussetzungen*. Mit einem Anhang "Das Phänomen der Orthogonalität" und mit einem Fragment aus dem Nachlass "Die Metamorphose der Zahl" (F. Meiner, Hamburg, 1991)

G. Günther, *Grundzüge einer neuen Theorie des Denkens in Hegels Logik*. Nach der Ausgabe der 2. Auflage (F. Meiner, Hamburg, 1978). Vordenker, Edition Seminartexte von J. Paul (2005). http://www.vordenker.de/ggphilosophy/theor-hegel-logik.pdf. Aufgerufen am 17. Januar 2022

G. Günther, *Der Tod des Idealismus und die letzte Mythologie*. Manuskript (Fragment), herausgegeben von R. Kaehr. Vordenker (o.D.). https://www.vordenker.de/ggphilosophy/tod-ideal.htm. Aufgerufen am 18. September 2022

P. Hadot, *The Veil of Isis: An Essay on the History of the Idea of Nature*. Translated by M. Chase (Belknap Press of Harvard University Press, Cambridge, MA, 2006)

G.W.F. Hegel, *Wissenschaft der Logik I; Erster Teil: Die objective Logik, Erstes Buch*. Werke, Band 5. Suhrkamp Taschenbuch Wissenschaft, Band 605 (Suhrkamp, Frankfurt am Main, 1986)

M. Heidegger, *Sein und Zeit*, 11. Auflage (Max Niemeyer, Tübingen, 1967)

D. Hertzer, *Das alte und das neue Yijing: Die Wandlungen des Buches der Wandlungen*. Diederichs Gelbe Reihe China, Band 126 (Diederichs, München, 1996).

M. Hess, *Dynamische Stofflehre; I. Kosmischer Theil: Allgemeine Bewegungserscheinungen und ewiger Kreislauf des kosmischen Lebens* (S.M. Hess, Paris, 1877)

D.T. Holden, N.M. Morato, R. Graham Cooks, Aqueous microdroplets enable abiotic synthesis and chain extension of unique peptide isomers from free amino acids. Proc. Natl. Acad. Sci. **119**(42), e2212642119 (2022). https://doi.org/10.1073/pnas.2212642119

B. Hoppe, Tellurisch; Tellurismus, in *Historisches Wörterbuch der Philosophie*, Band 10: *St-T*. Völlig neubearbeite Ausgabe des *Wörterbuchs der philosophischen Begriffe* von R. Eisler, herausgegeben von J. Ritter und K. Gründer (Wissenschaftliche Buchgesellschaft, Darmstadt, 1998), S. 979–981

F. Hoyle, *The Intelligent Universe* (Holt, Rinehart and Winston, New York, 1983)

K. Jaspers, *The Origin and Goal of History*, 3rd edn. Translated from the German by M. Bullock (Yale University Press, New Haven, 1965)

C.H. Kahn (ed.), *The Art and Thought of Heraclitus: An Edition of the Fragments with Translation and Commentary*, 9th edn. (Cambridge University Press, Cambridge, 2001)

I. Kant, *Allgemeine Naturgeschichte und Theorie des Himmels oder Versuch von der Verfassung und dem mechanischen Ursprunge des ganzen Weltgebäudes, nach Newtonischen Grundsätzen abgehandelt*. Das Bonner Kant Corpus (o.D. (a) [zuerst 1755]), https://www.korpora.org/kant/aa01/256.html. Aufgerufen am 8. Januar 2022

I. Kant, *Kritik der praktischen Vernunft*. Das Bonner Kant Corpus (o.D. (b) [zuerst 1788]), http://korpora.org/kant/aa05/161.html, http://korpora.org/kant/aa05/162.html. Aufgerufen am 8. Januar 2022

I. Kant, *Die Religion innerhalb der Grenzen der reinen Vernunft*. Das Bonner Kant Corpus (o.D. (c) [zuerst 1793]), https://www.korpora.org/kant/aa06/100.html. Aufgerufen am 8. Januar 2022

I. Kant, *Metaphysik der Sitten*. Das Bonner Kant Corpus (o.D. (d) [first 1797]), http://korpora.org/kant/aa06/444.html. Aufgerufen am 8. Januar 2022

I. Kant, *Anthropologie in pragmatischer Hinsicht*. Das Bonner Kant Corpus (o.D. (e) [zuerst 1798]), http://korpora.org/kant/aa07/331.html. Aufgerufen am 8. Januar 2022

I. Kant, *Logik*. Das Bonner Kant Corpus (o.D. (f) [zuerst 1800]), https://www.korpora.org/kant/aa09/025.html. Aufgerufen am 8. Januar 2022

I. Kant, *Opus postumum*. Das Bonner Kant Corpus (o.D. (g)). https://www.korpora.org/kant/aa22/549.html. Aufgerufen am 8. Januar 2022

M. Kobayashi, D. Kikuchi, H. Okamura, Imaging of ultraweak spontaneous photon emission from human body displaying diurnal rhythm. PLoS ONE **4**(7), e6256 (2009). https://doi.org/10.1371/journal.pone.0006256

J. Kreuzer, *Gestalten mittelalterlicher Philosophie: Augustinus, Eriugena, Eckhart, Tauler, Nikolaus v. Kues* (W. Fink, München, 2000)

S.L. Kwee, *Methods of Comparative Philosophy* (printed at Offsetdrukkerij Dorsman, Scheveningen, 1953)

L. Landen, Biotic community—real or unreal: a philosophical dilemma. Worldviews **7**(1/2), 58–79 (2003). https://doi.org/10.1163/156853503321916219

W. Li, *Die christliche China-Mission im 17. Jahrhundert: Verständnis, Unverständnis, Missverständnis; Eine geistesgeschichtliche Studie zum Christentum, Buddhismus und Konfuzianismus*. Studia Leibnitiana Supplementa, Band 32 (Steiner, Stuttgart, 2000)

Liezi, 《列子》, Chinese Text Project (n.d.). https://ctext.org/liezi. Aufgerufen am 12. September 2022

Liji, 《禮記》 [*Buch der Riten*], Chinese Text Project (n.d.). https://ctext.org/liji. Aufgerufen am 12. September 2022

M. Lingam, A. Loeb, *Life in the Cosmos: From Biosignatures to Technosignatures* (Harvard University Press, Cambridge, MA, 2021)

F. Lötzsch, Monade, Monas (griech. μονάς), in *Historisches Wörterbuch der Philosophie,* Band 6: *Mo-O*. Völlig neubearbeite Ausgabe des *Wörterbuchs der philosophischen Begriffe* von R. Eisler, herausgegeben von J. Ritter und K. Gründer (Wissenschaftliche Buchgesellschaft, Darmstadt, 1984), S. 114–117

N. Luhmann, *Ecological Communication*. Translated by J. Bednarz Jr. (University of Chicago Press, Chicago; Polity Press, Cambridge, 1989)

N. Luhmann, Die Paradoxie der Form, in *Aufsätze und Reden*, von N. Luhmann, herausgegeben von O. Jahraus. Reclams Universal-Bibliothek, Band 18141 (Philipp Reclam, Stuttgart, 2001), S. 243–261

N. Luhmann, *Ideenevolution: Beiträge zur Wissenssoziologie*. Herausgegeben von A. Kieserling. Suhrkamp Taschenbuch Wissenschaft 1870 (Suhrkamp, Frankfurt am Main, 2008)

H.R. Maturana, The biological foundations of self consciousness and the physical domain of existence, in *Beobachter: Konvergenz der Erkenntnistheorien?*, von N. Luhmann, H.R. Maturana, M. Namiki, V. Redder und F. Varela, 3. Auflage (W. Fink, Paderborn, 2003), S. 47–117

S. Mayburov, Photonic communications and information encoding in biological systems (2012) arXiv:1205.4134v1 [q-bio.OT]. https://doi.org/10.48550/arXiv.1205.4134

K. McCormick, The spooky quantum phenomenon you've never heard of. Quanta Magazine (2022). https://www.quantamagazine.org/the-spooky-quantum-phenomenon-youve-never-heard-of-20220622/. Aufgerufen am 17. Oktober 2022

B. Mojsisch, Notiz ›*docta ignorantia*‹. Bochumer Phil. Jrbh. **6**(1), 240–241 (2001). https://doi.org/10.1075/bpjam.6.11moj

M. de Montaigne, The Complete Works: Essays, Travel Journal, Letters. Translated by D. M. Frame with an Introduction by S. Hampshire. Everyman's Library (A.A. Knopf, New York, 2003)

C. Moro, A. Liebert, C. Hamilton, N. Pasqual, G. Jeffery, J. Stone, J. Mitrofanis, The code of light: do neurons generate light to communicate and repair? Neural Regen. Res. **17**(6), 1251–1252 (2022). https://doi.org/10.4103/1673-5374.327332

M. Müller, Preface to the Sacred Books of the East (1879a). In *Müller* (1879b), S. ix–ci

M. Müller (ed.), *The Upanishads, Part I: The Khândogya-Upanishad, the Talavakâra-Upanishad, the Aitareya-Âranyaka, the Kaushîtaki-Brâhmana-Upanishad and the Vâgasaneyi-Samhitâ-Upanishad*. Translated by M. Müller. Sacred Books of the East, vol. 1 (Clarendon, Oxford, 1879b)

J. Needham, *Science and Civilisation in China*, vol. 2: *History of Scientific Thought*, 5th edn. (Cambridge University Press, Cambridge, 1977)

R.C. Neville, Philosophische Grundlagen und Methoden der Komparativen Theologie, in *Komparative Theologie: Interreligiöse Vergleiche als Weg der Religionstheologie*, herausgegeben von R. Bernhardt und K. v. Stosch. Beiträge zu einer Theologie der Religionen, Band 7 (TVZ, Zürich, 2009), S. 35–54

Nicholas of Cusa [= Nicolaus Cusanus], *Complete Philosophical and Theological Treatises of Nicholas of Cusa,* vol. 2. Translated by J. Hopkins (A.J. Banning, Minneapolis, MN, 2001), electronic version: Cusanus-Portal. http://www.cusanus-portal.de/content/fw.php?werk=13&fw=170&ln=hopkins. Aufgerufen am 10. Januar 2022

Nicolaus de Cusa [= Nicolaus Cusanus], Ὀφθαλμός *Ἁπλόος or The Single Eye: Entituled the Vision of God wherein is infolded the mistery of divine presence, so to be in one place finitely in appearance, as yet in every place no lesse present, and whilst Hee is here, Hee is universally every where infinitely himself.* Edited by G. Randall (J. Streater, London, 1646)

Nicolaus de Cusa [= Nicolaus Cusanus], *De docta ignorantia*, in *Nicolai de Cusa opera omnia iussu et auctoritate academiae litterarum Heidelbergensis ad codicum fidem edita*, vol. I, ediderunt E. Hoffmann et R. Klibansky (F. Meiner, Lipsiae, 1932)

Nicolaus de Cusa [= Nicolaus Cusanus], *De filiatione Dei*, in *Nicolai de Cusa opera omnia iussu et auctoritate academiae litterarum Heidelbergensis ad codicum fidem edita*, vol. IV: *Opuscula I. De deo abscondito, De quaerendo Deum, De filiatione Dei, De dato patris luminum, Coniectura de ultimis diebus, De genesi*, edidit P. Wilpert (F. Meiner, Hamburgi, 1959), S. 39–64

Nicolaus de Cusa [= Nicolaus Cusanus], *De coniecturis*, in *Nicolai de Cusa opera omnia iussu et auctoritate academiae litterarum Heidelbergensis ad codicum fidem edita*, vol. III, ediderunt J. Koch et K. Bormann, J.G. Senger comite (F. Meiner, Hamburgi, 1972)

Nicolaus de Cusa [= Nicolaus Cusanus], *De beryllo*, in *Nicolai de Cusa opera omnia iussu et auctoritate academiae litterarum Heidelbergensis ad codicum fidem edita*, vol. XI, 1, editionem funditus renovatam atque instauratam curaverunt J.G. Senger et K. Bormann (F. Meiner, Hamburgi, 1988)

Nicolaus de Cusa [= Nicolaus Cusanus], *De visione Dei*, in *Nicolai de Cusa opera omnia iussu et auctoritate academiae litterarum Heidelbergensis ad codicum fidem edita*, vol. VI, edidit H.D. Riemann (F. Meiner, Hamburgi, 2000)

B. Nielsen, *A Companion to Yi Jing Numerology and Cosmology: Chinese Studies of Images and Numbers from Han (202 BCE-220 BCE) to Song (960–1279 CE)* (Routledge Curzon, London, 2003)

L. Oken, *Lehrbuch der Naturphilosophie* (Frommann, Jena, 1809–11)

J. Opsomer, C. Steel, Introduction, in *Proclus* (2003), S. 1–53

M. Planck, *Scientific Autobiography and Other Papers*. With a memorial address on M. Planck by M. von Laue, translated from German by F. Gaynor (Williams & Norgate, London, 1950)

Platon, *Des Sokrates Apologie*, in *Werke in acht Bänden*, Band 2: *Des Sokrates Apologie – Kriton – Euthydemos – Menexenos – Gorgias – Menon*, 7. Auflage, Griechisch-Deutsch, bearbeitet von H. Hoffmann, griechischer Text von A. Croiset, L. Bodin, M. Croiset und L. Méridier, deutsche Übersetzung von F. Schleiermacher. (Wissenschaftliche Buchgesellschaft, Darmstadt, 2016a), S. 1–70

Platon, *Phaidros*, in *Werke in acht Bänden*, Band 5: *Phaidros – Parmenides – Epistolai (Briefe)*, 7. Auflage, Griechisch-Deutsch, bearbeitet von D. Kurz, griechischer Text von L. Robin, A. Diès und Joseph Souilhé, deutsche Übersetzung von F. Schleiermacher und D. Kurz. (Wissenschaftliche Buchgesellschaft, Darmstadt, 2016b), S. 1–193.

Platon, *Timaios*, in *Werke in acht Bänden*, Band 7: *Timaios – Kritias – Philebos*, 7. Auflage, Griechisch-Deutsch, bearbeitet von K. Widdra, griechischer Text von A. Rivaud und A. Diès, deutsche Übersetzung von H. Müller und F. Schleiermacher. (Wissenschaftliche Buchgesellschaft, Darmstadt, 2016c), S. 1–210.

Plotinus, *The Enneads*. Edited by L.P. Gerson, translated by G. Boys-Stones, J.M. Dillon, L.P. Gerson, R.A.H. King, A. Smith, J. Wilberding (Cambridge University Press, Cambridge, 2018)

F.-A. Popp, About the coherence of biophotons. Stealthskater (n.d. [first 1998]), http://stealthskater.com/Documents/Consciousness_31.pdf. Aufgerufen am 19. Januar 2022

Proclus, *On the Existence of Evils*. Translated by J. Opsomer, C. Steel. Ancient Commentators on Aristotle (Cornell University Press, Ithaca, NY, 2003)

W. Rasch, Theories of complexity, complexities of theory: Habermas, Luhmann, and the study of social systems. Ger. Stud. Rev. **14**(1), 65–83 (1991). https://doi.org/10.2307/1430154

Refutation of All Heresies. Translated with an introduction and notes by M.D. Litva. Writings from the Graeco-Roman World, vol. 40 (SBL Press, Atlanta, 2016)

H. Romijn, Are virtual photons the elementary carriers of consciousness? J. Conscious. Stud. **9**(1), 61–81 (2002)

W. Ruben, *Die Philosophen der Upanishaden* (A. Francke, Bern, 1947)

C.L. Sanders, Speculations about bystander and biophotons. Dose Response **12**(4), 515–517 (2014). https://doi.org/10.2203/dose-response.14-002.Sanders

B.-A. Scharfstein, *A Comparative History of World Philosophy: From the Upanishads to Kant* (State University of New York Press, Albany, NY, 1998)

E. Schrödinger, *What is Life? The Physical Aspect of the Living Cell; With Mind and Matter and Autobiographical Sketches*, 14th edn. (Cambridge University Press, Cambridge, 2013)

M. Schönberger, *The I Ching & The Genetic Code: The Hidden Key to Life*. Foreword by Lama Anagarika Govinda, translated [from the German] by D.Q. Stephenson (Aurora Press, Santa Fe, 1992)

Shizi, 尸子, 中国哲学命题大全 [Ausführliche Zusammenstellung chinesischer philosophischer Propositionen] (n.d.). http://chinese.zhexue.org/philosophy/18177. Aufgerufen am 18. Januar 2022

J. Silk, *The Infinite Cosmos: Questions from the Frontiers of Cosmology* (Oxford University Press, Oxford, 2006)

Simplicius, *On Aristotle On the Heavens 1.5–9.* Translated by R.J. Hankinson. Ancient Commentators on Aristotle (Bloomsbury, London, 2014)

The emerging field of biophotonic communication, MIT Technology Review (2009), https://www.technologyreview.com/2009/11/19/123329/the-emerging-field-of-biophotonic-communication/. Aufgerufen am 13. Oktober 2022

E. Theodossiou, P. Mantarakis, M.S. Dimitrijevic, V.N. Manimanis, E. Danezis, From the infinity (apeiron) of Anaximander in ancient Greece to the theory of infinite universes in modern cosmology. Astron. Astrophys. Trans. **27**(1), 162–176 (2010/2011)

B. Waldenfels, *In den Netzen der Lebenswelt* (Suhrkamp, Frankfurt am Main, 1985)

T. Walker Jr., N.C. Wickramasinghe, *The Big Bang and God: An Astrotheology* (Palgrave MacMillan, Houndsmills, Basingstoke, 2015)

Wang Shouren, 王守仁 [= Wang Yangming, 王陽明], 《傳習錄》 (中) [*Aufzeichnungen über Lehre und Lernen*, Teil 2 von 3], 《王文成公全書》, 第2冊, 王雲五主編 (商務印書館, 上海, 1933a), S. 37–82

Wang Shouren 王守仁 [= Wang Yangming, 王陽明], 《傳習錄》(下) [*Aufzeichnungen über Lehre und Lernen*, Teil 3 von 3], 《王文成公全書》, 第3冊, 王雲五主編 (商務印書館, 上海, 1933b), S. 1–48

Z. Wang, N. Wang, Z. Li, F. Xiao, J. Dai, Human high intelligence is involved in spectral redshift of biophotonic activities in the brain. Proc. Natl. Acad. Sci. **113**(31), 8753–8758 (2016). https://doi.org/10.1073/pnas.1604855113

C.F. von Weizsäcker, *Die Geschichte der Natur: Zwölf Vorlesungen* (S. Hirzel, Stuttgart, 1948)

C.F. von Weizsäcker, *Die Einheit der Natur* (C. Hanser, München, 1971)

A.N. Whitehead, *Process and Reality: An Essay in Cosmology; Gifford Lectures Delivered in the University of Edinburgh During the Session 1927–28*. Corrected edition by D.R. Griffin, D.W. Sherburne (The Free Press/Macmillan Publishing, New York, 1978)

N.C. Wickramasinghe, Comets, panspermia, culture, and prejudice. Asia Pac. Biotech News **25**(10), 26–31 (2021). https://doi.org/10.1142/S0219030321000100

L. Wittgenstein, *Philosophische Untersuchungen. Philosophical Investigations*. The German text, with an English translation by G.E.M. Anscombe, P.M.S. Hacker, J. Schulte, revised 4th ed. by P.M.S. Hacker, J. Schulte (Wiley-Blackwell, Chichester, West Sussex, 2009)

M. Woermann, *Bridging Complexity and Post-Structuralism: Insights and Implications* (Springer, Cham, 2016)

G. Wohlfart, *Der Philosophische Daoismus: Philosophische Untersuchungen zu Grundbegriffen und komparative Studien unter besonderer Berücksichtigung des Laozi (Lao-tse)*. Reihe für asiatische und komparative Philosophie, Band 5 (Edition Chora, Köln, 2001)

W. Wollaston, *The Religion of Nature Delineated*, 7th edn. (R. Urie, Glasgow, 1746)

J. Wolter, *Apparitio Dei: Der theophanische Charakter der Schöpfung nach Nikolaus von Kues*. Beiträge zur Geschichte der Philosophie und Theologie des Mittelalters: Neue Folge, Band 67 (Aschendorff, Münster, 2004)

T. Wright, *An Original Theory or New Hypothesis of the Universe Founded Upon the Laws of Nature and Solving by Mathematical Principles the General Phaenomena of the Visible Creation; and Particularly the Via Lactea* (H. Chapelle, London, 1750)

D. Wujastyk, On attaining special powers through *Rasāyana* therapies in Sanskrit medical literature, in *Body and Cosmos: Studies in Early Indian Medical and Astral Sciences in Honor of*

Kenneth G. Zysk, ed. by T.L. Knudsen, J. Schmidt-Madsen, S. Speyer (Brill, Leiden, 2021), S. 140–165

Yijing, 《周易》 [*Buch der Wandlungen*], Chinese Text Project (n.d.). https://ctext.org/book-of-changes/shuo-gua. Aufgerufen am 21. Januar 2022

E.V. Zenker, *Histoire de la philosophie chinoise*. Traduit de l'allemand par G. Lepage et Y. Le Lay (Editions Payot, Paris, 1932)

Zhang Heng, 张衡, 中国哲学命题大全 [Ausführliche Zusammenstellung chinesischer philosophischer Propositionen] (n.d.). http://chinese.zhexue.org/philosophy/18193. Aufgerufen am 18. Januar 2022

W. Zhang, H. Shen, The philosophy of the *Yijing* and Jungian analytical psychology: a comparative study. J. Analyt. Psychol. **66**(4), 969–990 (2021). https://doi.org/10.1111/1468-5922.12714

David Bartosch (Deutschland) ist ein international anerkannter Experte für chinesische, deutschsprachige und weitere philosophische Traditionen. Er ist auf den Bereich der transkulturell vergleichenden Philosophie spezialisiert und wendet dieses Wissen auch in verschiedenen transdisziplinären Kontexten in historischer und systematischer bzw. gegenwarts- und zukunftsbezogener Hinsicht auf verschiedene Themenbereiche an. Bartosch bekleidet eine Forschungsprofessur als Distinguished Research Fellow am Institute of Advanced Studies in Humanities and Social Sciences auf dem südchinesischen Campus der renommierten Beijing Normal University in Zhuhai in der Guangdong-Hongkong-Macao Greater Bay Area. Derzeit ist er zudem Visiting Researcher am Forschungsinstitut für Nachhaltigkeit (RIFS) des GFZ Helmholtz-Zentrums für Geoforschung in Potsdam.

GPSR Compliance

The European Union's (EU) General Product Safety Regulation (GPSR) is a set of rules that requires consumer products to be safe and our obligations to ensure this.

If you have any concerns about our products, you can contact us on ProductSafety@springernature.com

In case Publisher is established outside the EU, the EU authorized representative is:

Springer Nature Customer Service Center GmbH
Europaplatz 3
69115 Heidelberg, Germany

Batch number: 10682611

Printed by Printforce, the Netherlands